Wangzikun

王梓坤文集 ｜ 李仲来 主编

02

教 育 百 话

王梓坤　著

北京师范大学出版集团
BEIJING NORMAL UNIVERSITY PUBLISHING GROUP
北京师范大学出版社

前　言

　　王梓坤先生是中国著名的数学家、数学教育家、科普作家、中国科学院院士。他为我国的数学科学事业、教育事业、科学普及事业奋斗了几十年，做出了卓越贡献。他是中国概率论研究的先驱者，是将马尔可夫过程引入中国的先行者，是新中国教师节的提出者。作为王先生的学生，我们非常高兴和荣幸地看到我们敬爱的老师8卷文集的出版。

　　王老师于1929年4月30日（农历3月21日）出生于湖南省零陵县（今湖南省永州市零陵区），7岁时回到靠近井冈山的老家江西省吉安县枫墅村，幼时家境极其贫寒。父亲王肇基，又名王培城，常年在湖南受雇为店员，辛苦一生，受教育很少，但自学了许多古书，十分关心儿子的教育，教儿子背古文，做习题，曾经凭记忆为儿子编辑和亲笔书写了一本字典。但父亲不幸早逝，那年王老师才11岁。母亲郭香娥是农村妇女，勤劳一生，对人热情诚恳。父亲逝世后，全家的生活主要靠母亲和兄嫂租种地主的田地勉强维持。王老师虽然年幼，但帮助家里干各种农活。他聪明好学，常利用走路、放牛、车水的时间看书、算题，这些事至今还被乡亲们传为佳话。

　　王老师幼时的求学历程是坎坷和充满磨难的。1940年念完初小，村里没有高小。由于王老师成绩好，家乡父老劝他家长送他去固江镇县立第三中心小学念高小。半年后，父亲不幸去世，家境更为贫困，家里希望他停学。但他坚决不同意并做出了他人生中的第一大决策：走读。可是学校离家有十里之遥，而且翻山越岭，路上有狼，非常危险。王老师往往天不亮就起床，黄昏才回家，好不容易熬到高小毕业。1942 年，王老师考上省立吉安中学（现江西省吉安市白鹭洲中学），只有第一个学期交了学费，以后就再也交不起了。在班主任高克正老师的帮助下，王老师申请缓交学费获批准，可是初中毕业时却因欠学费拿不到毕业证，更无钱报考高中。幸而学长王寄萍出资帮助，才拿到了毕业证并且去县城考取了国立十三中（现江西省泰和中学）的公费生。这事发生在 1945 年。他以顽强的毅力、勤奋的天性、优异的成绩、诚朴的品行，赢得了老师、同学和亲友的同情、关心、爱护和帮助。母亲和兄嫂在经济极端困难的情况下，也尽力支持他，终于完成了极其艰辛的小学、中学学业。

1948 年暑假，在长沙有 5 所大学招生。王老师同样没有去长沙的路费，幸而同班同学吕润林慷慨解囊，王老师才得以到了长沙。长沙的江西同乡会成员欧阳伯康帮王老师谋到一个临时的教师职位，解决了在长沙的生活困难。王老师报考了 5 所学校，而且都考取了。他选择了武汉大学数学系，获得了数学系的两个奖学金名额之一，解决了学费问题。在大学期间，他如鱼得水，在知识的海洋中遨游。1952 年毕业，他被分配到南开大学数学系任教。

王老师在南开大学辛勤执教 28 年。1954 年，他经南开大学推荐并考试，被录取为留学苏联的研究生，1955 年到世界著名大学莫斯科大学数学力学系攻读概率论。三年期间，他的绝大部分时间是在图书馆和教室里度过的，即使在假期里有去伏尔加河旅游的机会，他也放弃了。他在莫斯科大学的指导老师是近代概率论的奠基人、概率论公理化创立者、苏联科学院院士柯尔莫哥洛夫（А. Н. Колмогоров）和才华横溢的年轻概率论专家杜布鲁申（Р. Л. Добрушин），两位导师给王老师制订了学习和研究计划，让他参加他们领导的概率论讨论班，指导也很具体和耐心。王老师至今很怀念和感激他们。1958年，王老师在莫斯科大学获得苏联副博士学位。

学成回国后，王老师仍在南开大学任教，曾任概率信息教研室主任、南开大学数学系副主任、南开大学数学研究所副所长。他满腔热情地投身于教学和科研工作之中。当时在国内概率论学科几乎还是空白，连概率论课程也只有很少几所高校能够开出。他为概率论的学科建设奠基铺路，向概率论的深度和广度进军，将概率论应用于国家经济建设；他辛勤地培养和造就概率论的教学和科研队伍，让概率论为我们的国家造福。1959年，时年30岁还是讲师的王老师就开始带研究生，主持每周一次的概率论讨论班，为中国培养出一些高水平的概率论专家。至今他已指导了博士研究生和博士后22人，硕士研究生30余人，访问学者多人。他为本科生、研究生和青年教师开设概率论基础及其应用、随机过程等课程。由于王老师在教学、科研方面的突出成就，1977年11月他就被特别地从讲师破格晋升为教授，这是"文化大革命"后全国高校第一次职称晋升，只有两人（另一位是天津大学贺家李教授）。1981年国家批准第一批博士生导师，王老师是其中之一。

1965年，他出版了《随机过程论》，这是中国第一部系统论述随机过程理论的著作。随后又出版了《概率论基础及其应用》(1976)、《生灭过程与马尔可夫链》(1980)。这三部书成一整体，从概率论的基础写起，到他的研究方向的前沿，被人誉为概率论三部曲，被长期用作大学教材或参考书。1983年又出版专著《布朗运动与位势》。这些书既总结了王老师本人、他的同事、同行、学生在概率论的教学和研究中的一些成果，又为在中国传播、推动概率论学科发展，培养中国概率论的教学和研究人才，起到了非常重要的作用，哺育了中国的几代概率论学人（这4部著作于1996年由北京师范大学出版社再版，书名分别是：《概率论基础及其应用》，即本 8 卷文集的第 5 卷；《随机过程通论》上、下卷，即本 8 卷文集的第 6 卷和第 7 卷）。1992 年《生灭过程与马尔可夫链》的扩大修订版（与杨向群合作）被译成英文，由德国的施普林格（Springer）出版社和中国的科学出版社出版。1999 年由湖南科技出版社出版的《马尔可夫过程与今日数学》，则是将王老师 1998 年底以前发表的主要论文进行加工、整理、编辑而成的一本内容系统、结构完整的书。

　　1984 年 5 月，王老师被国务院任命为北京师范大学校长，这一职位自 1971 年以来一直虚位以待。王老师在校长岗位上工作了 5 年。王老师常说："我一辈子的理想，就是当教师。"他一生都在实践做一位好教师的诺言。任校长后，就将更多精力投入到发展师范教育和提高教师地位、待遇上来。1984 年 12 月，王老师与北京师范大学的教师们提出设立"教师节"的建议，并首次提出了"尊师重教"的倡议，提出"百年树人亦英雄"，以恢复和提高人民教师在社会上的光荣地位，同时也表达了全国人民对教师这一崇高职业的高度颂扬、崇敬和爱戴。1985 年 1 月，全国人民代表大会常务委员会通过决议，决定每年的 9 月 10 日为教师节。王老师任校长后明确提出北京师范大学的办学目标：把北京师范大学建成国内第一流的、国际上有影响力的、高水平、多贡献的重点大学。对于如何处理好师范性和学术性的问题，他认为两者不仅不能截然分开，而且是相辅相成的；不搞科研就不能叫大学，如果学术水平不高，培养的老师一般水平不会太高，所以必须抓学术；但师范性也不能丢，师范大学的主要任务就是干这件事，更何况培养师资是一项光荣任务。对师范性他提出了三高：高水平的专业、高水平的师资、高水平的学术著作。王老师也特别关心农村教育，捐资为农村小学修建教学楼，赠送书刊，设立奖学金。王老师对教育事业付出了辛勤的劳动，做出了重要贡献。正如著名教育家顾明远先生所说："王梓坤是教育实践家，他做成的三件事情：教师节、抓科研、建大楼，对北京师范大学的建设意义深远。"2008 年，王老师被中国几大教育网站授予改革开放 30 年"中国教育时代人物"称号。

1981 年，王老师应邀去美国康奈尔（Cornell）大学做学术访问；1985 年访问加拿大里贾纳（Regina）大学、曼尼托巴（Manitoba）大学、温尼伯（Winnipeg）大学。1988 年，澳大利亚悉尼麦考瑞（Macquarie）大学授予他荣誉科学博士学位和荣誉客座学者称号，王老师赴澳大利亚参加颁授仪式。该校授予他这一荣誉称号是由于他在研究概率论方面的杰出成就和在提倡科学教育和研究方法上所做出的贡献。

1989 年，他访问母校莫斯科大学并作学术报告。

1993 年，王老师卸任校长职务已数年。他继续在北京师范大学任职的同时，以极大的勇气受聘为汕头大学教授。这是国内的大学第一次高薪聘任专家学者。汕头大学的这一举动横扫了当时社会上流行的"读书无用论""搞导弹的不如卖茶叶蛋的"等论调，证明了掌握科学技术的人员是很有价值的，为国家改善广大知识分子的待遇开启了先河。但此事引起极大震动，一时引发了不少议论。王老师则认为：这对改善全国的教师和科技人员的待遇、对发展教育和科技事业，将会起到很好的作用。果然，开此先河后，许多单位开始高薪补贴或高薪引进人才。在汕头大学，王老师与同事们创办了汕头大学数学研究所，并任所长 6 年。汕头大学的数学学科有了很大的发展，不仅获得了数学学科的硕士学位授予权，而且聚集了一批优秀的数学教师，为后来获得数学学科博士学位授予权打下了坚实的基础。

王老师担任过很多兼职：天津市人民代表大会代表，国家科学技术委员会数学组成员，中国数学会理事，中国科学技术协会委员，中国高等教育学会常务理事，中国自然辩证法研究会常务理事，中国人才学会副理事长，中国概率统计学会常务理事，中国地震学会理事，中国高等师范教育研究会理事长，

《中国科学》《科学通报》《科技导报》《世界科学》《数学物理学报》等杂志编委，《数学教育学报》主编，《纯粹数学与应用数学》《现代基础数学》等丛书编委。

王老师获得了多种奖励和荣誉：1978年获全国科学大会奖，1982年获国家自然科学奖，1984年被中华人民共和国人事部授予"国家有突出贡献中青年专家"称号，1986年获国家教育委员会科学技术进步奖，1988年获澳大利亚悉尼麦考瑞大学荣誉科学博士学位和荣誉客座学者称号，1990年开始享受政府特殊津贴，1993年获曾宪梓教育基金会高等师范院校教师奖，1997年获全国优秀科技图书一等奖，2002年获何梁何利基金科学与技术进步奖。王老师于1961年、1979和1982年3次被评为天津市劳动模范，1980年获全国新长征优秀科普作品奖，1990年被全国科普作家协会授予"新中国成立以来成绩突出的科普作家"称号。

1991年，王老师当选为中国科学院院士，这是学术界对他几十年来在概率论研究中和为这门学科在中国的发展所做出的突出贡献的高度评价和肯定。

王老师是将马尔可夫过程引入中国的先行者。马尔可夫过程是以俄国数学家A. A. Марков的名字命名的一类随机过程。王老师于1958年首次将它引入中国时，译为马尔科夫过程。后来国内一些学者也称为马尔可夫过程、马尔柯夫过程、Markov过程，甚至简称为马氏过程或马程。现在统一规范为马尔可夫过程，或直接用Markov过程。生灭过程、布朗运动、扩散过程都是在理论上非常重要、在应用上非常广泛、很有代表性的马尔可夫过程。王老师在马尔可夫过程的理论研究和应用方面都做出了很大的贡献。

随着时代的前进，特别是随着国际上概率论研究的进展，王老师的研究课题也在变化。这些课题都是当时国际上概率论研究前沿的重要方向。王老师始终紧随学科的近代发展步伐，力求在科学研究的重要前沿做出崭新的、开创性的成果，以带动国内外一批学者在刚开垦的原野上耕耘。这是王老师一生中数学研究的一个重大特色。

　　20 世纪 50 年代末，王老师彻底解决了生灭过程的构造问题，而且独创了马尔可夫过程构造论中的一种崭新的方法——过程轨道的极限过渡构造法，简称极限过渡法。王老师在莫斯科大学学习期间，就表现出非凡的才华，他的副博士学位论文《全部生灭过程的分类》彻底解决了生灭过程的构造问题，也就是说，他找出了全部的生灭过程，而且用的方法是他独创的极限过渡法。当时，国际概率论大师、美国的费勒（W. Feller）也在研究生灭过程的构造，但他使用的是分析方法，而且只找出了部分的生灭过程（同时满足向前、向后两个微分方程组的生灭过程）。王老师的方法的优点在于彻底性（构造出了全部生灭过程）和明确性（概率意义非常清楚）。这项工作得到了苏联概率论专家邓肯（Е. Б. Дынкин，E. B. Dynkin，后来移居美国并成为美国科学院院士）和苏联概率论专家尤什凯维奇（А. А. Юшкевич）教授的引用和好评，后者说：“Feller 构造了生灭过程的多种延拓，同时王梓坤找出了全部的延拓。”在解决了生灭过程构造问题的基础上，王老师用差分方法和递推方法，求出了生灭过程的泛函的分布，并给出此成果在排队论、传染病学等研究中的应用。英国皇家学会会员肯德尔（D. G. Kendall）评论说：“这篇文章除了作者所提到的应用外，还有许多重要的应用……该问题是困难的，本文所提出的技巧值得仔细学习。”在王老师的带领和推动下，对构造论的研究成为中国马尔可夫过程研究的一个重要的特色之一。中南大学、湘潭大学、湖南师范大学等单位的学者已在国内外出版了几部关于马尔可夫过程构造论的专著。

　　1962 年，他发表了另一交叉学科的论文《随机泛函分析引论》，这是国内较系统地介绍、论述、研究随机泛函分析的第一篇论文。在论文中，他求出了广义函数空间中随机元的极限定理。此文开创了中国研究随机泛函的先河，并引发了吉林大学、武汉大学、四川大学、厦门大学、中国海洋大学等高校的不少学者的后继工作，取得了丰硕成果。

20 世纪 60 年代初，王老师将邓肯的专著《马尔可夫过程论基础》译成中文出版，该书总结了当时的苏联概率论学派在马尔可夫过程论研究方面的最新成就，大大推动了中国学者对马尔可夫过程的研究。

20 世纪 60 年代前期，王老师研究了一般马尔可夫过程的通性，如 0-1 律、常返性、马丁（Martin）边界和过分函数的关系等。他证明的一个很有趣的结果是：对于某些马尔可夫过程，过程常返等价于过程的每一个过分函数是常数，而过程的强无穷远 0-1 律成立等价于过程的每一个有界调和函数是常数。

20 世纪 60 年代后期和 70 年代，由于众所周知的原因，王老师停下理论研究，应海军和国家地震局的要求，转向数学的实际应用，主要从事地震统计预报和在计算机上模拟随机过程。他带领的课题小组首创了"地震的随机转移预报方法"和"利用国外大震以预报国内大震的相关区方法"，被地震部门采用，取得了实际的效果。在这期间，王老师也发表了一批实际应用方面的论文，例如，《随机激发过程对地极移动的作用》等，还有 1978 年出版的专著《概率与统计预报及在地震与气象中的应用》（与钱尚玮合作）。

20 世纪 70 年代，马尔可夫过程与位势理论的关系是国际概率论界的热门研究课题。王老师研究布朗运动与古典位势的关系，求出了布朗运动、对称稳定过程的一些重要分布。如对球面的末离时、末离点、极大游程的精确分布。他求出的自原点出发的 d（不小于 3）维布朗运动对于中心是原点的球面的末离时分布，是一个当时还未见过的新分布，而且分布的形式很简单。美国数学家格图（R. K. Getoor）也独立地得到了同样的结果。王老师还证明了：从原点出发的布朗运动对于中心是原点的球面的首中点分布和末离点分布是相同的，都是球面上的均匀分布。

20 世纪 80 年代后期，王老师研究多参数马尔可夫过程。他于 1983 年在国际上最早给出多参数有限维奥恩斯坦-乌伦贝克（OU，Ornstein-Uhlenbeck）过程的严格数学定义并得到了系统的研究成果。如三点转移、预测问题、多参数与单参数的关系等。次年，加拿大著名概率论专家瓦什（J. B. Walsh）也给出了类似的定义，其定义是王老师定义的一种特殊情形。1993 年，王老师在引进多参数无穷维布朗运动的基础上，给出了多参数无穷维 OU 过程定义，这是国际上最早提出并研究多参数无穷维 OU 过程的论文，该文发现了参数空间有分层性质。王老师关于多参数马尔可夫过程的开创性工作，推动和引发了国内对于多参数马尔可夫过程的研究，如中山大学、武汉大学、南开大学、杭州大学、湘潭大学、湖南师范大学等的后继研究。湖南科学技术出版社 1996 年出版的杨向群、李应求的专著《两参数马尔可夫过程论》，就是在王老师开垦的原野上耕耘的结果。

20 世纪 90 年代至今，王老师带领同事和研究生研究国际上的重要新课题——测度值马尔可夫过程（超过程）。测度值马氏过程理论艰深，但有很明确的实际意义。粗略地说，如果普通马尔可夫过程是刻画"一个粒子"的随机运动规律，那么超过程就是刻画"一团粒子云"的随机飘移运动规律。王老师带领的集体在超过程理论上取得了丰富的成果，特别是他的年轻的同事和学生们，做了许多很好的工作。

2002 年，王老师和张新生发表论文《生命信息遗传中的若干数学问题》，这又是一项旨在开拓创新的工作。1953 年沃森（J. Watson）和克里克（F. Crick）发现 DNA 的双螺旋结构，人们对生命信息遗传的研究进入一个崭新的时代，相继发现了"遗传密码字典"和"遗传的中心法则"。现在，人类基因组测序数据已完成，其数据之多可以构成一本 100 万页的书，而且书中只有 4 个字母反复不断地出现。要读懂这本宏厚的巨著，需要数学和计算机学科的介入。该文首次向国内学术界介绍了人类基因组研究中的若干数学问题及所要用到的数学方法与模型，具有特别重要的意义。

除了对数学的研究和贡献外，王老师对科学普及、科学研究方法论，甚至一些哲学的基本问题，如偶然性、必然性、混沌之间的关系，也有浓厚兴趣，并有独到的见解，做出了一定的贡献。

在"文化大革命"的特殊年代，王老师仍悄悄地学习、收集资料、整理和研究有关科学发现和科学研究方法的诸多问题。1977 年"文化大革命"刚结束，王老师就在《南开大学学报》上连载论文《科学发现纵横谈》（以下简称《纵横谈》），次年由上海人民出版社出版成书。这是"文化大革命"后中国大陆第一本关于科普和科学方法论的著作。这本书别开生面，内容充实，富于思想，因而被广泛传诵。书中一开始就提出，作为一个科技工作者，应该兼备德识才学，德是基础，而且德识才学要在实践中来实现。王老师本人就是一位成功的德识才学的实践者。《纵横谈》是十年"文化大革命"后别具一格的读物。数学界老前辈苏步青院士作序给予很高的评价："王梓坤同志纵览古今，横观中外，从自然科学发展的历史长河中，挑选出不少有意义的发现和事实，努力用辩证唯物主义和历史唯物主义的观点，加以分析总结，阐明有关科学发现的一些基本规律，并探求作为一名自然科学工作者，应该力求具备一些怎样的品质。这些内容，作者是在'四人帮'[①] 形而上学猖獗、唯心主义横行的情况下写成的，尤其难能可贵……作者是一位数学家，能在研究数学的同时，写成这样的作品，同样是难能可贵的。"《纵横谈》以清新独特的风格、简洁流畅的笔调、扎实丰富的内容吸引了广大读者，引起国内很大的反响。书中不少章节堪称

---

① 指王洪文、张春桥、江青、姚文元.

优美动人的散文，情理交融回味无穷，使人陶醉在美的享受中。有些篇章还被选入中学和大学语文课本中。该书多次出版并获奖，对科学精神和方法的普及起了很大的作用。以至 19 年后，这本书再次在《科技日报》上全文重载（1996 年 4 月 4 日至 5 月 21 日）。主编在前言中说："这是一组十分精彩、优美的文章。今天许许多多活跃在科研工作岗位上的朋友，都受过它的启发，以至他们中的一些人就是由于受到这些文章中阐发的思想指引，决意将自己的一生贡献给伟大的科学探索。"1993 年，北京师范大学出版社将《纵横谈》进一步扩大成《科学发现纵横谈（新编）》。该书收入了《科学发现纵横谈》、1985 年王老师发表的《科海泛舟》以及其他一些文章。2002 年，上海教育出版社出版了装帧精美的《莺啼梦晓——科研方法与成才之路》一书，其中除《纵横谈》外，还收入了数十篇文章，有的论人才成长、科研方法、对科学工作者素质的要求，有的论数学学习、数学研究、研究生培养等。2003 年《莺啼梦晓——科研方法与成才之路》获第五届上海市优秀科普作品奖之科普图书荣誉奖（相当于特等奖）。2009 年，北京师范大学出版社出版的《科学发现纵横谈》（第 3 版）于同年入选《中国文库》（第四辑）（新中国 60 周年特辑）。《中国文库》编辑委员会称：该文库所收书籍"应当是能够代表中国出版业水平的精品""对中国百余年来的政治、经济、文化和社会的发展产生过重大积极的影响，至今仍具有重要价值，是中国读者必读、必备的经典性、工具性名著。"王老师被评为"新中国成立以来成绩突出的科普作家"，绝非偶然。

王老师不仅对数学研究、科普事业有突出的贡献，而且对整个数学，特别是今日数学，也有精辟、全面的认识。20 世纪 90 年代前期，针对当时社会上对数学学科的重要性有所忽视的情况，王老师受中国科学院数学物理学部的委托，撰写了《今日数学及其应用》。该文对今日数学的特点、状况、应用，以及其在国富民强和提高民族的科学文化素质中的重要作用等做了全面、深刻的阐述。文章提出了今日数学的许多新颖的观点和新的认识。例如，"今日数学已不仅是一门科学，还是一种普适性的技术。""高技术本质上是一种数学技术。""某些重点问题的解决，数学方法是唯一的，非此'君'莫属。"对今日数学的观点、认识、应用的阐述，使中国社会更加深切地感受到数学学科在自然科学、社会科学、高新技术、推动生产力发展和富国强民中的重大作用，使人们更加深刻地认识到数学的发展是国家大事。文章中清新的观点、丰富的事例、明快的笔调和形象生动的语言使读者阅后感到是高品位的享受。

王老师在南开大学工作 28 年，吃食堂 42 年。夫人谭得伶教授是 20 世纪 50 年代莫斯科大学语文系的中国留学生，1957 年毕业回国后一直在北京师范大学任教，专攻俄罗斯文学，曾指导硕士生、博士生和访问学者 20 余名。王老师和谭老师 1958 年结婚后育有两个儿子，两人两地分居 26 年。谭老师独挑家务大梁，这也是王老师事业成功的重要因素。

王老师为人和善，严于律己，宽厚待人，有功而不自居，有傲骨而无傲气，对同行的工作和长处总是充分肯定，对学生要求严格，教其独立思考，教其学习和研究的方法，将学生当成朋友。王老师有一段自勉的格言："我尊重这样的人，他心怀博大，待人宽厚；朝观剑舞，夕临秋水，观剑以励志奋进，读庄以淡化世纷；公而忘私，勤于职守；力求无负于前人，无罪于今人，无愧于后人。"

本 8 卷文集列入北京师范大学学科建设经费资助项目，由北京师范大学出版社出版。李仲来教授从文集的策划到论文的收集、整理、编排和校对等各方面都付出了巨大的努力。在此，我们作为王老师早期学生，谨代表王老师的所有学生向北京师范大学、北京师范大学出版社、北京师范大学数学科学学院和李仲来教授表示诚挚的感谢！

杨向群　吴　荣　施仁杰　李增沪

2016 年 3 月 10 日

目　录

一、散　文 …………………………………………………… （1）

关于在全国开展尊师重教月活动的倡议 ………………… （2）

奢侈品论 …………………………………………………… （4）

论消费 ……………………………………………………… （11）

关于科研能力的培养 ……………………………………… （15）

学习有没有捷径

　　——答某青年同志 ………………………………… （17）

一艺之学，手脑并用 ……………………………………… （22）

在美国康奈尔大学访问的小结 …………………………… （25）

有厚望于新同学 …………………………………………… （28）

"随地吐痰"之类解决不了吗？ ………………………… （30）

怎样揭开自然的奥秘 ……………………………………… （31）

甜头记 ……………………………………………………… （36）

德、识、才、学与人才培养 ……………………………… （38）

访加拿大观感 ……………………………………………… （43）

崇高的事业，光荣的使命 ………………………………… （45）

百年大计　教育为本

　　——学好十三大文件　深化教育改革 ………………… （47）

机遇与成才 ……………………………………………（49）

不要把学校捆得太死 …………………………………（51）

"爱"与"练" …………………………………………（52）

喜迎百年华诞　再现师范辉煌 ………………………（53）

面向 21 世纪发展我国科学教育的建议 ………………（55）

素质教育的关键 ………………………………………（58）

学校工作离不开工会的支持 …………………………（60）

段家林与京九线 ………………………………………（61）

论大学精神 ……………………………………………（63）

学，要善于寻师 ………………………………………（68）

他是一位谦和幽默的学者 ……………………………（69）

在建设一流大学中我能做什么 ………………………（71）

造福永绵绵 ……………………………………………（73）

读者见解应与书本精华相结合 ………………………（76）

抓住机遇，促进学校的全面可持续发展 ……………（78）

读书的另一面 …………………………………………（79）

二、讲　　话 …………………………………………（80）

在南开大学学生自然科学协会成立会上的讲话

　　（1983-05）　…………………………………………（81）

在教育部主办的全国高校中外数学史讲习班

　　开学典礼上的讲话（1984-07）　……………………（87）

在北京师范大学新学年开学典礼上的讲话

　　（1984-09）　…………………………………………（90）

在北京师范大学第一届教职工代表大会上的报告

　　（1986-01-24）　………………………………………（99）

在北京师范大学全校学生奖惩大会上的讲话摘要

（1986-06）…………………………………………（122）

在北京师范大学第一届教职工代表大会第二次会议

　上的报告摘要（1988-03）…………………………（126）

在中国共产党北京师范大学第九次党代会上的发言摘要

　（1996-09）…………………………………………（132）

在华南师范大学"211工程"预审总结大会上的讲话

　（1996-10-25）……………………………………（133）

在北京师范大学研究生院研究生大会上的讲话

　（2001）……………………………………………（142）

在北京师范大学庆祝教师节师德先进表彰大会上的讲话

　（2001-09-07）……………………………………（144）

在北京师范大学本科生励耘实验班开学典礼上的讲话

　（2001-09-19）……………………………………（146）

中国科协科学家暑期井冈山休假活动结束时致谢词

　（2002-08-17）……………………………………（149）

在教育部和北京市领导来校视察座谈会上的发言

　（2002-08-24）……………………………………（151）

在《诺贝尔奖讲演全集》座谈会上的讲话

　（2003-09-25）……………………………………（153）

在北京师范大学2004届本科生毕业典礼上的讲话

　（2004-06-24）……………………………………（154）

在北京师范大学2004级迎新典礼上的讲话

　（2004-08-28）……………………………………（157）

在北京师范大学珠海分校2004级迎新典礼上的讲话

　（2004-10-10）……………………………………（160）

在北京师范大学文学院纪念启功先生百日忌辰会

上的发言（2005-10-08） …………………………… (163)

在江西省泰和中学校庆会上的发言

（2005-10-16） ………………………………… (165)

在北京师范大学文学院《文学史家谭丕模评传》

出版座谈会上的发言（2005-12-23） ………… (167)

在北京师范大学地理学与遥感科学学院庆贺张兰生

先生寿辰学术研讨会上的讲话（2007-12-29） … (169)

在北京师范大学座谈会上的讲话（2008-04-24） … (170)

在北京师范大学师生代表座谈会上的发言

（2008-09-10） ………………………………… (172)

在北京三帆中学科技节上的讲话（2009-03-31） … (174)

在中国科学院应用数学研究所成立 30 周年会议上的讲话

（2009-06-27） ………………………………… (176)

在江西省吉安县在京乡友新春宴会上的讲话

（2010-03-01） ………………………………… (178)

在全国中小学校长论坛上的讲座（2010-03-29） … (180)

在北京师范大学中文系 1980 级校友入学 30 周年

聚会上的讲话（2010-08-21） ………………… (200)

在北京师范大学建校 110 周年庆祝大会上的讲话

（2012-09-08） ………………………………… (202)

三、序　言 …………………………………………… (204)

《数学的过去、现在和未来》序 ………………… (205)

《数学古今谈》序 …………………………………… (207)

《科学名言集》序 …………………………………… (209)

《近代概率论基础》序 ……………………………… (211)

《北京师范大学美国问题英文书目》序 ………… (213)

《中国科学史讲义》序 …………………………… (214)

《物源百科辞书》序 ……………………………… (216)

《实用统计决策与贝叶斯分析》序 ……………… (218)

《从现代数学看中学数学》序 …………………… (220)

《数学教育学报》发刊词 ………………………… (222)

《科学方法论研究：问题与进展》前言 ………… (224)

《高等数学解题过程的分析和研究》序 ………… (233)

《让你开窍的数学》丛书序 ……………………… (235)

《中国民族师范高等教育》序 …………………… (237)

《两参数马尔可夫过程论》序 …………………… (239)

《班主任工作月记》序 …………………………… (241)

《马尔可夫过程和今日数学》序 ………………… (243)

《数学思想方法与中学数学》序 ………………… (245)

《应用随机过程》序 ……………………………… (247)

《中学数学教学导论》序 ………………………… (249)

《初中数学创新教育课时目标实验手册》序 …… (250)

《师范大学图书馆教育丛书》总序 ……………… (252)

《中学数学思维方法丛书》序 …………………… (255)

《教学·研究·发现：MM方式演绎》序 ………… (257)

《人民画报》寄语 ………………………………… (260)

《数学分析的思想与方法》序 …………………… (261)

《站在大学讲台上》寄语 ………………………… (263)

《北京数学会 北京数学培训学校教学丛书》序 … (265)

《兴趣是最好的老师》序 ………………………… (266)

《北京师范大学名人志》序 ……………………… (269)

《追求科学家的足迹：生物学简史》序 ………… (272)

《木铎金声：北师大先生记》序 ………………… (274)

《梁之舜先生论文集》序 ………………………… (276)

《训诂学研究》序 ·· （280）

四、评　论 ·· （281）

关于青少年成才问题：兼谈《少年百科丛书》 ······ （282）

别开生面 ·· （286）

无史则已，有史其谁：写于科学小品征文之后 ······ （288）

数学与社会进步：从《纯粹数学与应用数学专著》

丛书说起 ·· （290）

《师大周报》二百期庆 ·································· （292）

读《人与自然精品文库》 ·································· （293）

关心编辑人员　重视学报工作 ······················ （294）

《模糊几何规划》评介 ·································· （296）

智慧的宝库 ·· （298）

编辑出版《科学的道路》功德无量 ·················· （299）

大力的支持　深情的感谢 ······························ （304）

五、题　词 ·· （306）

为武汉大学图书馆《大学图书馆通讯》

杂志题词（1984-11-21） ······························ （307）

在南开大学研究生会上赋诗一首

（1984-12-28 夜） ·· （307）

为北京师范大学题词（1985-07-16） ·················· （307）

为赣南师范学院题词 ·································· （307）

为北京师范大学中文系函授刊题词（1986） ········· （307）

为北京师范大学马列研究所宣干班题词

（1986-05-28） ·· （308）

为北京师范大学北国剧社题词 ···················· （308）

去福建省崇安县三港国家自然保护区旅游临别题词

（1986-09 下旬） ……………………………………………… （308）

为《初中生》题词（1986-10-21） ………………………… （308）

为北京师范大学学报（自然科学版）创刊三十周年题词

（1986-05-25） …………………………………………… （309）

为北京师范大学 1985 级台籍班毕业题词

（1986-11） ……………………………………………… （309）

为北京师范大学历史系地方志专修科学员题词

（1987-06-24） …………………………………………… （309）

为北京十一学校三十五周年校庆题词

（1987-08） ……………………………………………… （310）

为中国高等学校自然科学学报研究会成立题词

（1987-08） ……………………………………………… （310）

为吉安师范专科学校集邮协会成立题词

（1987-12-29） …………………………………………… （310）

为《当代中学生丛书》新书首发式题词

（1988-05-18） …………………………………………… （310）

为《高考·环境·心理：一个新闻记者的采访手记》

题词（1987） …………………………………………… （311）

在北京师范大学学生举行《飞向未来》晚会的

节目单上题词（1988-12-28） ………………………… （311）

为北京师范大学《研究生学刊》1992 年创刊号

题词（1991-12-28） …………………………………… （311）

朱智贤教授纪念（1991-03） ……………………………… （312）

为北京师范大学研究生院编《繁荣学术，培养人才：

北师大建校九十周年纪念》题词（1992-01-18） … （312）

为孙文先先生题词（1992-09） …………………………… （312）

黄药眠教授纪念（1992） ………………………………… （313）

为全国知名中学科研联合体成立题词

（1994-01-25） ···（313）

为千岛湖所在的浙江省淳安县总工会题词

（1996-05-11） ···（313）

为浙江师范大学题词（1996-05-12） ··············（313）

为吉首大学题词（1998-05-21） ·····················（314）

为湖南省凤凰县沱江镇手工蜡染者熊承早题词

（1998-05-22） ···（314）

为山东《滨州教育学院学报》公开发行题词

（1999-09） ···（314）

为《青春潮》（《福建青年》革新版）题词

（1999-10-18） ···（314）

为井冈山师范学院成立题词（2000-03-28） ·······（314）

为全国第四届初等数学研究学术交流会题词

（2000-07-15） ···（315）

为徐州师范大学题词（2000-11） ···················（315）

贺新婚词（2002-01） ···（315）

请郭预衡先生给人民医院寇伯龙大夫写一幅字

（2001-05） ···（316）

为兰州大学榆中校区题词（2002-05-17） ··········（316）

为西北师范大学博物馆题词（2002-05-18） ·······（316）

为姐夫张俊迈写的挽联（2002-06） ···············（316）

为北京师范大学百年华诞题词（2002-07） ·······（317）

为山西《学习报》（数学专版创刊版）题词

（2002-08） ···（317）

为北京师范大学图书馆百年馆庆题词（2002-09） ···（317）

为江西南昌十中百年校庆题词（2002-09） ·······（317）

为《院士书情》题词（2003-03-26）……………………（318）

为《科学时报》题治学格言（2003-09）………………（318）

为白鹭洲中学百年校庆题词（2003-09-20）…………（318）

为南昌理工学院（原江西航天科技主修学院）

　题词（2004-01-09）……………………………………（318）

为纪念郭申元博士题词（2004-02）……………………（319）

为《高等数学研究》杂志五十周年刊庆题词

　（2004-04-15）…………………………………………（319）

为《中国教师》祝贺教师节题词（2004-08-20）………（319）

为江西财经大学祝贺教师节题词（2004-09-06）………（320）

为北京师范大学珠海分校学生题词（2004-10-10）……（320）

为商洛师范专科学校题词（2005-06-03）………………（320）

为江西临川一中五十华诞题词（2005-09-15）…………（321）

为淮阴师范学院题词（2005-11-16）……………………（321）

为淮阴工学院题词（2005-11-18）………………………（321）

为北京师范大学数学科学学院九十华诞题词

　（2006-01-07）…………………………………………（321）

参观北京十一学校题词（2006-11-22）…………………（322）

为北京师范大学出版社出版《科学发现纵横谈》

　题词（2006-12-25）……………………………………（322）

为郑州《寻根》杂志题词（2007-04-04）…………………（322）

为李心灿著《微积分的创立者及其先驱》（第3版）

　题词（2007-05-10）……………………………………（323）

贺江西师范大学许靓静、熊文鹏新婚

　（2007-10-25）…………………………………………（323）

为江西省高安中学百年校庆题词（2007-12-12）………（323）

为吉安县将军公园题词（2008-03）……………………（324）

为赣南师范学院题词（2008-03）……………………（324）

为北京师范大学校友、韩国成均馆大学学生杨卫磊

题词（2008-04-03）……………………（324）

为杭州师范大学校庆题词（2008-04-24）……………（325）

为三位江西吉安学生题词（2008-04-28）……………（325）

曾旗同学 ………………………………………（325）

龚昀同学 ………………………………………（325）

王浩光同学 ……………………………………（326）

为江苏盐城师范学院数学系《章士藻数学教育文集》

题词（2008-04-30）……………………（326）

贺桂伟珍、杨帆订婚（2008-05-25）…………………（326）

为苏获题词（2008-06-02）……………………………（327）

为赣南师范学院美术学院展览题词（2008-10-30）…（327）

为赣南师范学院客家文物博物馆题词

（2008-10-30）…………………………（327）

为赣南师范学院科技学院题词（2008-11-02）………（328）

为赣南师范学院数学与计算机科学学院高淑京博士

题词（2008-11-02）……………………（328）

为赣南师范学院数学与计算机科学学院黄贤通老师

之子题词（2008-11-02）………………（328）

为赣南师范学院数学与计算机科学学院何显文老师

之子题词（2008-11-02）………………（328）

为江西吉安一中校庆九十周年题词（2008-11-15）…（329）

为"MM 实验 20 周年纪念丛书"《源于教学·高于

教学：MM 方式演绎》题词（2008-02-16）………（329）

为《书摘》一百期题词（2009-03）……………………（329）

为江西师范大学附属中学题词（2009-04-05）………（330）

为《南阳理工学院学报》题词（2009-04-13） ……（330）

为枣庄学院题词（2009-05-15） ……………（330）

为《娄平纪念文集》题词（2009-06-25） ……（331）

为《北京师范大学校报》题词（2009-09）……（331）

为《科学时报》题词（2009-09） ……………（331）

为江西吉安十三中题词（2010-03-01） ……（331）

为汕头大学理学院数学系题词（2010-05-07）……（332）

为李宣霆题词（2010-05-10） ………………（332）

郭预衡教授纪念（2010-08-05） ……………（332）

为赤峰市田家炳中学题词（2010-08-25）……（333）

为庆祝《中国科学》创刊六十周年题词
    （2010-10-18） ……………………………（333）

为北京师范大学亚太实验学校题词（2010-11-04）…（333）

为沈阳数学会题词（2010-11-30） …………（334）

为江西师范大学科技学院题词（2011-05-22）……（334）

为江西吉安一中题词（2011-05-23） ………（334）

为江西吉安石阳小学题词（2011-05-24）……（334）

为江西吉安县城市展览馆题词（2011-05-24）……（335）

为江西玉山一中题词（2011-08-05）………（335）

为北京师范大学第十二届未来教师素质大赛"教育
    奠基未来"题词（2011-11-29） …………（335）

为周毓麟院士祝寿题词（2011-12-06）………（335）

为北京师范大学数学科学学院亓振华、教育学部
    任雅才题贺词（2012-12-06） ……………（336）

为青岛的科普园地题词（2013-09-11）………（336）

为科学出版社成立六十周年题词（2014-03-20）…（336）

为马山初中第二届同学联谊会题词（2015-01）………（336）

为江西吉安广播电视台题词（2016-12-11）…………（337）

为江西吉安广播电视台"骄傲吉安人"节目题词

（2016-12-11）……………………………（337）

为清华大学数学科学系建系九十周年题词

（2017-04）………………………………（337）

为北京师范大学数学科学学院郑祥祺、复旦大学

徐日题词（2017-04-15）…………………（337）

为北京师范大学出版社谭徐锋博士题词

（2017-09-10）……………………………（338）

六、信　件 ………………………………………（339）

致习近平（2014-05-10）……………………（340）

致张良贻（1986-08-28）……………………（342）

致张良贻，等（1986-09-04）………………（343）

致罗厥兴，等（1986-12-05）………………（344）

致枫江小学校长，等（1986-12-10）………（346）

致罗厥兴，等（1987-01-01）………………（347）

致顾端（1987-04-21）………………………（348）

致罗厥兴，等（1987-06-21）………………（350）

致罗厥兴，等（1987-08-24）………………（351）

致罗厥兴（1987-11-21）……………………（352）

致姜文彬（1988-01-15）……………………（353）

致罗厥兴（1988-09-16）……………………（354）

致罗厥兴（1990）……………………………（354）

致罗厥兴，等（1992）………………………（355）

致巴特尔（1992-05-28）……………………（355）

致罗厥兴（1994-07-22）……………………（356）

致杨辑光，等（2003-09-20）………………（358）

致郭永勤和张泰城（2004-09-08）…………………（359）

致邓志瑗（2004-12-09）…………………………（360）

致杨向群（2009-09-01）…………………………（361）

七、科　普 ……………………………………………（363）

在中学增设概率论与数理统计的可能性 …………（364）

数学趣话 ……………………………………………（368）

概率论今昔 …………………………………………（374）

头发的趣味数学 ……………………………………（381）

为中学教学出谋献策

　　——兼谈"初等代数复习一览图" …………（382）

怎样化循环小数为分数？ …………………………（384）

怎样发现新的数学公式？ …………………………（387）

最初是怎样计算 $1+\dfrac{1}{4}+\dfrac{1}{9}+\dfrac{1}{16}+\cdots$ 的？ …………（390）

数学万花筒 …………………………………………（392）

偶然性与数学 ………………………………………（396）

发展过程中的偶然性问题 …………………………（398）

布朗运动 ……………………………………………（405）

独立增量过程 ………………………………………（409）

分支过程 ……………………………………………（412）

随机过程 ……………………………………………（415）

布朗运动与分形 ……………………………………（426）

趣　题 ………………………………………………（430）

数学教育中的理性精神 ……………………………（431）

八、纪　念 ……………………………………………（442）

李国平教授科学工作五十年 ………………………（443）

苏学辉煌　下开百世 ………………………………（456）

怀念苏步青先生 ……………………………………（458）

深切怀念华罗庚先生 …………………………………（460）

我所知道的许宝骤教授：与许先生的一面之缘 ……（462）

深切怀念李国平老师 …………………………………（463）

纪念胡国定先生诞辰九十周年 ………………………（465）

九、传　记 ………………………………………………（467）

履尘纪要（1929～1942）……………………………（468）

旧事偶记（1929～1977）……………………………（473）

王梓坤自传 ……………………………………………（504）

后　记 ……………………………………………………（511）

一、散　文

关于在全国开展尊师重教月活动的倡议①

我国是文明古国，尊敬师长、重视教育是我国人民的优秀传统，尊重知识、尊重人才是我们实现四化②大业的一项根本政策。但是，由于各种原因，社会上仍然存在有轻视教师和教育的现象。因此，应动员社会力量，在全社会形成尊敬教师、重视教育的良好风气和行动。这是当前的一项迫切任务。为此，我们建议：由国家（或国务院、或全国人民代表大会常务委员会）做出决议，确定每年九月在全国开展尊师重教月活动，并将该月的一天定为全国教师节。

开展尊师重教月活动，由于持续时间长，社会影响大，有助于发现和解决问题；实行全国教师节，有助于提高人民教师的社会地位。在尊师重教月中至少可开展如下活动：

（一）中央和省、市、自治区等各级领导发表广播、电视和书面讲话，阐述尊师重教的意义，布置尊师重教月的工作。

（二）各级政府检查一年来本地区教育工作，重点解决一些影响本地区教育发展的问题，如改善人民教师的工作和生活条件，提高他们的社会地位，使教师工作真正成为社会上最受人尊敬、最值得羡慕的职业之一。讲求实效，争取年年有进步。

（三）各类报刊、广播和电视开辟专栏、专题节目，开展尊师重教宣传，有关部门可举办报告会、电影周，形成强大的社会舆论。

（四）在教师节中，各级政府举行每学年年度先进教师和单

---

① 北京日报，1984-12-15.
② 工业现代化、农业现代化、国防现代化、科学技术现代化.

位授奖大会，有关部门进行各种慰问教师的活动，纪念我国著名教育家。

（五）征集社会各界对教育的赞助（资金、设备等），用于发展教育事业，表彰对发展教育事业做出突出贡献的人士和单位。

（六）对广大学生进行尊师重教教育，学生在教师节前后开展生动活泼的尊师活动。

开展尊师重教月活动，必将促进中华民族科学文化水平的提高，是社会主义文明建设的重要组成部分。我们呼吁社会各界响应和支持这一倡议。北京师范大学愿为搞好尊师重教月活动做出自己的努力。

奢侈品论①

资本市场上所陈列的商品可分为两种：一种是人类生活上不可缺少的必需品；另一种是专供某一阶级人士为享乐而使用的非生活必需的商品，通常称为奢侈品。前者已广泛而基本地引起经济学者的研究，后者呢？有产经济学固然不能或不可能真实地说明它们内身所含的社会意义，同时普罗②经济学家也让它轻易地跳出视线，不加追讨。其实在资本主义社会里，奢侈品所扮演的角色是非常阴险而重要的，它所含的社会意义是充满矛盾而反经济原理的。本文将针对这方面，忠实而无情地揭发这种矛盾，揭发资本家怎样利用奢侈品在人民大众的头上，加重一层剥削的阴谋。

依制造的目的，可以将奢侈品分为两种：一种是根本非日常需要的，如修饰品，不正当的嗜好品，仆婢侍从（假如把劳动力看做商品）等；一种是将必需品的外观改造一下，使它比原来精致，漂亮，间或也替它增加一点使用价值，或延长它一段使用时间，然而因改造它所费的劳动量是不正比例于它所增的使用价值。这是一个非常重要的关键，譬如一床鸭绒被固然比一床棉被的保暖性大，但两床棉被的保暖力却大过一床鸭绒被，然而一床鸭绒被的价格却比两床棉被大得多。假如我们已经完全了解商品的价值——这儿不妨说价格一是由它本身所含的劳动量的多少而决定，那么这就是说，一床鸭绒被所含的劳动量比两床棉被所含的大得多，然而他的效用却反比不上两床

---

① 大刚报（武汉），1949-03-24～26.

② 普通.

棉被，因此制造鸭绒被是违背经济上节俭原则的，既然它违反经济原则，我们便无法不叫它作奢侈品了，许多人没有看清这点，资本家替自己的辩护便似乎是天经地义了："我使用的不全是和你们一样的东西吗？没有高楼大厦，我到哪儿去住呢？没有鸭绒被，我怎样过冬呢？"然而他却忘了：劳苦大众是以茅舍土屋避风雨，用棉被保体温，而这些东西的使用效果，也并不亚于资本家所使用的！一说到这里，读者一定以为我存心想将历史扭转去，因为上古人不过是住山洞挂树叶吗？而他们不也生活得很好吗？

奢侈品到底是什么？把它和必需品对照一番，它的外貌便显明了。首先必需品既是人人必需的，缺少它人类便将死亡，因此制造它的对象是广泛的为整个社会需要而制造的；奢侈品却不然，没有它社会固然不会退化，有了它也无非只增加某些人生活上一点舒适度而已。因此制造它的目的只是为要满足局部人士的奢求。其次，制造必需品着重在于创造它的使用价值，至于交换价值则一时忽略，因而必需品所含的劳动量正比于它所拥有的使用价值；奢侈品却恰得其反，消耗或增加在奢侈品上的劳动量只正比例于它所获得的交换价值，至于使用价值增加与否则完全轻视而不成正比。以上所说的还只限于直接劳动量一方面，假如再将奢侈品与一个和它同效用的必需品分剖一下，比如一根涂漆装金的资本家使用的手杖，和一根普通人使用的竹质或根本就是一枝树干的手杖比较时，便看出资本家手中的手杖的原料比普通人的不知好上若干倍，换句话说，前者所含的间接劳动量比后者所含的多上若干倍。因此，无论就直接或间接劳动量讲，奢侈品的交换价值总是比必需品高得多。

奢侈品的交换价值既然大，它的价格便也随着增大，一旦大得超过劳苦大家的购买力时，它便和大众绝缘只专限于供少数资产阶级人士消耗了，何况因使用奢侈品所费去的时间，在一个长时期中计算起来，也是非常长久的，时间是劳动者的本钱，消耗了时间便减少了收入，因而即使他们偶然有获得奢侈品的机会，他们也没有享受它的资格，奢侈品便这样地和贫苦大众割袍绝交了。

奢侈品的外观，就如上文所述，似乎是庸碌无奇的，但当我们进行追究它所含的社会意义时，资本家的阴谋便完全揭发了，历史上最卑污的一页便完全暴露了。现在我要用为哀悼过去劳动者的泪和唤醒今后无产阶级奋斗的笔，来描述资本家的残酷和欺诈，这一向不引起注意。

假如我们已经完全了解：在资本主义社会里怎样因人口逐增以致地租高涨；怎样因生产手段私有化和劳动社会化以致资本集中和竞争，又怎样因地租高涨和资本竞争而导致生产过剩与恐慌，"奢侈品是怎样产生的？"这个问题便不难答复了。当第一次恐慌来临的时候，资本家望着堆积如山的商品，完全因丧失顾主而腐烂，他痛心了，他怒吼了！"该死的农工们，为什么不来买我的商品？"他成天发广告，呼口号，用尽种种卑污手段以图倾销他的商品。然而顾客依然绝迹，商品依然败坏，他悬赏了"有人能设法使我的商品倾销，他将得到如所希望的报酬。"聪明的人终于来了，他偷偷地在资本家的耳边献计："你看嘛！你这些不就是劳苦大众的财产吗？他们的购买力已全给你剥夺了，哪里还有钱来买东西呢？想把东西卖给他们是不成的！我看……"资本家急了，"你看怎么？"等到聪明人已完全得到他的赏金："我看如今只有改换目标，把商品向别的资本家倾销吧。"然而资本家冷眼看一下，"他们自己的商品也在烂哩，还来买我的？"聪明人的聪明在这里，"你偏这么呆！就不晓得把商品搞得漂亮些，或者改造成他们根本就没有的东西？你的商品既然特别，他们不买才怪哩！"资本家于是恍然大悟，他因此发了大财，旁的资本家不由得羡慕非常，肚里却想："偏你会变？我就不会！"于是奢侈品便大量生产了，资本市场的恐慌性便减轻了，商品链环便加速了，社会财富便增加了。因此，在资本社会里便得到这样一个可笑的定律："社会财富是由奢侈而增加的"。然而经济原理却明明写着："节俭是财富的泉源"。这是资本社会的特征，这完全暴露了资本主义新的矛盾，这一向被人忽略的矛盾。

上文已经说明奢侈品的起源是由于资本家和别的资本家中间互相的欺诈；至于与劳苦大众似乎无关。某单个资本家被人欺诈所受的损失将会因他欺诈别人所获的利益而抵消；因此整个的资产阶级既不会受丝毫损失，反而将因制造奢侈品以加速商品循环而得到利益。然而甲方的获得正是乙方的损失，资本家获利了，倒霉的却是劳苦大众。奢侈品只做了资本家的帮凶，在人民头上加重一层剥削，下面便将指明剥削是怎样进行的。

我们已经知道劳苦大众绝对没有享受奢侈品的权利。当奢侈品未产生以前，一定量的原料摆在工人的面前时，这些原料便完全变成必需品，必需品的价值比较低贱，工人大家谁都有资格享受它。然而现在却不然了，资本家指定：必须把原料的一半变成奢侈品，余下的一半，才制成必需品。于是劳苦大众只有资格享受这一半的商品，然而他们对必需品的需要当然还是一样，于是需求大于供应，必需品涨价了，工人的工资相对减少了，直到减少得不能再减时，资本家生怕自己挖去了自己的财根，赶快假装慈悲："是呵！这个年头大家都苦呵！总是好人禁得打！只算我倒霉！"于是工资提高了，但仅仅提高一点点，物价早又跑到工资的前头，因此劳苦大众的生活水准便因奢侈品而普遍降低了。

在另一方面呢？资本家对必需品的贱视也存在了，他们视使用必需品为耻辱，于是资产阶级和无产阶级的界域更明显了。他们中间矗立着奢侈品筑成的高墙，这边是雕栏玉砌的高楼大厦，吃不完的酒肉，穿不尽的绸绒；那边是卑矮破陋的茅棚土屋，咽不下的糠粃，受不了的褐絮。富贵，贫贱，向着两个极端，加速背驰。资产阶级坐收其利，无产阶级大众劳受其虐，奢侈品造成了更进一步的不平等。

贫富的分划显明了，社会活动的阶级化也显明了，资产阶级永远不和无产大众来往，于是他们的感情也愈加恶化了，有产者完全缺乏同情的谅解，对大家的压迫也日甚一日，最后甚至于把他们当作奴隶。

劳动大众因为衣服朴素，不论生人熟人，一看便能决定他的职业和财产；当他走过街道时，有产者对他扫射着贱视的眼光，在相对比较下，他们似乎已觉得自己的寒酸，便像罪犯一样，低头疾走，这说明了什么？说明了奢侈品替无产大众的衣襟上加上一个标识。这个标识带给了他们社交上的束缚和精神上重大的打击。

人类的欲望常是由需要而决定的，而占有心又常是由欲望而决定的。一个人吃饱饭后，他对米谷的需要是不迫切的，因此，他对占有米谷的心情也不紧张，同样情形，资本家对于必需品的囤积除想借它获利外，并不大感兴趣，只要他的获利欲望得到满足，他很愿转让他所囤积的必需品。然而对于奢侈品，他的态度便全改变了，他除了想借它图利外，对它还有心理上的爱好，即使别人给他利润但他所囤积的奢侈品还是不肯让人。这些奢侈品受着严密的看守，一代一代地传下来，于是所谓"传家之宝"这个名词便存在了，这些传家之宝，在本质上无非是极大劳动量的结晶，无非是可供制造极多数必需品的材料的结晶，于是因受饥饿而死的尸体便和光耀夺目的珠玉同时存在了。这说明了什么？说明了资本主义社会里饥冻的来源不是由于物质缺乏，而是由于物质太多，多得使人无法搬动，就如漂流在荒岛上的孤独者，无法使手中价值连城的珠玉变成米谷，以致饿死的情形一样。

奢侈品虽然这样地欺诈和剥削劳苦大众，但他们仍然没有权力去排斥奢侈品。现在姑且假定他们即使有这种权力，不再制造奢侈品，那么将发生如何的结局呢。恐慌仍然是周期地来临，而且带来的惨状一次比一次严重。商品腐坏了，工厂倒闭了，商店歇业了，绝大多数的无产者打破了饭碗，他们和他们的妻儿受冻挨饿，以至于死亡。资本家所受的只是财产的损失，他们所受的却是生命的威胁。他们再也忍受不了，来吧！再来制造奢侈品，来缓和这种严重性吧！于是，奢侈品又不可避免地被工人们自动地制造起来。

假如不是有马鞭存在，马便将因无人供养而饿死，待有了这根鞭子时，马便饱受着它的挞打而不能忍受。然而为了生命的续延，马却不能不忍受，而要求马鞭的存在。同样情形，为了生命，工人们自动要求制造一根鞭子送给资本家，请资本家朝他们自己头上打，资本主义社会里的奢侈品就是这样的一根鞭子。

最后便将讨论奢侈品的存在问题。上文已揭出，奢侈品是如何地有害于劳动大众，但对劳动大众而言，又如何地不只消灭。这便说明了资本主义制度自身是有矛盾的，其次还有一点，就是上文已隐约地指出，奢侈品是一个相对的名词，倒是在上古穿兽皮时，看见帝王穿布衣，认为布衣是奢侈品，但它到今日和资本家所穿的比较时，便相对地贬为必需品了。又比如在中国的三层高楼，对百姓的茅屋而言是奢侈品，但同时对美国的摩天大厦而言，却又只是必需品了，所以奢侈品是当有必需品同时存在而存在的。而必需品又是当有资产和无产阶级存在时而存在的，因此要消灭奢侈品和必需品的对立性，换句话说，就是要使奢侈品和必需品合而为一，首先必须消灭资产阶级和无产阶级的对立性，也就是说：首先必使两个阶级合而为一。更具体地，就是必先彻底消灭资本主义制度的本身，使人人获得经济上的平等时，这种希望才能完全实现。（读者以为我存心想使人类退化的误解，由此便该消释）。设想有这么的一个社会，在它里面没有阶级的对立，人人有经济上的平等，那么奢侈品便将因没有阶级的对立性而不存在了。同时大家的享受既然一样，奢侈品又将因必需品的不存在而不存在了。

人类原是生就几分喜欢享受的，这种喜欢享受，在全人类同时享受不平等下，当然和道德抵触。因此在资本主义社会里的单个享受是不道德的。相反地，当人类的享受完全相等时，就是说，当人类进入财产公有的社会时，享受水准的普遍提高并不发生道德问题，因此无论就社会演化或人类幸福的立场而言，我们正迫切地需要一个"民有民治民享"的共产社会。

论消费①

　　无论是什么制度的社会里，生产的最后目的总是在求供给消费的资料，这一点是大家熟悉的；然而因为社会制度的不同，以致引起消费形态的不同，这一点却常被人忽略了，在原始共产社会里，虽然生产工具是如何地简陋，社会是如何地贫困，但因众人享受一律，所以消费是平等化的。当进入奴隶社会，生产品便仅专供贵族享受，奴隶只能，甚至不能保有最低的消费水准，从而奴隶制度社会的消费重心趋于贵族化，待封建主义社会立定脚跟后，这种形势缓和了，因为平民的消费水准已稍许提高，但在这种稍许提高的状态下，却产生一个极端来，由于这个极端的引申而造成消费的专制化，因此，我们听惯的"御用品""官服"等便只限于"帝王""官家"的消耗。资本主义社会毕竟进步多了，专制化的消费状态废除了，任何人的消费范畴可以自由扩大，于是资本家须尽力宣扬他们的社会是如何地自由和平等，但这种自由和平等是真的吗？当底层的经济基础还未平等的时候？所以，资本主义社会里的消费实在是阶级化的。资产阶级享受奢侈品；无产大家至多只能享受必需品，经济基础早替他们安排好了。由上述总结：消费是显示社会平等或不平等精确的尺度。

　　生产主要的因素是劳动力，但劳动力的来源却是消费生活资料，从而便知：消费的目的在求生产的继续。因此生产与消费是互为因果的，有了生产，才有消费；有了正当的消费，才

---

　　① 大刚报（武汉），1949-04-26.

有生产。就如鸡生蛋，蛋化鸡一样的道理。准此，便得："在求生产的继续而使用物品，叫作合理的消费"。但在资本主义社会里，资产阶级只有消费，而没有生产，这种不合理的消费，显然与上述定义不合，我们无以名之，特名之为浪费。因此，又得："不在求生产的继续而使用物品，是名浪费"。又因为资产阶级所使用的几乎全是奢侈品，无产大家所使用的全是必需品，[①] 启上述两定义可简述如下："使用必需品叫合理的消费，使用奢侈品叫浪费。"

整个资本主义社会就是由这两种本质上完全不同的消费所表现的。由于奢侈品的大量制造，必然的结果是奢侈品的大量消耗，和必需品的尽量减少，因而必需品的消耗也尽量节省。这种大量消耗和尽量节省，对整个社会而言，固然是不道德的；但对某单个资本家而言，却不能怪他不道德，因为假如他们一旦停止浪费，必然会引起商品循环的冻结以致无产大众感受生命威胁，所以浪费是构成资本主义社会的必要条件，在资本主义社会里禁止浪费是不可能的事，那些高呼"维持人道，不乘人力车"和"战乱期间，一切从简"的人，是愚笨而可恶的。

这种所谓"节约"和"储蓄"，表面上打的幌子虽然是够堂皇而正义的，但幌子底下却隐藏着杀人放火的大阴谋，正如所谓"满口中仁义道德，一肚子男盗女娼。"下文便将揭发这种阴谋的本来面目。

首先假定资产阶级果然节约了，那么，结果就如上文所述，将使劳苦大众感受生命的威胁，对无产阶级不啻是道催命符；同时资本家既将开支减少了，他当然不会把他锁到箱子里储藏起来；而是使更多的剩余价值资本化，因而引起资本按几何级

---

① 请参阅拙作《奢侈品论》，见本报 3 月 24，25，26 日.

数累积后，复重新进行扩大再生产，这种扩大再生产的后果如何呢？新经济学家早已告诉我们："资产阶级栈房里的商品堆积得更高了；无产大众加速地绝对贫穷了。"

其次，无产阶级节约和储蓄的后果又将如何呢？我们早已知道：无产大众所使用的仅全是刚够维持最低生活的必需品，他们的享受，在相对的比较下，已经是够清苦了，然而偏还有人眼红，他肚里暗想："非饿得他们半死不可。"嘴里便喊："节约呀！储蓄呀！"本来吃四个红苔刚饱肚子，经他这一嚷，便只准吃两个或三个，余下的移供明天使用，因此整个无产大众的消费便大减了，节省下来的物品全给腐烂在资本家的堆栈里，因为物质是不会消灭的啊！

资本虽正在按几何级数飞快地增加，然而资本家还贪心不足，天天想办法使速度更加快些。办法终于想出来了，主意便打定在劳苦大众的工资上。他高叫："把剩余的工资储蓄到我这边来，既有人替你保管，又可获得利息。"目的既然达到了，他便把这笔存款投入资本，使他的企业加大，从而获得比应付的利息大得多的利润，于是他既做了好人，又得了便宜，世界上哪儿还有比这个更合算的买卖？

由于节约和储蓄，单个的无产者暂时间或可能获得点蝇头小利，但这点小利的总和绝比不上整个无产阶级所受的损失。聪明的劳苦大众并不是看不到这一点，而是吃人的社会的制度逼得他们非这样做不可。就好像大家明知：做强盗有砍头的危险，然而当强盗的人仍然非做强盗不可，否则便会立刻饿死。资本家的阴谋便在这种节约和储蓄的幌子下执行着。

文写到这儿，资本家宣称："既然你说节约和储蓄是如何有益于我们而有损于劳苦大众，从此便再不节约和储蓄了。"于是他们尽量浪费，因浪费而使商品循环的周期缩短，他们无形中获了大利；劳苦大众又同时相对地愈加贫穷了。

　　因此，在资本主义的社会里，无论你采取的消费方式如何，直接消费也好，间接储蓄也好，结果总是资产阶级得利，无产大众倒霉。在这种制度安排好的不平等下，除非彻底改造社会本身，穷人想翻身是永远不可能的事。

关于科研能力的培养①

　　科学研究需要艰苦的劳动和高涨的热情，这种热情，来自为人民服务的精神，来自追求真理的强烈愿望。因此，要经常启发学生对自然界的好奇心，培养他们对未知世界的巨大兴趣。人们追踪一种新事物，往往起源于好奇心。好奇心越强，钻研劲头就越大，甚至遇到巨大困难也不在乎，一心一意要搞个水落石出。经常向学生讲一些发现、发明和创造的故事，可以起到激励作用。书本中的许多内容，如果讲得生动、也很富于启发性。例如讲开普勒第一定律："行星沿椭圆轨道运动，太阳位于椭圆的一个焦点上"。如只照字面讲，未必能给学生留下深刻的印象。倘若能替开普勒设想一下，在他之前，一般人只会想到行星绕太阳做圆周运动，因为在人们的心目中，圆周运动是最完美的、合理的；何况行星并无理智，它与太阳的距离应该基本不变，怎能设想它会一会儿近一会儿远呢？所以开普勒的发现确实很不简单，了解到这些，就会对开普勒的发现感到惊异，从而对他产生敬仰和激动的心情。

　　科研能力是逐步培养出来的。首先要有一个好的计划，它不但能使学生在基本知识、基本技能方面得到较全面的训练，而且可以迅速地把他们引到科研的最前线。基础不能太薄，太薄则先天不足，行而不远；但也不能老打基础，没完没了，把青春全消磨在学习别人的成果上，自己却毫无新贡献。正如战士不能抬着大炮去冲锋一样，人们在搞科研时也不能使头脑负

---

　　①　教育研究，1977，(7).

担过重，但对那些能把自己的思想引到深处的东西却必须抓紧不放。学生有了一定的基础之后，就应开始搞科研。要慎重对待他们的第一次科研，尽最大努力保证成功，使他们事后感到有意义、有趣味、有收获、有信心。万事开头难，头开得好，对学生以后的科研影响巨大。因此，第一个科研题要选得恰当，既不太难，也不太易，最好是前人从未研究过的、有一定价值的新问题。这个题，教师应该先亲自动手做，有了六七成把握，再让学生做。这样，教师才有发言权，才能真正起到指导作用。我觉得，培养研究生难就难在这里，导师的作用，也主要在这里表现出来。学生有了题目之后，先要熟悉文献，充分掌握前人在这个问题上的成果、方法和技巧，把自己武装起来。然后选择薄弱环节，从个别的、特殊情况着手，通过科学试验与逻辑思维，突破一点，取得经验，用以指导全面，直到问题完全解决为止。打好了第一仗，学生有了亲身的体会，能力和知识也都会大大提高。下一仗，就主要靠学生自己提问题、自己去解决了，教师可以退居第二线。善于提出问题，有时比解决问题还重要，因为所提的问题体现了对发展方向的认识，涉及"识"；而解决问题，则是在既定的目标下才能的一种表现，涉及"才"。因此，既应重视问题的解决，更要重视问题的提出。科研的能力永无止境，在学校里只能打下一定的基础，开好一个头，毕业后应当再接再厉，在科研实践中继续前进，不断提高。

学习有没有捷径[①]

——答某青年同志

××同志：

看了您的来信，我很高兴，您提出了一个许多青年共同关心的问题：学习有没有捷径？真的，谁不愿意在又红又专的道路上，以最短的时间、最快的速度、最好的质量，掌握科学文化技术，为祖国的四个现代化增光添彩呢？特别是在职青年，因为工作繁忙，学习时间不多，更需要讲究学习效果，也就更加迫切要求找到一条"学习的捷径"。因此，您提的问题是很有意义的。在这里我愿谈一点个人的看法，供您参考。

不过，在正面回答问题以前，我认为最好先讨论一下：学习到底有没有捷径？应该怎样看待捷径？

马克思在《资本论》中说："在科学上没有平坦的大道，只有不畏劳苦沿着陡峭山路攀登的入，才有希望达到光辉的顶点。"1935年，鲁迅在《致赖少麒》的信中也说："文章应该怎样做，我说不出来，因为自己的作文，是由于多看和练习，此外并无心得或方法的。"这两位大师，虽然一是讲科学，一是讲文学，但思想竟不谋而合，完全一致，那就是：为了达到"光辉的顶点"，必须"不畏劳苦"，勇于攀登，"多看和练习"。简单地说，就是"勤奋""勤奋"，再加上"十分勤奋"。事实胜于雄辩，让我们看看前人是怎样勤奋地工作和学习吧！

马克思对于他的每一部著作，都收集大量的资料，包括摘

---

① 上海人民出版社，编. 理想、学校、爱情：青年信箱（一）. 上海：上海人民出版社，1979：41-47.

录、提纲、图表、数字以及各种原始材料。为了写《资本论》，据不完全的统计，他钻研过 1 500 种书，而且都作了提要。从开始写作，到《资本论》第 1 卷的发表，前后经过 24 年。他经常连夜工作，直到次晨四点钟。

1844 年，恩格斯才 22 岁，便开始写作《英国工人阶级状况》一书。他用了 21 个月的时间，辛勤地收集、审查和批判了各种各样的有关文件，其中许多是枯燥无味的官样文章。然而恩格斯还不满足，他认为还必须以感性知识来充实自己。于是他亲自访贫问苦，倾听工人的意见，并调查他们的住宅、工资以及衣食等情况。正是在这样充分掌握资料的基础上，恩格斯终于准确地描绘了一幅关于工人的贫困图画。

达尔文写《物种起源》，前后 27 年。

曹雪芹写《红楼梦》，披阅 10 载，增删 5 次。

孔尚任写《桃花扇》，计 15 年，凡三易稿。

吴敬梓写《儒林外史》，凡 10 余年。

洪升写《长生殿》，凡 9 年，几次修改重写。

高则诚写《琵琶记》，闭门谢客，3 年乃成。

法国的巴尔扎克，死时才 51 岁。20 年内，他出版了 90 几部作品，其中一些是世界名著。如此高产，实在惊人。他是怎样工作的呢？据法国泰纳（H. A. Taine，1828—1893）说：他广泛深入社会，收集资料，然后独自关在屋里，一关就是一个半月或两个月。他把窗子全部关上，不读一封信，点起四支蜡烛，有时一次工作就是 8 小时。

够了吧！这许多事实已足以帮助我们理解上述马克思和鲁迅的话了。的确，学习、创作、发现和发明都是十分艰苦的劳动，需要的是勤劳和老实的态度，来不得半点懒惰、虚伪和投机取巧！从这个意义上说，学习是没有捷径的。

那么，学习是不是只要一味苦干，不需要巧干了呢？是否毫无捷径可言呢？也不是。做任何事情，都要苦干加巧干，不讲究方法是不对的。但苦干是巧干的母亲，没有苦干，就谈不上巧干，俗话说的"熟能生巧"就是这个意思。因此，在勤奋好学的基础上，又讲究学习方法，虚心向有经验的人学习，注意总结经验，摸索规律，是可以事半功倍，获得好的学习效果的。从这一意义上说，学习又是有捷径可循的。现代的科学技术，内容丰富，枝节繁杂，而且发展又十分迅速，全靠个人摸索，是相当困难的。大学里的教学计划和教学大纲，在短短四年内，把高中程度的学生，引导到学科的前沿，使人不能不承认它指出了学习的捷径。

那么，学习的捷径具体又体现在哪里呢？

好比登山，先得明确登哪一个峰，其次要选择正确的路线。登山如此，学习亦如此。

（一）明确方向，严格要求

文、法、理、工、农、医、军，你准备搞哪一方面？研究物理，还是培育水稻？做医生，还是搞国防？必须根据工作的需要，参照个人的爱好，及早明确方向。有了目标，才能把纷繁的工作及日常事务分清轻重缓急，明确主攻方向，把主要精力和时间，集中到既定的目标上来。然后在前进的每一步上，都要对自己提出严要求和高标准。马克思认为，即使把他最好的东西给工人们还是不够好的，他认为，如果把仅次于最好的东西贡献给工人，那么简直就是一种罪行。严格要求，毫不苟且，这要成为治学的一种习惯。犹如生产，只有在每一道工序上都达到高标准，才能保证整个产品的高质量，这个道理，是十分清楚的。

（二）围绕目标，制订一个进展迅速而又切实可行的学习计划

这最好取得对本学科有经验的同志的帮助，这位同志应该对您的志向、基础和学习能力、条件等有相当了解。计划中要注重扎扎实实打好基础，包括基础知识和基本技能。苏联诗人马雅可夫斯基说过"你想把一个字，安排得妥当，就需要几千吨^①语言的矿藏，"可见基础的重要。学习进度上要循序渐进，并减少不必要的平面徘徊。比如学数学，学完代数、平面几何，接着就要学三角、解析几何和微积分……一门接一门，逐步登高，不要老在一门课上徘徊。这样才能迅速而又踏实地接近科学发展的前哨阵地。

（三）开展专题研究，推陈出新

学习有了一定基础，就可考虑选择专题，开展研究，争取做出新的贡献。不论文学界或科学界，评价一个人的成就，主要不是看他读了多少书，而是看他创了多少新：或创制新产品，或提出新理论，或发现新定律，或发明新技术。题目，要选得恰当，既要有意义（或为工作需要，或有理论价值），又要力所能及，奋斗后，可以获得某些成果。开了一个好头，往往就能扩大战果，波及其他。

（四）需要毅力、勇气和正确的方法

在执行学习计划时，困难必然会一个接着一个地到来。懦夫被困难所吓倒，勇士则知难而进，直到取得最后的胜利。勇气产生于斗争中，所谓愈战愈勇；毅力产生于理想。一个人的理想越崇高，他的毅力也就越坚强。有了坚强的毅力和压倒一切的勇气，还要不断改善学习方法，前人说"一艺之学，智（思维）行（实践）两尽"，就是说，既要勤动脑，又要多动手，才能曲尽其妙。光凭思维，或者光凭实验，都是不全面的。

荀子在《劝学》中说："积土成山，风雨兴焉；积水成渊，

---

① 1 吨＝1 000 kg.

蛟龙生焉。"撮土滴水，看来微不足道，但日积月累，就可成山成渊，知识的积累也完全如此，所谓功到自然成。我深信您一定会辛勤劳动，积土储水。预祝您在向现代化进军的新长征中学习，学习，再学习，并取得优异的成绩，做出新的贡献，为国争光，为民立功！

一艺之学，手脑并用[①]

自学，确是一条非常宽广的重要的途径，社会应为它提供方便的条件。歌德说"天才就是勤奋"；布丰说"天才就是毅力"；日本人木村久一则认为，"天才就是入迷"。把这三种意见结合起来，应该更接近于真理。对一件事入了迷，就会情不自禁、孜孜不倦地去观察它、研究它。勤奋的意思是长时期的辛勤劳动和发奋图强；但它还不能代替毅力。因为毅力意味着朝着既定目标，不顾任何困难，顽强地战斗下去，不达目的，决不罢休。而有些人虽然非常努力，却由于经不起困难的磨炼，老是改变方向，所以总是入焉而不深，这是缺乏毅力的表现。

自学也需要入迷，更需要勤奋和毅力。入迷才会津津有味，越学越带劲，而不会把学习当成苦差事。比起上正规的学校来，自学有一个优点，那就是能结合自己的兴趣和爱好，有更多的选择方向的自由。爱迪生、达尔文在学校里是低材生，因为他们不喜欢当时学校里硬性规定的那一套。但一旦学习喜爱的科目时，进步便大大超过别人。

自学首先要有明确的方向。这应根据工作的需要、自己的爱好和特长尽早地定下来。文、法、理、工、农、医、军，这是大方向；每个大方向底下又有小方向。例如，理科下有数学、物理、化学、生物、天文等。如果决定专攻数学，就应把精力集中到数学上来。在前进的每一步上，都要高标准、严要求，决不放松自己，这要成为习惯。只有每一步都把关，才能最后

---

① 中国青年报，1980-09-04.

达到高质量。

其次要有一个切合实际而又进展迅速的计划。明确哪些是基本理论、基本技能，应该学哪些课程、哪些书本，课程和书不能太多，太多消化不了；也不能太少，太少基础不牢。书尤其要选得好，最好读公认的名著。否则不仅浪费精力，甚至还可能留下糊涂或错误的观念。现在条件好些了，人民教育出版社出了不少教科书，其中一些可用于自学。制订计划时，要结合自己的水平，要考虑客观条件。因此，最好能请有水平、有经验而又了解自己情况的人作指导，以确定学习科目、书名、顺序、进度和考核方法。

学任何功课，都要手脑并用，数学要做习题，物理要做习题和实验，学文科要写文章、做调查研究。所以古人说"一艺之学，智行两尽"，就是说，既要思考，又要实践。如何攻读名著？有些名著很难读，读懂了却终身受益，对这种书，不仅要读，而且要攻。初读时要慢、细、深，以便深入掌握其中的基本概念，体会其技巧、思路和观点。要强迫自己慢读，有的书（如数学）一天甚至读不完一页，慢才可能细和深。做笔记、做习题或做实验，有助于深入体会和消化。细读第一遍后，留下许多问题，读第二遍时会解决一些，同时又可能发现新问题。如此细读几遍，然后就会越读越快、书也越读越觉得薄、越觉得容易了。这时可顺读、可反读，也可就一些专题读。顺读才能致远，反读可以弄清来龙去脉，专题读则可重点深入，甚至导致新发现。三种读法，都可采用，如此反复，才能提要钩玄，得其精粹。

打下一定的基础以后，就应开展专题研究，目标在于创新：或提出新理论、或发现新定律、或发明新产品。"新"，是科学研究和文化艺术的灵魂，无"新"，社会就不会进步。

　　以上说的是针对某一学科的自学，还有许多在职青年，并不专攻某一学科，而是结合专职工作，开动脑筋，钻研技术，向老师傅学习，向群众学习，或者向社会开展调查研究，然后总结提高。这种自学方式，同样可以做出突出成绩。三百六十行，行行出状元，学习状元们的先进经验，阅读一些科学家和文学家的传记，对于指导自学，一定会有很大的帮助。

在美国康奈尔大学访问的小结

我于 1981 年 1 月 21 日至 5 月 14 日，作为访问教授，来到美国康奈尔（Cornell）大学数学系访问。原预定访问半年，后因教育部派我去新加坡参加 1981 年 6 月 1 日～13 日的国际数学会议，所以提前回国。在美国时间虽短，不满 4 个月，但收获不小。

思想收获　美国人口少，开发晚，加以科学先进，所以物资水平较高，这是事实。但贫富不均，而且多数人思想空虚，一心只想赚钱。社会很不安定，罪案一年多于一年。报载 1980 年仅纽约即达 71 153 起。因此，对比之下，使我更爱自己的社会主义祖国，社会主义的确比资本主义优越。

这是就整体而言。至于美国人民，许多人确也有不少优点，值得学习。在康奈尔大学里，美国人对我们比较友好，他们的性情开朗、乐观，办事认真，态度和善，很有礼貌。

业务收获　我主要靠自学，利用本系的图书资料，做一些研究工作。此外，参加邓肯（Dynkin）教授领导的马尔可夫（Markov）过程的讨论班，听斯皮策（Spitzer）教授和达雷特（Durrett）教授所开的两个课。收获有四点：

（一）完成论文一篇《Stochastic wave for symmetric stable processes》（对称稳定过程的随机波）。主要结果已在邓肯的讨论班上报告过。他们已将底稿复制分发。

（二）了解到概率论发展的一些新动向。例如有：

1. 随机场理论（除无穷质点场外，还有高斯（Gauss）场、马尔可夫场等）；

2. 多维时间参数的随机过程（鞅（Martingales），布朗单（Brownian sheet）等）；

3. 黎曼（Riemann）流型上的随机过程（概率论与微分几何的相互渗透）；

4. 无限维随机过程（包括维纳（Wiener）过程、乌伦贝克（Uhlenbeck）过程等）及其对应的位势论（包括随机波）等；

5. 概率论与复变函数论的相互渗透。

（三）除上述在邓肯讨论班上报告过我来美后的一些科研成果外，还在全系概率讨论班上作了两次学术报告，讲的是我在国内的一些科研成果，这对学术交流有些好处。

第一次：3月9日，题为《Last exit distributions for Brownian motion》（布朗运动的末遇分布）。

第二次：4月20日，题为《Sojoarn time and first passage times for birth and death processes》（生灭过程的停留时间与首达时间）。

（此两文都已发表在《中国科学》1980年）。报告后听众提了一些问题和建议，似乎引起了一些兴趣；会后有两名研究生留下来提问题继续讨论了20多分钟。第一次报告后，邓肯教授当夜举办了一个Party（茶会）。那天斯皮策教授出国开会去了，但他很热心，回来后主动找我，单独给他讲了两次，并邀请去到他家做客，他很热情友好。这两位都是国际上著名的概率论专家。斯皮策还是美国科学院院士。

（四）在此阅读和复制了一些资料，准备回国后开一门关于《随机过程论》的比较现代化的新课。

缺点与不足 缺点是：英语口语毫未准备，没有受训练就出国了，所以说、听都基本上不行，全靠一点业务底子自学。不足是：在美国时间太短。初来美国时，租房子、办各种手续，搞了两周才安定下来。回国前又有一两周不安心。所以在美国真正安心学习和工作的时间不足 3 个月。

建议　我因在此时间短，而且每天都是两点一线（宿舍—数学系），所见所闻都很少。只提出下列建议：

1. 鼓励大学毕业生投考美国大学的研究生。美国研究生兼做助教工作，每月发给薪金 400 美元左右，不需自己交学费和生活费，时间为 5 年，可获博士学位。只需大学成绩单（优秀）、两名教授推荐，再通过英语考试，即可被录取。台湾用此办法来美国学习者听说已有两万名左右，即在康奈尔大学的人也不少。经过 5 年锻炼，自可出不少人才。这是培养高级人才的正路。

2. 鼓励中、青年教师到专业对口的学校短期工作，并就名师学习。这里有些很出色的青年教师，因在本校已再学不到多少东西，就找别校的著名专家求教或共同工作。这样跟过几位名师，自然就青出于蓝了。

3. 我国的文字，对国际学术交流有很大障碍。我国的学术刊物，别人无法看懂。所以是否可出英文版，如日本就是如此。也可鼓励向国外杂志投稿。

4. 少派短期出国访问的代表团。两个月走几个城市，不可能真正学到什么，徒然花费国家外汇。还是切切实实派大学毕业后不久的青年，经过认真审查和考试，择优送出国当研究生。必须攻读学位，这样才能培养出有真才实学的人来。

5. 出国仍需坚持又红又专，既要考查业务，又要思想好。所谓思想好，是说热爱社会主义祖国，学习刻苦努力，作风正派。

（1981 年 4 月 28 日于康奈尔大学）

有厚望于新同学①

一年一度角声起，南开园里迎新人。合抱之木，起于毫末。将来的成功，系于今日的开端。初上大学，应该注意些什么呢？

任何发展过程都有渐变和飞跃，学习过程也是如此，这是由学科内容所客观地决定的。以数学而言，中学学的是 17 世纪以前的初等数学，对象基本上是常量。从常量到变量，是一个飞跃；新概念层出不穷，理论逐步加深，内容越来越抽象。学习时既要局部地弄清每条定理的细节，又要全面地掌握整个理论的实质。这样，就需要更多的自学，更多的独立思考，更多的融会贯通。认识这些特点，自觉地改变自己的学习方式和方法，以适应新的学习条件，是首先值得注意的事项。

一个人贡献的大小，很大程度上决定于他的志向，以及为实现此志向的长期坚持和勤奋。有些人很早就献身于革命，结果成为革命家；另一些人决定一辈子搞科研，结果成为科学大师。反之，无志气而有大成就的人几乎是没有的。所以有人说，天才就是入迷；天才就是毅力；天才就是勤奋。诸葛亮也说："夫志当存高远，慕先贤，绝情欲，……"这就是说，要有雄心壮志，以先进人物为榜样，严格要求自己，斩断一切有碍于前进的情欲（例如浪费大量时间打扑克之类），俄国名将苏沃洛夫曾勉励士兵说：你们每个人应该选定一两位著名人物作为自己的对手，学习他、研究他、赶上他，最后超过他。这就是"慕先贤"的很好注释。早日立下为祖国的繁荣昌盛而攀登科学高

---

① 南开大学（校报），1981-09-11.

峰的雄心壮志，是为注意事项之二。

许多卓越的科学家，不仅业务精通，而且品德高尚。三国时名医华佗，不愿角逐官场，常年奔走于乡井间，为广大群众治病，受到人民的尊敬。后来却不幸被曹操所杀害，因为他不甘为曹操所私蓄。爱因斯坦不仅为科学奋斗终生，而且一贯主持正义、热爱人民。直到临终前几日，还让人取来眼镜，亲手起草制止原子战争的文件。他反对个人崇拜，遗言不让为他致祭词、立墓碑。

我们生活在社会主义时代，更应该培养高尚的道德品质。要爱祖国、爱人民、爱真理，爱劳动，争取党团组织和群众的帮助，积极锻炼身体，坚定不移地走又红又专的道路。这是注意事项之三。

长江后浪推前浪，雏凤清于老凤声。请看今日之青少，定是他年之栋梁。于新同学，有厚望焉！

"随地吐痰"之类解决不了吗？[①]

开展"五讲四美"[②] 以来，社会风气确有好转，不过问题仍然不少。外出看看，街道、公园和其他公共场所，到处有果皮纸屑、浓痰垃圾，恶语相侵打架骂街者有之，摘花折枝损坏公物者有之，倾污排秽以邻为壑者有之，如此等等，不一而足。对于改变这种风气，许多人感到缺少办法。因为如以好言劝阻，有人就可能回敬："管得着吗？"要想绳之以法，又够不上。

这类问题就毫无办法吗？也不！近闻新加坡的公共汽车上大字标明：吸烟者罚××元。其他损害公德的行为，也照此办理。据说，这个办法相当有效。

最近，广州市政府颁布了市容卫生管理试行办法，对"随地吐痰""乱倒垃圾"等，规定按情节轻重给予批评教育、追究责任和适当罚款。这不失为解决此类问题的一种方法。

当然，移风易俗主要靠教育，但也需要一些规章制度、社会公约，使公众有所遵循，使那些损害社会公德而又不自觉的人受到约束。

---

① 人民日报，1981-11-12.
② 五讲：讲文明、讲礼貌、讲卫生、讲秩序、讲道德；四美：心灵美、语言美、行为美、环境美.

怎样揭开自然的奥秘①

　　传说，我国古代的伟大诗人屈原在流放期间，看到神府里的壁画龙飞凤舞，心有所感，就在墙上写下了《天问》这篇奇伟瑰丽、才气横溢的作品。当时，他思如潮涌，一口气提出了172个问题。

　　　　"这浩茫的宇宙有没有一个开头？"
　　　　"太阳和月亮高悬不坠，何以能照耀千秋？"
　　　　"大地为什么倾陷东南？"
　　　　"共工为什么怒触不周？"
　　　　……

　　在这首诗里，天文地理、博物神话，无不涉及，高远神妙，发人奇思。

　　的确，在那星光闪烁、微云欲散的月明之夜，每当我们冷静思考各种宇宙现象的时候，不能不惊叹自然界结构的雄伟壮丽，严整精密。从大自然银河系总星系到原子核基本粒子，复杂微妙。又如生物界，都遵循着各自的规律不断地运动着，这些规律，在屈原生活的时代，只能是可问而不可解。但是，在科学技术突飞猛进的今天，这些规律越来越被人们所认识。人们从群星争耀、高不可攀的天空，找出了天体运行的轨道；从看不见、摸不着的微观世界中发现了原子的结构，基本粒子的

---

　　① 中央人民广播电台科技组、科学普及出版社编辑部，编. 科学家谈科学 科学广播. 北京：科学普及出版社，1982：127-131.

转化；从万象纷纭的生物界找出了进化的规律；从千千万万个机械运动中，发现了力学的奥妙……

人们是怎样发现这无穷无尽的自然规律的呢？

这里面包含着许许多多发人深思的故事。

让我们从发现光速度的故事讲起吧。

清早，每当我们看见太阳从地平线升起的时候，总以为它一出来，我们马上就看见了它。谁会想到，太阳出来的时候，其实要比我们最初看到它的时候要早一些，这说明，太阳光是有一定的速度的，它是经过了 8 分 19 秒之后才到达地球，才被我们看到的。由于声音传播需要时间，而联想到光的传播也需要时间。历史上，伽利略以惊人的洞察力，最先认识到光速不是无限大，而是有限的。这样，他就正确地提出了要计算光速的问题。但是，由于当时实验手段的限制，无法计算出光的速度究竟有多大。44 年以后，也就是 1676 年，丹麦天文学家罗梅尔通过观察发现，当地球和木星的距离最小的时候，光线从木星来到地球的时间也最短，因而木星卫星的星食的时刻比预计的要早一些，相反，当地球和木星距离比较大的时候，光走的时候要长一些，星食的时间要晚一些。这证明木星的光到达地球的时间在前后两种情况下是不同的，可见光的速度确实是有限的，从而证实了伽利略的想法。罗梅尔还利用这一发现，每一次测得光速大约是 20 万千米/秒，这个数字离准确的光速虽然误差很大，但是它把问题的解决大大地向前推进了一步。

1847 年法国的斐索不利用天体的运动，在地球上首次用精心设计的仪器测得光速是 313 000 km/s。我们不能在这里叙述他的巧妙的试验，只想提出一点：要测出光速，必须想办法判断出从光源发出并走过一段距离以后到达的光，就是原来出发的光。我们能认出老朋友是因为有面貌为标志，有什么办法也能给光安上标志，使人能识别这就是原来的那一束光呢？这就是斐索设计中的精华。他用一个迅速旋转的齿轮解决了问题。斐索在地球上测出比较准确的光速，不能不说是个很大的创造。

缺口一经突破，以后就容易多了。接着就有很多人或者改进斐索的方法，或者另创新法，继续测定光速，前后持续300年。目前测得光速的最准确的数字是299 792.5 km/s，误差不超过1 km。

这个故事告诉我们，制造新仪器，改进操作技术，进行巧妙的实验设计，对科学试验具有重大意义，它可以帮助我们看到前人从未见过的现象，从而导致新的发现。没有显微镜，列文虎克就不能发现细菌，巴斯德也就不可能建立细菌致病的学说。没有望远镜，伽利略就不可能发现木星还有一颗卫星伴随。在金属物理中，人们起初只是用显微镜来观察金属的结构。1912年，X射线的应用打开了金属内部世界结构的大门，从此对金属的研究由宏观转入微观，由表面进入内部；1930年以后，由于电子衍射技术及电子显微镜的发明，研究金属表面构造的工作又大大向前推进了一步。

但是，实验的结果未必正确，即使正确，也可能理解错误。

18世纪，化学界流行着一种错误的理论，就是燃素说。它认为：一种物体之所以能够燃烧，是因为它含有一种特殊的物质，名字叫燃素。所谓燃烧就是这种燃素从物体中分离出来的过程。可是，燃素又是什么呢？它是什么样子呢？谁也没有见过，于是很多人投入了寻找燃素的研究。

1766年，英国的卡文迪许做了一个新奇的实验，他把一块锌片和一块铁片扔进稀盐酸或者稀硫酸里，金属片突然大冒气泡，放出来的气体，一碰到火星就立即燃烧以致爆炸。燃素说的信徒们，听到这个消息以后，顿时高兴得沸腾起来，高喊燃素找到了。他们解释说，金属片和酸作用的时候，金属被分解成为燃素和灰烬，因此，放出来的气体就是燃素。然而，他们大错特错了，这种气体其实是氢气。

解释还在一错再错。1774 年，英国的普利斯特列对氧化汞加热以后得到一种新气体，蜡烛的火焰碰到它就会大放光芒。今天我们知道，燃烧就是燃烧的物质和空气中的氧气互相化合的过程。普利斯特列找到的正是氧气。如果他能客观地分析问题，是有可能正确地揭开燃烧之谜的。不幸的是，这又是一个顽固的燃素论者。他从燃素论的观点出发，完全错误地解释了自己的实验，说什么这种新的气体是不含燃素的，一碰到蜡烛，就贪婪地从蜡烛中吸取燃素，由于燃素大量释放，所以燃烧就非常旺盛。就这样，普利斯特列走到了真理的面前，却又当面错过了它。后来，直到拉瓦锡才建立了正确的燃烧学说。

关于燃烧还有一个故事。1673 年，英国的波义耳把铜片放在玻璃瓶里，猛烈燃烧以后，铜片竟然变重了。原因何在？不知道。许多人重做了他的实验，结论都一样。但俄国的罗蒙诺索夫偏偏不信，他也重复了一遍。不过同波义耳不同，他在整个实验过程中，都把瓶口密封，而波义耳在加热后就把瓶口打开。这次的结论和以前不同：铜片并没有加重。这是怎么回事呢？原来在波义耳的实验里，空气进入瓶中，和金属化合，所以质量增加了。

人们不禁要问：为什么想到"密封"呢？

这不是偶然的碰巧，这是因为罗蒙诺索夫对自然的认识比较深刻，在实践中他已经认识到物质不灭定律，他认为"在自然界中发生的一切变化都是这样的：一种东西增加多少，另一种东西就减少多少"。正是根据这一指导思想，罗蒙诺索夫终于纠正了波义耳的错误。

　　历史上有不少重要的发现和发明，人们需要经历很长的时间才能充分理解它们的意义。时间是一面精细的筛子，它以人类实践织成的网络进行筛选，既不让有价值的成果夭折，也不容忍废物长存。

甜头记①

　　我的性格豪放大方，不拘小节，专爱抓大事。凡是小数点后的数字，我觉得太啰唆，全得靠边站。在我的词典里，圆周率 π＝3，而不是什么 3.14……别人借我 3.1 元，我只要他还 3元；同样，我借小李 3.9 元，也只还 3 元，人家决不怪我。就是这个脾气嘛，有什么办法！不过去年碰到了一点小麻烦。我买了一张火车票，13：25 开。我照例抹掉 25 分。谁知我大摇大摆来到车站时，那趟车早已溜之大吉。我生了半天气，好容易才悟出个道理来：原来我把 13：00 错记成 3：00，忘记了时间是 12 进位。从此，我特别重视进位，坏事变好事，这对学电脑很有好处，电脑用 2 进制，比如 $5＝1×2^2＋0×2^1＋1×2^0$，所以在 2 进制中 5 应记成 101。同样，6 为 110，8 为 1 000，等等。

　　有一次，小李突发奇想，他问我："有人绕地球赤道走一圈，他的头和脚所经过的距离是一样长吗？"我毫不思索地说："当然一样，难道头和脚还会分家！"小李摇摇头，说："咱们打个赌，谁输了谁在地上爬个大乌龟。"接着他说；"假定这人身高 a 米，赤道可近似地看成一个圆，半径设为 d 米。那人的头共走 $2π(d＋a)$ 米。脚只走 $2πd$ 米，所以头比脚多走了 $2πa$ 米。"小李说得对，我只得认输。他还说，这个差额与地球的半径无关，即使绕月亮走一周，还是差这么多。这使我联想起赛跑时，外圈与内圈的差是一常数，不管内圈多大，这差是不

---

　　①　全国 13 家晚报科学小品联合征文评委会，编. 科技夜话. 天津科学技术出版社，1984：7-9.

变的。

　　碰了两次钉子，我认识到自己那份马大哈劲儿得改一改，于是变得细心起来，对数学逐渐有了兴趣。辛勤不负苦心人。我居然有了一点小发现。科学研究的第一步是要善于提出问题。伽利略首次计算光速，康德讨论天体的起源，都推动了科学的发展。彼何人耶？余何人耶？有为者亦若是。为什么我不向他们学学呢？几何书上说，两个三角形，只要对应的边都相等，就是全等的。我由此想起：这对于四边形也正确吗？我立刻画了两个图，很快就知道答案是否定的。那么，还要加什么条件呢？我想了一夜，兴奋得睡不了觉，最后总算有了眉目。两个四边形甲与乙，如果它们的内角都小于180°，而且甲的四边和一条对角线分别与乙的对应的边和线相等，甲与乙就必定是全等的。我没有就此止步，接着又研究五边形、六边形……

　　我高兴极了，这虽然微不足道，但对我却是一件大事、一个新的起点。以前做练习，题目和答案都是现成的。这次则不然，自己出题自己做，对我来说，题目和答案都是新的。科学研究贵在创新，我也尝到了一点小甜头呢！

　　小李在分享我的喜悦时说：

　　"你的 π 还是 3 吗？"

　　"不！π＝3. 141 592 653 589 793 238 462 643 3……"

德、识、才、学与人才培养

（一）问题的提出

人类社会的科学文化是劳动人民创造的，是千百年来人类在劳动中逐渐积累而成的，但这并不排斥少数优秀人物在其中所起的特殊作用，专家也是群众中的一部分，不应该把两者对立起来。专家和一般群众的关系，正如箭与弓的关系，无弓则无势能，无箭则不能深入。

人们对那些做出了重大贡献的人总是满怀敬意，他们对后人的造福是无止境的。不难想象，如果不是司马迁写史记，我们对春秋战国秦汉的故事能知道那么多吗？有了《三国志》和《三国演义》，我们就像亲眼见过曹操和诸葛亮一样。另一方面，尽管明朝、清朝离我们很近，但我们对它却陌生得很，如果也有一部比得上《三国演义》的历史小说，那情况就会大大改观。社会科学如此，自然科学也如此。牛顿、巴斯德、爱迪生对人类文明的影响是有目共睹的。多亏了美国医生琴纳（1749—1823）发明种牛痘，才使天花绝迹（据说康熙之父顺治即死于天花）；多亏了富兰克林，才消除了雷击之灾。

于是人们想：他们是怎样做出这些成绩来的？当然，天才条件不同，但天才是学不到的，许多人都按照"实践—理论—实践"的程序工作，而且都非常努力，但成就却可以大不一样，这是为什么？要解答这些问题，需要读一点科学史，读一些科学家的传记，研究他们的故事和经验。从中我们可以看到："德、识、才、学"对人才的成长，起着非常重要的作用，这四者相互联系，而又不可或缺。

（二）何谓德、识、才、学

德是指道德品质，主要是为人民服务的精神和对真理的热爱，以及勤奋、虚心、努力学习等。

识是指见识，包括树立奋斗目标，看清方向；驾驭环境，选择道路；抓住关键，不失时机；决定哪些事情必须干，哪些则坚决不干等。

才是指才能，即完成任务的能力。主要是科学试验（包括观察）和辩证思维的能力，对青年人，还应注意培养自学和写作的能力。

学是指学问和知识。

对青年人来说，德、识、才、学四者之中，应以学为先：学习先进人物的道德品质，并在学习的基础上培养才能和提高见识。

有学问未必有才能：有些人书虽然读得很多，但没有发明创造，写不出好作品。因此，学问并不等于才能。进一步，即使学问好、才华高，也未必有远见卓识，因而不能作出应有的贡献。例如，汉朝的贾谊（前201—前169），很有才华，写了著名的《过秦论》，提出过一套政治主张，但未为汉文帝所用，心情忧郁，后为梁怀王太傅，梁王坠马死，贾谊自伤未尽到责任，常常哭泣，一年后也死了，只活了32岁。宋朝的苏轼批评他说："呜呼！贾生志大而量小，才有余而识不足也。"另一例是司马迁，他虽受过宫刑，仍能忍辱负重，顾全大局，终于完成了《史记》的写作，做出了卓越的贡献。

人们重视学问，重视才华，却容易忽视"识"的作用，这是很大的缺陷，因为"识"往往处于战略性的重要地位，在前十年中，有许多青年，才华出众，却上当受骗，轻则虚度年华，重则伤残致死，实是可叹可惜。这当然主要是野心家的毒害，但从主观来说，缺少见识、轻信坏人，也是原因之一。

在自然科学的研究中谈论德、识、才、学似乎还不多见，但是文史中，才、学、识的说法却由来已久。唐朝郑维忠曾问历史学家刘知几："自古文士多，史才少，何也？"刘说："史有三长：才、学、识，世罕兼之，故史才少。夫有学无才，犹愚贾操金，不能殖货。有才无学，犹巧匠无楩楠斧刃，勿能成室。"清朝的章学诚说："夫才须学也，学贵识也，才而不学，是为小慧；小慧无识，是为不才。"郭沫若说："实则才、学、识三者，非仅作史、作诗，缺一不可，即作任何艺术活动，任何建设事业，均缺一不可。"一些外国人也懂得这个道理，英国弗兰西斯·培根（1561—1626）说："跛足而不迷路能赶过虽健步如飞但误入歧途的人"。

才如战斗队，学如后勤部，识是指挥员。

才如斧刃，学如斧背，识是执斧柄的手。

人们的德、识、才、学主要是在长期的实践中，通过斗争和学习逐步培养锻炼出来的，天才只起部分的作用。因此，实践和学习是德、识、才、学的基础。

我们需要的是为人民群众谋利益的才、学、识，因而，全面的提法应是德、才、学，德居其首。

（三）最拔尖人才的成长

在自然科学界最拔尖的人物，应该是牛顿、爱因斯坦、达尔文、爱迪生、巴斯德、法拉第等，然而这些人中，有的小时候并不特别聪明，有的并未上过多久的学、牛顿13岁以前，除数学外，各门功课都不好；爱迪生只上过3个月的学，考试是倒数第一；对爱因斯坦，老师也说他反正不会有出息，然而他们后来都成了出类拔萃的人物。

这是什么原因呢？他们有什么共同的特点？

　　木村久一说"天才就是入迷";歌德说"天才就是勤奋";布丰说"天才就是有毅力"。如果把这三者结合起来,就相当切合实际了。

　　入迷:爱迪生对周围发生的事情,充满着好奇心,5岁时,他看见母鸡孵小鸡,也学着蹲在鸡窝里孵小鸡。达尔文对剑桥大学的神学说教丝毫不感兴趣,他感到"最努力而且最有趣的工作"就是采集和研究。他恋于生物,终于成为卓越的生物学家。拿破仑始终关心的是战术问题,即使在看歌剧时,也是心不在焉,视而不见,听而不闻。哈雷(哈雷彗星发现人)问牛顿:"你为什么会有如此重大发现?"牛顿说:"是不断思索的结果。"

　　勤奋与毅力,并不完全是一回事,勤奋意味着长年累月的艰苦努力,而毅力则要求在一个限定目标下,克服一切困难,长期地坚持战斗下去,直到成功为止。有些人虽然勤奋,但他绕着困难走,时常改变方向,所以入焉而不深,做不出显著的成绩来,而另一些人之所以有坚强的毅力,决定于他们对所选择的方向的认识与信心,因而与他们的"识"密切相关。

　　上述这些人物还有一个共同的特点,就是在少年时期大都阅读过很好的科普著作:爱迪生11岁时阅读了科学百科全书;达尔文读过《世界奇观》;爱因斯坦读了伯恩斯坦写的《自然科学通俗读本》而深受启发,他认为能读到一本好书是一件幸运的事。这些书,对启发他们的兴趣,了解科学发展的大势,无疑是很有好处的。

　　可以举出许许多多关于勤奋与毅力的故事,而勤奋与毅力则大多产生于入迷和好奇心(或者责任心),可见后者实是成功的重要条件,无怪乎有人说:对一切无兴趣是平凡的特征。

　　除了好奇心、勤奋和毅力而外,还需要有正确的工作方法,方法对头,才能事半而功倍。

（四）为四化而广开才路

什么叫人才？像牛顿那样，当然是人才，但这种人才确实是奇才，没有几个，这种拔尖的奇才，固然要培养，但四化需要千千万万的人才，不能只指望少数的几个。所谓人才，应该是指德才兼备的人，这里所说的才，是说关于某一方面的才（才、学、识），不能苛求全才，全才是没有的。要承认人的才能（包括天资）有差异，正如世界上没有两件完全相同的东西一样，也没有两个完全相同的人。有些人学数学很好，学跳舞就不行；另一些人则反之。承认这种差别是唯物主义，承认它，才可以发挥每个人的特长。

到哪里去找人才？这是领导的重要职责之一，就是要善于用人，善于调动广大群众的积极性。唐太宗曾要大臣封德彝举贤，封回答说未见有奇才异能，太宗批评他道："前代明王使人如器，皆取士于当时，不借才于异代。岂得待梦傅说，逢吕尚，然后为政乎？且何代无贤，但患遗而不知耳！"这后两句，确很重要，我们总不能要求张良、诸葛亮为四化服务吧！同样，我们也不能过分指望外国、外地的能人，而应从本地区去找，"人才就在周围"，明确这一思想，就能充分调动人们的积极性。

要善于培养、发现、使用、爱护和管理人才，从个人说，要服从工作分配，从组织上说，要尊重每个人的志趣，发挥他的优势。爱因斯坦说过"热爱是最好的老师"，要尽量让每个人都热爱自己的专业，各行各业都出状元，让每个人都为四化贡献出全部精力和才智。

访加拿大观感

1985 年年初，我应邀去加拿大讲学两个月，访问了三所大学。时间虽短，新的见闻仍有一些，其中最令我难忘的，是关于鲍尔教授的故事。

他正在曼尼托巴大学统计系教书，年龄 60 岁开外，第二次世界大战时曾驾驶飞机轰炸德国，至今仍体格强健，精神饱满。他一见到我，便邀我到他家去做客。系主任说，他家真值得一去。他除教书外，还种了 350 亩①地，而全家只有他和妻女五人，并未请人帮忙。一个人单枪匹马，居然能把种 350 亩地当作一种业余游戏，一点也不费劲，真是怪事，不由得勾起了我的好奇心。

第二天，我们奔驰在高速公路上。加拿大地广人稀，茫茫无际。极目望去，远方的天地浑然一体，公路宽阔，笔挺直指天涯，50 km 的路程，只用了 40 min。他每天就是这样来回奔忙的。他家周围没有人烟，出来迎接我们的是两条狼狗。两栋木屋孤零零地站在小溪旁边，周围是机器房：拖拉机、播种机、脱粒机一应俱全，而且配套。从收割到装运，流水作业，完全是自动化了。可惜正值严寒，我没有看到他的精彩表演。不过却向我证实了：当教授而且兼种 350 亩地，是完全可能的。

加拿大人口稀少，资源丰富，人民生活比较富裕，即使不工作也可靠救济金过活，大学学费不太贵。因此，只要愿意，一般都可以上大学，没有千军万马过独木桥的问题，而是反过

---

① 旧制，1 公顷＝15 亩.

来，并非每个人都愿意上大学。孩子成年后大都可以找到适当的工作。

加拿大建国不过 200 余年，不少大学却有很长的历史。校舍建筑宏伟，每幢楼有自己的艺术风格，互不雷同。如曼尼托巴大学，在全国只是中等偏上的学校，历史却有 100 多年。全校各大楼之间有地道相连。因此尽管门外严寒达零下 30 多摄氏度，一进校门，只需穿一件毛衣就可以了。

学校领导只管教学、科研、招聘和筹资。对工作人员除每月发给工资外，其他如住房、生老病死等问题都不必过问。学生的食宿也基本上自理。这样学校便可以多招许多学生。如上述大学只有教师 1 200 多人，学生却有 2 万多。这在我国是难以办到的。由此可见大学办社会，真是一大弊端。

大学校长由校董事会登报招聘。从应聘人中预选四五人，会见后再从中聘请最有学术声望和最有领导能力者为校长。一届任期四年。校长工资每年约 7 万加元（每加元约合 0.7 美元）。校长采用同样办法聘请系主任。教授工资每年在 5 万加元以上。受聘为助教的年轻人先应取得博士学位。他们除担任较重的教学任务外，还必须在一定年限内取得较好的科研成绩，并接受系主任分配的社会服务工作（如管理图书资料等）。这样才可晋升为副教授。否则便有被解聘的危险。副教授由类似的途径升为教授后，地位就巩固了，一般不会失业。教授每学期必须讲课。连续工作五六年后可休假一年。教师中科研成绩优秀者可申请科学基金，以添购图书仪器，或交流学术用，但不得用作家庭生活补贴。这种办法对发展科教事业是很有利的。

（写于 1985 年初）

崇高的事业，光荣的使命①

　　不久前发布了《中共中央关于教育体制改革的决定》，今天又迎来了第一个教师节，这是我国教育发展史上的两件大事。我们全体教育工作者，无不为之欢欣鼓舞，并衷心感谢党、政府和全国人民对教师职业的尊重，对教育事业的重视。

　　教师节绝不只是教师的节日，而是全民的节日。教育需要全社会的支持，同时它又为千家万户服务。人谁无师！"吾爱吾师，吾更爱真理"这是人所共知的名言。不过"吾爱真理，吾更爱传播和坚持真理的老师"也同样是正确的。这两句话结合在一起，也许能更完整地表达人们对真理和教师的态度。

　　教师节的重大意义，在于它将进一步在社会上树立尊师重教的良好风尚，改善教师的社会地位和工作条件，鼓励更多的优秀人才从事教育工作，从而促进教育事业的繁荣昌盛。对教师的尊重，也是对知识、对人才的尊重。

　　教育事业的发达是社会进步的重要保证和标志，办好教育的关键在于教师。现在全国各地区在为教师办实事、办好事，教师工作正在逐步成为最受人尊重的职业之一。作为教师和教育工作者，我们既感到光荣，又深感责任重大。为人师表，语重千钧。我们必须严格要求自己，努力提高政治和业务水平，加强品德修养，坚持真理，爱护学生，教书育人，勤奋工作。

　　师范院校是培养人民教师的摇篮，这些院校的教师是未来教师的教师。从这个意义上说，师范院校是教育战线的工作母

---

　　①　光明日报，1985-09-09.

机。在实行九年制义务教育和为各类学校输送师资等方面，师范院校起着极为重要的作用。因此，必须大力扶持它们的发展。

为了建立一支有足够数量的、合格而稳定的师资队伍，需要做许多工作，其中一个重要工作是选拔优秀人才，充实教师队伍。雏凤清越，老凤深沉，团结奋斗，大器乃成。我们热烈欢迎青年们，尤其是其中的佼佼者前来参加我们的行列。

在欢度教师节的日子里，我们不能忘记过去，不能忘记十年内乱时期对知识、对人才的无理践踏。教师节来之不易，这是全国人民共同奋斗得来的胜利果实。我们必须十分珍惜它，爱护它。追念过去，展望将来，更加激发我们的工作热情。让我们共同努力，为祖国的社会主义建设，为加速我国的四化大业，为培养千百万英才而贡献出全部聪明才智。

百年大计　教育为本①

——学好十三大文件　深化教育改革

　　对于教育体制改革，我有着这样一个看法：现在我国整个教育结构基本上是小学、初中、高中、大学本科，然后是硕士、博士研究生，好似一个三角形，底部宽大，上面尖小。这样的好处是有利于培养一些高级的专门人才。然而，这种结构却使得每年仅有十分之一的高中毕业生考入大学学习，剩下的十分之九是不能上大学的。这些人通过十多年的学校教育，知识面虽比较广，但很大一个毛病是没有专业知识，没有一个好的知识结构。即使经过一段短时间训练，他们也只能从事一般文秘等类型的工作，就业面很窄。

　　现在一般来看，一种是培养杨振宁、李振道这样的高级人才。像他们从事的高能物理研究，中国可以用，法国可以用，日本也可以用。花的钱当然是很多的。这是长线人才。这样培养出来的人才是少数。而我们国家现在需要培养的是更多的短线人才。我想，这很重要的一点就是加强职业技术教育。我是江西吉安人。我家乡井冈山有着很多毛竹，这就可以利用职业技术教育开设毛竹专业，也就是因地制宜地发展地方职业技术教育。这样，使教育同生产实践相结合，同时也促进了地方经济的发展。实际上，学生初中毕业后，也就是完成了九年制义务教育以后，再接受职业技术教育，学上二三年，已相当于高中毕业了。但这时他们已有了一定的专业知识，并且这种专门

---

① 江西教育科研，1988，(1)：4.

知识同地方生产经济相结合，也解决了就业问题。

要让职业技术学校发展得像高中一样多，一下子要办这么多职业技术学校，国家财力是有困难的。但通过这样几个途径可以解决：一是把现有职业技术学校办好，南昌不也办了职业高中嘛？二是师范学校允许10％～15％的招生面结合本地区经济开设职教专业，学生出来还是做教师，这既不违反师范学校的性质，又可为职教解决师资问题。三是在工厂结合企业生产搞一些业余职校，比如汽车厂搞汽车专业、亚麻厂搞亚麻专业，还有机械的、电子的等。这样花钱不多，收效大。另外，职校毕业后也可以考工科大学，同样给予深造的机会。

这样，学生不仅接受教育的机会多了，就业机会也因为有了专业技术知识而增多了，他们直接为本地生产服务，也有利于人才的稳定。

机遇与成才①

　　在成才的道路上，理想、勤奋、毅力和方法都是重要的，然而，机遇也不可少。再好的种子如果落在沙漠上，也绝不会发芽成长。所以不必忌谈机遇，它是客观存在的。否定机遇并不是唯物主义。

　　人人都可能碰上好机遇，问题在于会不会、能不能充分利用它。

　　法拉第（1791—1867，英国人）是最伟大的物理学家之一。他出身贫苦，12岁上街卖报，13岁起在钉书店当了8年学徒。但他酷爱读书，不仅认真钻研了有关电学的论述，而且还亲手做了不少实验。不过，如果没有英国皇家学会会长、著名化学家戴维的提拔和帮助，光凭这些他是很难登上科学高峰的。一个是皇家学会会长，一个是钉书店的学徒，在资本主义国家里，地位悬殊有如天壤之别。那么，他们是怎样结识的呢？原来戴维喜欢做学术演讲，法拉第便想方设法弄到入场券。利用听讲的机会，获得了戴维的赏识（参看《漫话治学之道》），戴维在惊叹之余，很快就推荐他到皇家学会的实验室去当助手。从此法拉第开始走上新的学习和研究道路。法拉第品德高尚，法国作家大仲马说："他（法拉第）为人异常质朴，爱慕真理异常热烈；对于各项成就，满怀敬意；别人有所发现，力表钦羡；自己有所得，却十分谦虚；不依赖他人，一往直前。所有这些融合起来，就使这位伟大物理学家的高尚人格，添上一种罕有的魔力。"

---

　　①　现代人报社，编. 青年前线. 广州：广东旅游出版社，1989：126-127.

达尔文（1809—1882）也是善于利用机遇的人。1831 年，海军勘探船"贝格尔"号将作环球旅行，需要一位自然科学家。达尔文看出这是进行生物考察的大好时机，当即表示愿去，却遭到父亲的强烈反对。后来经过很大的努力，争取到舅父的赞助，才达到目的。不难想象，如果失去这次机会，《物种起源》这部巨著也许永远不会问世。

高尔基的童年十分不幸，他只上过两年小学。他之所以能成为世界文豪，原因之一，在于他善于利用一切机会向周围群众学习。高尔基说他一生有四位老师，对自己的成长非常重要。善于找到老师，而且虚心地向他们学习，正是高尔基的智慧的一种表现。

万事以自力更生为主，外援为辅，学习也是如此。要正确处理自学与机遇的关系。没有业务基础。法拉第不可能消化整理戴维的报告；缺乏科研能力，达尔文的考察只是一句空话。由此可见，平日不勤奋自学，再好的机遇也无济于事。机遇只照顾勤奋而又有准备的人。企图投机取巧、不劳而获的侥幸心理是极其有害的。另一方面，只埋头自学、苦学，放过一切好机会，也是不明智的。不争取外援，法拉第便会继续待在钉书铺里，一代奇才也许从而埋没。严格说来，自始至终毫无外援只凭自学而成为杰出人才的例子并不多见。特别是一些尖端科学技术，必须利用现代化的仪器、资料，只靠自学几乎是不可能的。

今天，社会为我们提供了许多学习机会。除一年一度的高考外，还有业余大学、电视大学、函授大学以及许许多多的补习班。各行各业的先进人物、报纸杂志、广播电视里的模范事迹，都是学习的好榜样、好材料。善于学习是智慧的标志，切勿轻易放过好的机会。

不要把学校捆得太死[①]

我们应当问一句：再过十年，中国能不能出诺贝尔奖金获得者？我们的教育要达到一个高水平，恐怕必须改革。改革首先要从教育思想上开始。比如，对于师范教育，一直存在着不正确的看法，认为师范学生出来教中学，无所谓；教育经费方面，有人还是把师范踩在下面，这种错误观念应该扫除。

改革要从弊端着手。大学办成社会和捆得太死就是两个弊端。大学校长什么都得管，管职工住房、两地分居，还要管幼儿园、小学、中学，大学生的住宿、吃饭、喝水也要找校长。一所大学就是个小社会，样样俱全，样样得管。

现在的人事制度、劳动制度限得太死，不改也不行。大学里什么样的人都有，不干事的，不称职的，甚至白痴，来了就出不去，包袱越背越大。我呼吁要给校长一定的权力。比如：人事权，学校有权力辞退不合格的教师；办学权，专业开设、课程调整以及办些什么系，学校有权决定，不必请示教育部；财权，经费拨到学校，具体如何使用可以让学校根据需要自由支配；基建权，教育部可以对学校建设作个大体的规定，没有必要每幢楼盖多少层都要由教育部决定。

---

① 经济日报，1985-01-10.

"爱"与"练"①

对孩子的教育，我认为主要是两个字："爱"与"练"。父母有爱心，使孩子从小感到家庭的温暖，度过幸福的童年。同时，也无形中培养了孩子的爱心：爱小朋友，爱小生物，爱护国家和家庭的财产。所以，"爱"的教育对孩子品德的形成，会起到很大的作用，使他们将来成为爱人民、爱祖国、爱真理的人。

但不要溺爱。在爱的同时，还要练，即"锻炼"。练的内容，随着年龄增大而变化。婴儿期，要培养好的生活习惯，逐步做到按时睡觉、玩；三四岁起，培养孩子有好的性格，为此父母要做出榜样：不随便发火，打骂人，不背后议论人，更不要抽烟、酗酒、做坏事。父母人格高尚，子女便很可能高尚。逐步培养孩子自尊自重，多帮助别人，少乞求别人的帮助，不随便给孩子钱。培养孩子"好学"，认字，看小孩书，动手上计算机等。"好学"是成材的关键，让他感到学习有趣而不是负担，根据孩子的天赋，发展他的才能（如绘画、音乐等）。

通过"爱"以培养孩子的品德，通过"练"以培养孩子的才能，使之成为德才兼备的人。

此外，还要锻炼身体，强健的体格是事业的基础。而这要从小就坚持锻炼。

---

① 光明日报，1997-08-03.

喜迎百年华诞　再现师范辉煌[①]

　　《何时再现师范辉煌》这篇文章写得很好。师范教育在我们国家建设中起着很重要的作用。历史上师范生多数来自贫困家庭，国家给予了各方面的帮助。师范院校培养了许多优秀人才，毛泽东、老舍都是师范学校出来的。师范大学出了很多优秀人才，如汪德昭院士等，我到过的地方几乎每个县都可以找到北京师范大学的毕业生，他们大都是骨干教师或是教育方面的领导，可见师范教育对基础教育的重要作用。希望把这篇文章找来，大家看一看，并广为传播。特别是领导应当看一下。现在教育部的领导及高层的领导，非常重视综合大学、工科大学，这是很好的；但师范教育是教育的最重要部分，是培养教师的工作母机，更应得到充分的重视。现在师范院校的困难比较多，特别是经费方面的困难，希望能早日得到改善。

　　北京师范大学是师范院校的排头兵，是最老的师范大学，应该做得事很多，今后国家对我们的要求也会更高。校庆一百周年就要到了，筹备校庆是大动员，动员全体师生员工做好工作，办好学校，不要为庆祝而庆祝，而是要动员大家，以办好大学的实际行动来庆祝校庆。我看到准备校庆的出版计划，想得很周到，这是筹备工作中的一部分。我相信校领导对全面的筹备工作会准备的更好，更周密，更充分。

　　两个才：一是人才；一是钱财，两者相辅相成，没有钱就引不进人才，办不成事。不要不好意思谈钱，要找能干的人去

---

① 校友通讯，1999，（总 23）.

找钱，要学习武训，找钱是为了学校，不是为自己。个人决不要沾国家一分钱，这样身子就正了，就敢于理直气壮地去理财。每个学校都面临"才财"二字，哪个字第一？要视具体情况而定，"财"已基本解决的学校自然是"才"字第一，我们学校要首先考虑的是"财"字。百年校庆是个机会，也是个新起点，我祝愿学校人财两旺。

面向 21 世纪发展我国科学教育的建议^①

中国作为快速发展的发展中国家，要实现新世纪的腾飞，必须通过科学教育的改革，培养新一代创新人才，以促进我国科技、经济和社会的发展，实现跨世纪发展的战略目标。为此，中国科学院学部组织有关院士对发展我国科学教育问题进行研究，成立了研究组，进行充分的调查研究，并组织了多次研讨会，邀请有关院士和部分高等院校、科研机构的有关专家、学者及有关政府部门人员参加。经过多次讨论和反复修改，并广泛征求意见，包括科技部、教育部的意见，最后形成"面向 21 世纪发展我国科学教育的建议"咨询报告。

报告对发展我国科学教育提出了 5 条对策与建议。

（一）在大力推行素质教育的同时，尽快建立适合新世纪发展要求的科学教育体系，制订国家科学教育目标和标准。建议在国家科教领导小组下成立一个由有关部门（教育部、科学技术部、中国科学院等）和各界代表组成的国家科学教育专家委员会，负责制定国家科学教育目标和标准，以促进国家科学教育体系的形成。

制定科学教育目标和标准有助于规划我们走向未来的行动

---

① 中国科学院院刊，2000，15（5）：324-325.

现文为中国科学院学部"面向 21 世纪发展我国科学教育的建议"研究组写的原文摘要，主要是原文中的第三部分. 该建议研究组成员有：中国科学院院士路甬祥、师昌绪、陈佳洱、母国光、朱清时、赵鹏大、王梓坤、杨叔子，吴咏诗教授，阎沐霖教授，倪光炯教授，董光璧研究员，张建新研究员，张国刚教授，蒋国华教授，邹泓教授，饶子和教授，赵世荣副研究员.

收稿：2000-08-21.

路线，旨在引导我们从当前学校教育的种种束缚中解脱出来，向着提高全民科学素养这一目标前进。这是一项十分艰巨的工作，需要几代人不懈的努力，需要分层次、分阶段、有计划、有步骤地积极加以实施。建议制订国家科学教育总体规划和阶段实施计划，并将这一任务落实到各级政府和教育机构。

（二）面向未来需求，从提高全民的科学素养高度，树立全新的科学教育价值观念。建立对学校、教师、学生以及教学计划等的科学、公正、客观的评价体系，以引导和确立在科学教育过程中什么是优秀的学生，什么是出色的教师，什么是富有成效的教学计划，什么是好的学校。从而促进和有利于培养出具有创新精神、创新意识和创新能力的一代新人。

（三）科学教育绝不仅指在校教育，还需要建立多途径、多渠道的培养创新人才的通道，形成从基础教育到高等教育以至社会实践、继续教育的教育链，并化为全社会的共同行动。要把教育与科研结合起来，重视发挥科研院所在培养创新人才方面的重要作用，国家采取积极慎重的步骤，促使重点高等院校与骨干科研院所有机结合，科技专家不仅要做出高水平的科技工作，还肩负着培养科技创新人才的重任。应鼓励和提倡科研院所的优秀科技人员到学校兼职任教，鼓励和提倡有条件的退休科技人员和教师，继续在科学教育方面发挥作用。投资科学教育就是投资中国科学技术的未来。合理配置和使用政府公共教育资源，从社会各渠道筹集资金并设立专门的科学教育基金，改善和创造良好的有利于科学教育的社会环境，加强并完善社会公共科学教育体系，大、中城市应建立相应的博物馆、图书馆、科技馆、信息文献中心、公众教育网络，加强科学教育在全民教育和终身教育中的作用。

（四）仍然需要以重大改革来健全和完善科学教育的内部发

展机制。健全科学教育内在的运行机制的基本任务在于：制订更为宽松的政策环境，把学校、教师和学生的积极性和主动性最大限度地调动起来，以保障科学教育内容的不断更新、教学方法的不断改进和求知兴趣的日益增长。对学校来说，最重要者莫过于依法成为真正的办学主体，在公平竞争的环境下自主地发展，办出特色。对教师来说，充分发挥教师在办学中的主导作用并维持体面生活的工薪是首要的，而严格的退休制度、合理的岗位轮换、灵活的访问进修、公开招聘和禁止"近亲繁殖"来保证教师队伍和教学内容的"吐故纳新"也是非常必要的。对学生来说，给予更大的自主性，实行宽进严出并给予择校、择系的平等和自由，建立有效的激励与制约相结合的机制，是发挥其积极性和主动精神的基本条件。

（五）健全并大力发展科学教育的外部动力机制。尽早建立来自立法、行政、科学团体和社会舆论的对科学教育的公正评价和及时反馈的机制；逐渐扩大国际间科学教育交流与合作的途径和范围，并在法律规范下通过示范引进和吸收先进的教材和经验，积极促进教育系统与科学研究机构和企业的合作和联合，以通过国家科学教育资源的共享，使科学教育能跟随科研进展和产业发展的最新变化；努力探索科学教育中各种途径相互补充的作用，包括给予科学研究机构和私立学校以平等的办学自主权；大力发展远程网络教育，以支持和引导终身学习的科学教育体系的形成。

"任重而道远"。科学教育的规划与施行，从"科教兴国"与"可持续发展"来考虑，已刻不容缓。

素质教育的关键[①]

　　"活到老，学到老。"这是人生的金玉良言。既然一般人都要学到老，作为言传身教的人民教师，更应该学到老。在改革开放、科技日新月异的今天，教师应自觉地努力学习、学习再学习，不断地提高自己的思想品德，革新知识结构，才能做好本职工作。

　　记得中华人民共和国刚成立时，我还在大学念书，那时就已经开始教育改革了。毕业后我留在教育部门，自然更是天天离不开教改。但年复一年，改来改去，无非是把每门课的内容，调整一下次序，或者做一点补充、精减，如此而已，很少开设新课，更谈不上教育体制的大改革了。所以那时的教师，基本上感受不到压力，反正"年年岁岁花相似，岁岁年年课相同。"这种状况，一直延续到 20 世纪 90 年代。最近几年来，教育确实起了很大的变化。最大的推动力首先是来自高新科技的迅速发展，特别是计算机涌入学校，使得许多课程的内容都急待更新；许多新的课程需要开设；教学方式和方法，也要大刀阔斧地加以改进。可以设想，在不久的将来，网络教育将成为教育的重要部分。而这些恰是教师特别是老教师所不熟悉的。另一股巨大的推动力来自最近提出的素质教育。这要求对原来所谓的应试教育进行彻底的改造。但什么是素质教育？在内容与方式上有何新特色？这都是需要认真探讨的问题。我至今还未找到公认的素质教育的定义，也许以后也找不到。我个人体会到，

---

　　① 教师之友，2000，（7）：1.

素质教育要求受教育者德、智、体、美全面发展（智包括知识、理论、技术和能力），成为创业、创新或实践的人才。

教育的关键在教师。因此，实施素质教育的关键，在于提高教师的素质。教师应有高尚的师德，精深的专业理论和技能，广博的科学文化知识，高效率的方法以及与人为善的人际关系。无论文科、理科，都要早日学会运用电脑，争取达到开设计算机软件设计课程的水平。为了适应改革开放，外语和中文也很重要。如果中文写作或语言表达欠佳，无疑也是一个缺点。头脑清醒，思维敏捷，言辞流畅，简明扼要，这些对创业者必不可少。所以，电脑、外语、中文，这三者可算是新型教师的基本功了。

工作繁重，任务紧迫，这是事实。但如下定决心，咬紧牙关，办法总是有的。这里有"挤、恒"两字。无论多么忙，只要奋力去挤，必能挤出时间来。欧阳修说的"三上"（即枕上、马上、厕上）读书，就是"挤"的范例。挤出的时间，自然很短，但许多片刻可以连成整体。精诚所至，金石为开，坚持数年，必见成效。成功在于坚持，大生物学家巴斯德说："我告诉您我怎样达到目标的奥秘吧！我唯一的力量就是坚持精神。"

学习主要靠自己。不过另一方面，作为领导，应该主动为教师们提供学习条件：或者开设夜校短训班；或者请专家能人讲学；或者派出进修；或者读在职研究生，让中青年教师取得学士、硕士或博士学位。此外，还要逐步充实电教设备、图书资料和实验仪器。

个人努力与领导支持相结合，必能建立一支浩大的高素质的教师大军。

学校工作离不开工会的支持①

很高兴校工会被评为"全国模范教工之家"，这是对工会工作的充分肯定。在我担任校长期间，学校工作就得到了校工会多方面的支持，很多事情都要通过校工会、教代会来征求广大教职工的意见，大到学校的办学思想、办学目标，具体到英东楼、新图书馆的建设等。归纳起来我认为主要表现在以下几个方面：一是校工会能够集中群众的智慧，把教职工的意见很好地归纳起来，向校党委和行政部门反映，从而使学校在作出决策时能够得出正确的结论，校工会在其中起到了很好的桥梁作用；二是学校许多重要的决策出台之前，都要首先征求教职工的意见，形成决议之后，又要在广大教职工的监督之下付诸实施，所以说校工会在这方面又起到了很好的监督作用；三是在维护和保障教职工利益方面，校工会总是能够做一些力所能及的事情，从而改善教职工的工作条件和生活条件，如创办消费合作社等。

希望校工会在校党委的领导下，把工会工作、教代会工作做得更好，取得更大的成绩。

① 北京师范大学周报，2001-03-30.

段家林与京九线①

段家林与京九线①

　　当过人民父母官的何止千千万万。他们大都忠于职守，忙于事务，整天奔劳，穷于应付，可谓勤矣。但一旦卸任，问他做了哪几件足以传誉后世的大事，却茫茫然不知所对。大凡在政期间，千头万绪，第一把手尤其如此。要超越庸碌，必须时刻记住：任何一位大官，只能做成两三件大事。毛泽东也不例外，他说自己只做了两件事：赶走了蒋介石，发动了"文化大革命"。真正能做成两三件大好事、令老百姓长远怀念的好官，有之，惜乎不多，前吉安市市委书记段家林，可算是其中之一。

　　我与段家林同志接触有限，更无缘共事，但有两点却印象十分深刻。一次，他出差来北京，我去旅馆看他。他兴高采烈地介绍了家乡的情况，赞扬了老乡们的勤奋朴实、埋头苦干的精神，同时也谈了建设家园的种种设想。他说，吉安地区物产丰富，但人民生活还相当贫困，原因何在呢？他停了一下，接着肯定地说，原因就在于交通不便，产品难以外运，旅游不能发展。井冈山既是革命圣地，又是旅游佳境，也不能充分发挥作用。他这次来京，主要就是想解决这个问题。那时国家正筹建京九铁路，他的目的，就是力争京九铁路通过吉安。我当时觉得，他真是抓住了关键，做成了这件事，便是造福吉安子孙万代。可惜他没有来得及亲眼看见吉安火车站。虽然如此，他的在天之灵也会感到欣慰。

　　另一点，他非常重视教育，尊重知识，尊重人才。我每次

---

①　罗天祥，主编. 一身正气段家林. 澳门：澳门中岛世纪出版社，2002.

回到吉安，他总是主动把车让给我用。无论工作如何繁忙，他必定抽时间和我长谈，谈到在吉安如何发展教育，甚至要建一所大学。他非常谦虚，把我当师长对待。其实我来北京师范大学工作时，他早已从北京师范大学中文系毕业了。彼此并不相识，更无师生缘分，只是我痴长几岁而已。1985 年 9 月 10 日，北京师范大学庆祝第一个教师节，恰好他来京出差，我邀他参加庆祝会。他在百忙中回母校开会，并看望老同学。由于那天来了中央重要领导人和许多来宾，未及和他多谈，至今引以为憾。我最后一次见面，是他已调到江西行政学院工作，身患重病之时，虽然面带病容，但精神仍很乐观。分手时送我一程，依依话别，没想到竟成永诀。

段家林同志英年早逝，是国家的一大损失。如能不遭天忌，假以十年，他必能为人民做出更大贡献。虽然如此，他也足以在吉安地区永传佳话，长在人心了。

论大学精神[①]

"大学精神"，此处分成三段来讲。第一段是这个问题的提出；第二段谈一下我所知道的几所学校，如哈佛大学、牛津大学、剑桥大学、莫斯科大学、北京大学、北京师范大学等；第三段是大学精神的核心。

第一个问题，关于这个问题的提出。

全面建设小康社会需要有世界一流的大学。关于如何建设一流大学，已有许多讨论，大多是关于经费、学科、人才等。读后受益良多，但同时也感到有所不足，似乎少了些什么。少了什么呢？一时也说不清。想来想去，终于想到大学精神。而大学精神，相对地说，似乎谈论得很少。我还未见到这方面的文章，只是隐约地感到这是一个重要问题，值得认真探索和研究。以下只是个人粗浅的思考，请大家批评指教。

做任何大事，物质与信息是必要的，精神力量也同样重要，而在一些关键的时刻，精神力量甚至可以起到决定性的作用。正如民族有民族精神、每个人有精神状态一样，各所大学也有各自的精神。

何谓大学精神？它有什么内涵？与校训有何关系？它有什么作用？

大学精神是抽象的，也是具体的；是无形的，也是有形的；是不成文的，但却铭刻在人们的心中。它无时不在，无处不在，无事不在；它活跃在讲台上，在校园里，在人们的言谈和行动

---

① 北京市社会科学界联合会，北京师范大学，编. 小康社会　创新与发展. 北京：北京师范大学出版社，2003：32-36.

中。学生在学校中学到的知识，可以由时代的进步而老化，而淡忘，但大学精神却影响学生的事业，长久、长久，直到永远。

校训大多是领导或名流制定的，大学精神则主要是由群众在长期教学和科研中逐步凝聚而成的，有更广泛的群众基础和历史传统，两者一般是相辅相成的，这是我说的第一个问题。

第二个问题，说说我了解的情况。由于历史条件不同，各校的精神也不完全一样，异彩纷呈，各具特色。

哈佛大学的校训说："以柏拉图为友，以亚里士多德为友，更要以真理为友。"哈佛的校徽是"Veritas"，即拉丁文"真理"的意思。

英国人特里·伊格尔顿写了一篇文章《牛津的魅力》："我一个人徜徉在牛津街头，中世纪的塔楼古色古香；文艺复兴风格的建筑弥漫着浪漫的气息；城东的摩德林城堡被称为'凝固了的音乐'，的确优美异常；位于民众方庭的图书馆建于1371年，是英格兰最古老的图书馆；大学植物园建于1621年，是英国最早的教学植物园；蜿蜒曲折，幽深绵长的皇后小巷，从牛津建校（1168年）一直保留到现在，路边的石凳长满了青苔，让人回想起牛津的过去……王尔德坐过的木凳，萧伯纳倚过的书架，照原样未动。走进楼内，让人更感觉到图书馆里的时光仿佛是静止不动的，寂静充满了这书本的圣殿……牛津的魅力在哪里？很显然，英国人把牛津当做一种传统，一种象征，一种怀念和一种追求。"

另两篇文章中写道："剑桥和牛津的风格迥然不同，牛津雍容华贵，有王者的气派。剑桥幽雅出尘，宛若诗人风骨。"（袁效贤、李春晓）"剑桥的调子是轻柔的，舒缓的，她不稀罕你赞美，她大方高贵中还带几分羞涩。在云淡风轻的午后，在夕阳晚照的傍晚，从容地踱进三一学院伟大的方庭，小立在克莱亚

学院的桥头……倾听奇妙的钟声，那么，你算是遇到了剑桥，拥有了一刻即是永恒的精神世界。"（金耀基）

正如徐志摩在《再别康桥》那首名诗中所歌咏的："但我不能放歌，悄悄是别离的笙箫；夏虫也为我沉默，沉默是我的康桥！"

看来，牛津和剑桥都非常注重自己辉煌的历史。用诗一般的氛围去影响每一个学子和游人，这就是氛围教育。它洗涤着人们的灵魂，无情地驱走心灵深处沉积的下流和无耻，让正义、博爱、奋发向上的精神在心中熊熊燃烧。

再来看看莫斯科大学，我曾在数学力学系读了三年研究生。那里是大师云集的学府。墙壁上到处是学术报告的通知。除了学术报告，还是学术报告。人们谈论的是新的学术进展，或是讨论某一项研究成果，数学像一支有形的火箭，你看到它每天都在前进。如果讨论班少去了一次，下次便会感到很吃力，如果三次缺席，就再难赶上了。每一篇数学论文，都是沉甸甸的，字印得很小，决不放过一寸①版面。师生们都像上紧了发条的钟，争分夺秒地奔跑在学术发展的大道上。

北京大学的校园精神是"民主与科学"。北京大学不仅学术上有很高成就，而且关心国家大事。这正是校园精神的体现。北京大学有自己的校风，不随波逐流而得到世人的尊重。

北京师范大学以治学严谨著称，无论是做人做事做学问，都以很高的科学标准和道德规范来衡量。北京师范大学人默默奉献，从不张扬，诚如校训"学为人师，行为世范"所要求。而在国家危难关头，北京师范大学人总是挺身而出，让人想起了刘和珍等烈士。

---

①　1米＝3尺＝30寸.

我想说一下大学精神的核心，应该是：追求真理，厚爱人们。大学的任务首先是传授知识和锻炼能力，这是最原始的，进一步发展成为研究、创新，即发现新的规律，发现新的真理。近几年来由于科技、经济的迅速发展，大学有了第三个任务——服务社会。这三个任务分别主要由本科，研究生院和工、商、医、远程教育等专业学院所承担，虽然不是绝对的分工。无论如何，要出色完成各项任务，必须要有追求真理、厚爱人们的精神。发现真理需要智慧，而维护真理需要勇气。没有厚爱人民的精神，不可能在紧要关头维护真理。

尊崇大师，学习先进。他们的文章、气节、精神和建树，将垂训百代，炳耀千秋。这是鼓舞广大学子奋发上进、追求真理的永恒动力。

在办学思想上要有博大宽容的气度。这一点要向蔡元培先生学习。专业的设置可以有先后，但不能歧视或存偏见。对人文科学的支持力度要增大。不拘一格引进和培育人才。要百花齐放，百家争鸣，允许学术自由，像当年辜鸿铭先生那样，也可以在北京大学施展才华。要爱护学生，有才能的、力求上进的，特别是家庭贫寒而努力学习的，都要慈心厚爱，让他们感到温暖，安心学习。当然，博大宽容与科学管理互不矛盾，而是治校的两方面，都是很重要的。

评价一所学校最重要的、决定性的标准是：它的毕业生对社会的贡献，对人类进步的贡献，这是最根本的。可惜现在五花八门的评比太多了，为了获得所谓的荣誉和资助，学校不得不做一些本来不必做或不应该做的事，屈从于某种不正常的压力或引诱，有损于大学的精神。这方面，我们应该想起马寅初先生。其实钱多未必出好成果；相反，历史上一些大成果往往是在平淡但长期艰苦奋斗的条件下获得的，就像司马迁的《史记》、曹雪芹的《红楼梦》一样。

　　健康的氛围教育，是大学精神的体现。每当我们登上天安门，便有"登高壮观天地间，大江茫茫去不还"的浩荡气概。进入人民大会堂，肃穆庄严的气氛迎面而来，精神为之大振，可见环境对人影响之深、之大。校园是做学问之地，是创新之地，是人才成长之地，是大师讲学之地，是真理传播之地，是新发现、新发明发源之地，是道德人格磨炼之地，是国家未来的栋梁诞生之地，这里应该是宁静的、祥和的、有礼貌的、相互尊重的学府，应该是充满了激情、开展友好竞赛的、焕发青春火焰的、朝气蓬勃的竞技场所，应该是美丽的，具有诗情画意的地方。要珍惜每一寸土地，让每一寸土地散发出清香；要爱护每一个角落，让每一个角落流传着的美好回忆，都催人奋发。在教室内和操场上，每周都有学生的表演和竞赛，也有大师们的报告。学校大有大的好处，小也有小的好处，如果诚心追求美好，小应该是更好的，每一所大学都有自己的标志性建筑，是自己校园里的天安门，人们来去匆匆，但是天安门则岿然不动。

　　大学精神有什么作用呢？青年人成才有四个条件是非常重要的。第一，要有强烈的追求，有崇高的理想和志向。第二，要有浓厚的兴趣，对他所追求的目标有浓厚的兴趣，不断的追求。第三，要有长期的奋斗和艰苦努力的精神。第四，要有高尚的灵魂。这四者正是大学精神的用武之地。

学，要善于寻师①

学习，要善于找到老师或领路人。

学海浩茫，有人领路就快得多。无师自通者虽有，但确实很少。名师固然可以出高徒，非名师者，只要有一技之长，对我们也很有帮助。处处都有老师，问题在于能不能找到他。大树所以成材，是由于它的根和叶伸向四方，广泛吸取水分、养料和阳光。高尔基出身极为贫寒，却成了世界文豪，他说是多亏了四位老师的指教。能在各种场合找到自己的老师，而不管他们的职业和社会地位如何，正是高尔基的高明之处。

老师是广义的，不一定就在自己的身旁，甚至彼此可以不认识。我曾观察过某同志寻师的经过，他周围并无同专业的高手，却做出了很好的成绩。原来他认定国内一位先进同行做老师，凡是这人写的文章和书他都认真攻读，别人写的则少看，以便集中精力，把这些著作搞透了，就比老师强一点了。因为老师知道的，他都知道；而他知道的，老师未必知道。这是他聪明之处，不妨借鉴。

教你课的是你的老师，你的同学也是你的老师，还有邻居、家长、同事……

---

① 中学生数理化（初一版），2004，(16).

他是一位谦和幽默的学者①

　　我是学理的，启功先生是学文的，所以我们在学术上、生活中的来往比较少。但在我的印象中，启功先生是一个非常和蔼、谦虚、随和、幽默的学者。

　　在我任校长期间，很多外宾想要启功先生的亲笔书法做纪念，先生都欣然应允。我记得在 20 世纪 90 年代初，江西省吉安市设立文天祥纪念馆，他们的领导托我找启功先生题写馆名，启功先生没有半点架子，非常爽快地答应了。后来我们去井冈山的时候还专门到文天祥纪念馆前合照，把拍下来的题字给启功先生看。启功先生是书法大家，经常有很多人慕名前来索要字画。我就曾经陪同李鹏同志拜访过启功先生的小红楼，向他请教书法。

　　1984 年的时候我们学校向国家倡议设立"教师节"，在倡议之前召开了一次座谈会，当时启功、钟敬文、陶大镛、黄济、赵擎寰等几位先生都出席了，并积极表态赞成。这次座谈会得到了《北京日报》等媒体的报道，最终促成了"教师节"的设立。

　　启功先生在 20 世纪 70 年代末 80 年代初重新回到北京师范大学后，积极投身教学第一线。启功先生创立了我们学校古典文献学专业硕士点，后来这个专业又被国务院批准为博士点。在启功先生和其他中文系师生的共同努力下，我校中文系当时的发展非常迅速，启功先生立下了汗马功劳。

---

① 　北京师范大学校报，2005-07-06.

　　启功先生既是一位学者，也是一位艺术家，他在书画、诗词、文物鉴定等方面的造诣都很深。他为我们学校题的校训"学为人师，行为世范"不仅成为了我们学校学生的行为准则，还备受文化界、教育界的推崇。6 月 30 日我知道先生去世的消息以后，感到非常悲痛、惋惜。启功先生的去世不仅是我们学校的损失，还是文化界的损失，是国家的损失。

在建设一流大学中我能做什么^①

在中国共产党的领导下，我国的各项建设迅速发展，人民生活日益改善。这种大好形势是千百万先烈的鲜血换来的，我们应该十分珍惜它。现在，和平的岁月长了，人们对过去的艰辛已逐步淡忘。无限制地追求名利，好逸恶劳的思想滋长；在一部分人中，贪污腐化已形成风气，而且有弥漫、扩张之势。为了捍卫社会主义，为了保护革命成果，党中央号召全党开展保持共产党员先进性教育活动，这是十分英明、非常及时的。

每个党员的工作岗位不同，职责各异，但建设强大祖国的目标是共同的。我一辈子在高校工作，对高校比较熟悉，但我已至耄耋之年，心有余而力不足。在这种情况下，我能发挥什么作用呢？在我校建设一流大学的热潮中，我能做些什么呢？

第一，努力学习先进的革命思想，做一名合格的共产党员。入党时，我们的誓言要为共产主义奋斗终生，言犹在耳，时刻不忘。我入党已55年，长期接受党的教育，亲眼目睹了许多先进事迹，身边的党员的优秀品质，时时影响着我。我应该以他们为榜样，要自觉地坚持共产党员的浩然正气，严格要求自己，抵制社会上的一些歪风邪气。对同志要宽厚，要爱护同志，学习他们的优点，搞好团结。

第二，帮助和提携青年人，培养事业的接班人。人的一生有幼年、青年、中年、老年等各个年龄段。在每个年龄段中，人的任务不同。不能要求幼年人身负百斤^②重担。同样也不能

---

① 北京师范大学校报，2005-10-20.

② 1 kg＝2 斤.

要求老年人做壮年人的工作。但老年人有老年人的优势，他们有较雄厚的知识积累和工作经验。老年人最重要的是要交好班，培养自己工作的接班人。目前我们的科研方向已有了3名青年教授、副教授，他们的业务能力都非常强，其一已经获国家杰出青年基金，政治上也都要求进步，工作认真负责，有团队精神。

第三，适当做一些科技传播工作。目前让我们这样年龄的人讲一门主课，已是相当困难，因为大脑血管不能承受这样的负荷，但做一些高级科普，或励志性的演讲，是可以胜任的，也是青年所需要的。

第四，对学校的建设和发展提一些建议，或参加评议咨询工作。我因曾担任过校长职务，有时会想到一些建议性的意见，对学校的发展也许会有一些好处。

造福永绵绵[①]

　　历史上，我国一直是世界上最强大的国家，唐朝时达到鼎盛高潮，后来仍然保持优势。直到 1840 年英帝国主义发动鸦片战争，接着是八国联军、日本侵华等许多侵略战争，加上清政府的腐败，才使得我国江河日下，逐步沦为半殖民地半封建社会。这是我国历史上的奇耻大辱，人民处于水深火热之中，任人宰杀。当时也有一些爱国志士，如林则徐、邓世昌等，他们精忠报国，可歌可泣。甚至李鸿章、张之洞等大臣，平心而论，也为挽救国家做过一些好事。这短短百余年我国不仅物质上遭受巨大损失，更可怕的是给人民心灵上造成的创伤。在某些人的心中，过去的大中华自豪感已荡然无存，代之而起是崇洋媚外，中国人样样不行，见到洋人，低头哈腰，矮人三等。但天不亡我，前有孙中山、秋瑾，后有毛泽东、周恩来以及钢铁铸成的共产党人。他们前赴后继，力挽狂澜，终于建成了伟大的中华人民共和国，从此中国人民又站起来了。

　　青年人应时刻记住，繁荣强大，这是我国几千年的本来面目，遭受羞辱只是近百年（1840～1949）的短暂现象。我们应该昂首挺胸，大步前进，值得自豪的，应是我们炎黄子孙。中华人民共和国成立后，特别是近 30 年来，我国发展极其迅速，经济、文化、科技、教育，都呈现欣欣向荣、日新月异的大好形势。外国人惊叹，东方巨龙又重新出现在世界历史舞台上。之所以能取得这样快、这样大的成功，原因之一是实行科教兴

---

　　①　中国晚报科学编辑记者学会，编. 我们走过的路. 2008-10.

国的战略方针。科教兴国，这四个金碧辉煌的大字，得来是多么的不容易啊！认识科教兴国的道理，需要远见卓识。百年大计，教育为本，也是极其重要的战略思想。只有全民受到很好的教育，才谈得上科学技术与文化。所以说，"一个国家的命运，决定于这个国家人民所受的教育。"　　（迪斯累里（B. Disraeli），1804—1881，英国政治家，曾两度任首相）

　　教育是多样的，学校教育是最基本的形式。但只靠它还不够，人们必须终生接受教育，才有可能跟上形势的发展。科技普及，是随时随地、不受年龄限制、不受设备约束的重要教育形式。可惜有相当长一段时间，科普未受到应有的重视。但社会上也有一些仁人志士，有感于此，奋臂而起，中国晚报科学编辑记者学会，就是如此。他们为科普事业，做出很大贡献，迄今已23年。他们宣传科学思想，普及科学知识，许多晚报，开辟科普专栏。不仅介绍科技知识，而且对当地的有关问题，如环境污染、湖泊治理、城市绿化、营养、卫生等，提出积极建议。他们还组织科学考察团，到各地现场采访，起到交流的作用。贴近群众生活的，如发出"电脑病毒预警播报"，受到国家公安部的高度重视。更可喜的是，多次举办科学小品征文，面向全国。我有幸作为顾问参加过两次评审。一次是1984年在江西庐山，一次是1986年在福建武夷山。记得前一次应征文章达9 078篇，内容涉及天、地、生、医等许多学科，作者有工人、边防战士、教授、工程师等。最后选出150篇，其中102篇由天津科学技术出版社结集成书《科技夜话》。我的小品《无史则已，有史其谁》也有幸侧身其中。这本书实际上成为科技小百科。置诸床头，拥被而读，亦人生一乐事。武夷山山幽水清，竹茂林深，解衣浩歌，令人振奋，临别依依，欣然命笔：

"山中方七日，增寿定十年；众生欣有托，造福永绵绵。"

两次评选中，我有幸结识了文学名家秦牧先生，科普作家黎先耀、赵之、饶忠华等诸先生，以及各家晚报记者，特别是黄天祥先生。1984年我任北京师范大学校长，一天清晨，忽然想到我国应设立教师节，便立刻把这个建议电话告知黄天祥。他很赞成并且第二天就把建议登在《北京晚报》上，这对教师节的设立，起了促进作用。我和教育界的同人都非常感激他和《北京晚报》。

岁月如流，人职异动，前人创业，后人光大。记者学会必定会把科普工作继续发扬，为科教兴国做出更大、更好的贡献。

读者见解应与书本精华相结合[①]

一种读书方法是把书本当作教条，死背强记，生搬硬套；另一种以书本为武器，迅敏机动，灵活运用。采用前法的人必被书所奴役，采用后法的人必然统率群书。这两种读法哪种好呢？当然是后者。

读书要有目的，希望解决什么问题？我想从中找到些什么？同时还要有我的独立见解。把书中的精华与自己的见解加以比较、融化，就可以加深对问题的认识。

1907年，德国的埃尔利希（P. Ehrlich，1854—1915）想用染料来灭锥虫，屡遭失败。一天他在化学杂志上读到一篇文章，其中说：在非洲流行着一种可怕的昏睡病，当锥虫进入人的血液大量繁殖后，人就会长时间昏睡而死。用化学药品"阿托什尔"可以杀死锥虫，救活病人，但后果仍很悲惨，病人会双目失明。这篇文章给埃尔利希很大启发，但他没有停留在文章的结论上。他想：阿托什尔是一种含砷的毒药，能不能稍许改变它的化学结构，使它只杀死锥虫而不伤害人的视神经呢？在这种思想的指导下，他和同事们找到了多种多样改变化学结构的方法，一次又一次地做实验。他们的毅力的确惊人，在失败了无数次之后，终于成功地制成药品六〇六（砷凡纳明），挽救了无数昏睡病人和梅毒病人的生命。

这个例子充分说明读者的见解与书本的精华相结合是何等的重要。"阿托什尔能杀死锥虫，但也伤害人的视神经"，这是

---

① 新语文学习（教师版，小学专辑），2006，（2）：卷首.

文章的结论；"可以改变它的化学结构，使它有利而无害"，这是埃尔利希的见解。这两方面的结合导致六〇六的发明。书本的精华，只有经过一番凝缩、分析、比较、抽象的功夫后才能抓住。有的放矢，带着问题学习的人，容易提出自己的见解，因为他对这个问题思索已久，脑海里储存了许多有关的信息，大有弯弓搭箭、一触即发之势。如果埃尔利希没有长时间思考消灭锥虫的问题，那么，这篇文章即使写得再好，也决不能激起他智慧的浪花，只会悄然无声地消逝在茫茫无际的文献海洋之中，直到另一些人发现它的价值为止。

抓住机遇，促进学校的全面可持续发展[①]

首先从宏观方面而言，科学发展观的第一要义是发展，我们国家经济发展很迅速，但在发展过程中也产生了很多新问题，比如环境问题、物价上涨、腐化、教育公平等问题。我们要重视这些发展中的问题，坚持科学发展、和谐发展、走全面协调可持续发展的道路。切不可单纯追求经济发展速度，而以牺牲下一代人的利益为代价。要关注整个社会的和谐发展，处理好当前与长远、宏观与微观、效率与公平的关系，构建社会和谐共进的氛围。微观方面，贯彻落实科学发展观，必须优先发展教育，建设人力资源强国。对于我们国家而言，必须坚持把教育放在优先发展的战略地位，办好人民满意的教育。这对于我校而言，也是一个机遇。我们要重视党中央和教育部的决定，争取做好试点单位，用科学发展观来指导学校的整体发展，促进学校的全面可持续发展。具体而言，学校要注重对原有资源的整合，在优势学科的基础上，注重学科创新能力的培养，保证学科发展能够与时俱进。其次，教师们也要注重参与到科研活动中，利用科研成果更好地服务于教学，将自己的科研能力传授给学生，这也可以说是教学的可持续。只有这样，我们才能培养出有开阔视野和创新能力的未来教师，才能给人民交上一份满意的答卷。

---

① 刘川生，钟秉林，主编. 强化办学特色推进教育创新. 北京：北京师范大学出版社，2008.

读书的另一面[①]

读书虽有很多好处，但也要说说读书的另一面。

读书要选择。世上有各种各样的书：有的不值一看，有的只值看 20 min，有的可看 5 年，有的可保存一辈子，有的将永远不朽。即使是不朽的超级名著，由于我们的精力与时间有限，也必须加以选择。决不要看坏书，对一般书，要学会速读。

读书要多思考。从书本中迅速获得效果的好办法是有的放矢地读书，带着问题去读，或偏重某一方面去读。这时我们的思维处于主动寻找的地位，就像猎人追找猎物一样主动，很快就能找到答案，或者发现书中的问题。有的书浏览即止，有的要读出声来，有的要心头记住，有的要笔头记录。对重要的专业书或名著，要勤做笔记，"不动笔墨不读书"。动脑加动手，手脑并用，既可以加深理解，又可避忘备查，特别是自己的灵感，更要及时抓住。清代章学诚在《文史通义》中说："札记之功必不可少。如不札记，则无穷妙绪，如雨珠落大海矣。"许多大事业、大作品，都是长期积累和短期突击相结合的产物。

---

① 咸宁日报，2015-07-29.

二、讲 话

在南开大学学生自然科学
协会成立会上的讲话^①

（1983-05）

同学们：

今天有机会来参加同学们自己组织起来的自然科学协会成立大会，心里非常高兴。既然这个会是同学们自己组织起来的，那就说你们每一个同学都是热爱科学的。热爱科学、热爱劳动、热爱党和人民，是宝贵的品质。我相信同学们会保持这些好品质。把自己的全部聪明才智贡献给科学事业，贡献给我们伟大的祖国。

今天，我就关于"治学之道"讲讲我的看法，有什么不对之处，请同学们指出。

我把"治学之道"归纳为八个字，分为四部分。

（一）理想

要有一个理想，这是最重要的一点，这在很大程度上决定一个人的行动。要看一个人的精神面貌如何，先看他的理想怎么样。如果说一个人有灵魂，那么理想就是他的灵魂。理想支配他的行动。当然，我们每一个人都要树立共产主义的远大理想，在目前，实现四化就是我们的理想。我们每个人都为这个共同的理想奋斗，在这个奋斗的过程中，我们每个人都要有自己的目标。斯大林说过："伟大的精力是为了伟大的目标而产生的。"只有为了一个伟大的目标，才能孜孜不倦地工作。马克思

---

① 南开大学（校报），1983-05-26.

为了写《资本论》，牺牲了自己的健康、幸福。这是伟大的革命家给我们做出的榜样。青年应该有远大的理想，如果没有理想，就会碌碌无为，一事无成。

（二）勤奋

勤奋就是努力，有了理想，必须努力去工作，勤奋是成功的必要条件，这是我们大家都知道的。有人问鲁迅："你为什么在文学方面有那么多的成就？是否有天才呢？"鲁迅说："哪里有天才，我是把别人喝咖啡的工夫都用在写作上的。"像鲁迅这样的有成就的大"家"，都是非常努力的。我们知道法国的伟大作家巴尔扎克，他活了51岁，写了许多书。就说《人间喜剧》这一套小说，就有94本，写了31年，每年平均3本以上。这么多书，不要说写，就是抄，得多长时间呢？我从《巴尔扎克传》中找到了他写作的秘密。他是这样做的：先收集材料，到了一定程度，他就把自己锁关到一个房间里去，把窗帘放下去，三四天不出门，家里人给他送饭，别的事他什么也不管，全心全意地搞创作，也不知外面是白天还是晚上。这样不断工作下去，一直到写完，才到外面去。他的努力程度就是这样惊人。所以，我们有了理想以后，还得有一股勤奋的劲头。

（三）毅力

假如一个人有很大的理想，也很勤奋，那么这就够了吗？有的同志，按他的努力程度，他的成果应该更大些，但结果成果并不很大，甚至无成果。原因何在？就是有了勤奋还不够，还要有毅力，就是说要不怕困难。因为工作中会碰到很多困难，特别是搞科研的，因为不知能否成功。有的同志很努力，但常常改变方向，搞了多次，搞不动了，又转了问题，结果又搞不动了。这样，他虽然很努力，但没达到预期的效果。

毅力就是要坚持，曹雪芹写《红楼梦》用了10年，李时珍写《本草纲目》用了 27 年时间。福楼拜有一次曾对他的学生莫泊桑说过："我不知道你有没有才气，在你给我看的东西里表现了一些聪明。你是青年人，你永远不要忘记，才气就是长期的坚持。"

讲一个高尔基的故事。高尔基是一个非常奇怪的人，一方面，他的成就非常高；另一方面，他又有一个非常悲惨的童年，3 岁丧父，11 岁丧母，从小就过着流浪生活。他在码头搬过行李、洗过碗、做过面包。后来，他到一个老板家里干活，偷偷地点灯学习，可是，老板娘非常自私、残酷，在油灯上做了记号。有一次，她发现高尔基偷看书，就用带刺的棍把高尔基打得死去活来，医生从他身上拔出了 42 根木刺。过后，医生对高尔基说，你应该告她去。高尔基说，只要老板娘还允许我读书，我不去告。他就这样，用这么高的代价换取一点读书的权力，最后成了一位伟大的作家。

（四）方法

假如一个人，有理想，又勤奋，又有毅力，但这够吗？还不够。还需要两个字：方法。任何时候都要讲方法。拉斯普斯、爱因斯坦等许多伟大科学家都非常讲究方法。方法不好，成绩就会差一些。

有一个万能的方法吗？没有。因为每个人的天分不一样。我从观察中看到，人基本有两种才能。一种是思维能力，可不大会动手，让他学数学等能行，但让他修理一台收音机就不行；另一种人爱动手，但思维能力较差。至于同时具备这两种才能的人不能说没有，但比较少。大的科学家往往都偏重于一方。所以，我们要考虑自己属于哪一种。这样自己选择一种适合自己特点的方法。

（五）我的感受

第一点，你们在大学里要打好基础。这基础包括基础理论、基本技能，尤其是基本技能，更应培养。

第二点，大学里，要培养独立工作能力。我感到最重要的一点是自学能力。很多大学毕业生到了岗位上，进步不大了，原因何在？就是毕业后只知道老师讲的那一点，自己没办法学到新知识，看不懂书，脑袋里没有进货了。看书并不简单，要看一本小说还可以，但看一本数学书就不大容易了，尤其没学过数学的。所以，自学能力必须在大学里培养，这比考十门课还难、还重要。所以，要硬着头皮看书，尤其是看不懂的书，要看一两本。

学到知识后还要会活用知识。我再讲一个故事。

有一个物理学者到一饭店吃饭，要了一个烧鸡，吃完后，他拿了一点药粉撒在骨头上，就走了。过了一天，他又到这个饭店吃饭，要了一个鸡汤，在喝之前，他先点了一盏酒精灯，然后，拿了一小匙鸡汤在灯上烧。他问老板："这鸡汤是鲜的吗？""是啊。""不对，你这是陈鸡，而且是我昨天吐出来的鸡骨头熬的汤。"老板非常吃惊。"你怎么知道的？""这很简单，我昨天在鸡骨头上撒了药物，这药粉在火上一烧，就有红焰色，刚才我试了一下。"当然，我们国家不会有这种事，我只是说，要会用知识。

第三点，学会提问题。因为，我们最后不能光读书，还要研究，研究就必须善于在实际中和读书中发现问题。前不久，李政道在国内讲：你们必须学会发现问题，提出问题，这样对将来研究有帮助。光学习，是不行的，就如光会看戏一样，不会演戏。我们不仅要成为学科学的人，而且要成为研究科学的人。这样，必须先提出问题。有了一个问题，慢慢想想就会提出许多问题来。比方，我们知道没有一个整数的平方是"11"，再想，也没有一个整数平方是"111"，再推下去，我们就发现，任何一个只是由"1"组成的数都不是一个整数的平方。先观察，再假设，再证明，如果对了，就发现了一个定理，这就是科学研究的一般方法。

第四点，要积累知识，积累经验，但必须在有目的的前提下，做到有的放矢的积累，不是漫无边际的积累。这积累不是几天的事，是一件长期的事，郭沫若有非常丰富的知识，他会积累，他是个有心的人。有了方向，才在这方面积累材料。这样，他就比别人高了。所以，你们大学生要养成记笔记的习惯。

第五点，要正确处理好"专"与"博"的关系。我认为你们首先要"专"，精于"一"，不要一下子"博"，先把专业精下来，而且就专业中的一点精下来。我们不仅要知道别人知道的东西，而且，在某一方面，要知道别人不知道的东西。只有知道了世界上别人都不知道的东西，才是真正的专家，并不是任何人都是专家。否则，谁都是专家了。你如果要发表一篇论文，内容必须是别人都不知道的，这才能是"专"。也只有这个基础站稳了，才能不断扩大知识面。在一些各门科学交界处容易出成果，这样，理科同学应学点文科知识，文科学生也应学点理科知识。苏步青老教授就是这样要求学生的。当然不能本末倒置。

第六点，你们还要逐步找到帮助你们的老师。这一点非常重要。当然，有的同志是自己闯出来的。不过，我认为，有一位老师帮助更好，因为科学海洋无际。如果一位老师告诉你找一本书，你可以很快找到。否则，到哪儿找呢？找什么书呢？当然，这里说的老师是广义的，并不只是自己的导师。有一个同志数学不错，我留心了他是如何学习的。他先挑选国内一位名家，那名家的研究方向正是他想钻研的方向。然后，他一直盯着这位名人，但不一定拜访他，甚至不认识他，主要看这位名家的书和文章，别的少看，因为没精力。最后，把他的文章研究透彻了。这样，他就比那位老师强一点了，因为"他知道的我都知道，我知道的他却不一定知道。"这样，他超过了老师。这就是聪明人的聪明之处，我们可以学习这个方法。

我再讲一个故事。物理学家杨振宁曾获过诺贝尔奖，他是西南联大毕业的。他 20 岁左右，就要在国际上找一位好老师。结果，1946 年，在美国找到了费米。他请求费米帮助他。费米说，我可以帮助你，但不能具体帮助你，因为我现在有一项秘密的科研。不过，我可以找一个人，叫泰勒，帮助你。杨振宁就跟泰勒，慢慢地，杨振宁由搞实验物理转到理论物理方面，泰勒看到杨振宁搞理论物理的才华大。最后，杨振宁超过了他的老师。从这可以看到，我们在自己努力的基础上，应该争取外援，成长会更快一些。否则，我们把一个问题摸到时，头发白了三分之一，成果也不会太大了。

以上是我提供的几点建议，供参考。我觉得，青年人有精力，究竟怎样善于利用自己的精力，这决定他将来成就的大小。光有才华不够，还要知道怎样利用。这样一来，在科学上成果才能更大些。

近几百年来，出来了几位大的科学家，牛顿、达尔文、爱因斯坦，我们中国也应有一个。我们也完全可以有一流的科学家，而且，这样的人一出来可以带出一大批人来，为四化、为人类做出更大贡献。

我相信，我们在座的一定会出现许多拔尖的人才！

在教育部主办的全国高校
中外数学史讲习班开学典礼上的讲话[①]
（1984-07）

各位同志：

　　首先让我代表学校对中外数学史讲习班开学表示热烈的祝贺！对各位同志的光临表示热烈的欢迎！特别是对数学界的泰斗江老先生和吴先生的光临表示热烈的欢迎！

　　我们学校各方面的条件比较差，特别是住宿方面。同志们在这里工作一段时间，对我们有什么意见请尽量提出来，系里和学校能够满足的尽量满足。另一方面也可能有做不到的，就请同志们批评、指教和原谅！

　　这上面是代表学校说的话。下面我就不代表别的人了，只说一说我自己的想法。

　　我不是学数学史的。可是，我对数学史很感兴趣。我的数学史水平是停留在看小故事的那个水平上，看看欧拉的故事、高斯的故事。但是，这些故事却使我深受启发。办这样的数学史讲习班，不仅对数学史，而且对数学教育都会起很大的推动作用。我认为，数学史研究得好，至少可以起如下一些作用：

　　（一）可以对数学的发展趋势（不只对过去，而且对将来）有更好的了解。这对科研和教学都是很有帮助的。前些年，极"左"思潮曾使我们国家蒙受极大的危害。在当时的条件下，我们的数学教育和科研也受到影响。如果我们知道数学的历史，

---

　　① 吴文俊，主编. 中国数学史论文集（二）. 济南：山东教育出版社，1986：7-8.

知道哪些是过时的东西，哪些是值得研究和发展的东西，就不至于把历史上已经淘汰了的东西当作新的"发现"、新的"宝贝"来看待了。而所以会产生这种情况，原因之一是对数学发展过程不太了解，误把过时的东西看成了"新成果"。我觉得数学史能得到普及的话，对今后数学的发展就会起到一定的指导作用。特别是把数学和实践的关系、和其他科学发展的关系、中外的关系了解清楚，对以后就更有好处。

（二）从数学史上可以学到许多思想和方法。关于数学史，刚才两位先生都谈到了《古今数学思想》。还有很多其他的书。它们把数学家的思想是怎样发展的，他们的研究方法怎样展示出来。这对我们也是很有启发的。高斯曾经希望他周围的人多研究欧拉，说欧拉是我们大家的老师。深入研究数学大家的思想和方法，对以后数学的发展，也是会有很大作用的。

（三）研究中国数学史对发扬爱国主义也会起相当大的作用。刚才，吴先生已讲了很多。我完全赞成这两位先生的意见。吴先生谈到外国人对我们中国数学史有些不了解，有的甚至有偏见。如果我们自己对中国数学史研究得不够，这就是一个大缺欠，我们有责任把中国数学史弄得更清楚些。苏联过去谈到无线电就是讲波波夫，而很少提到马可尼。对罗蒙诺索夫，则讲得样样都行。而我们需要的是作实事求是的评价。中国数学史上的辉煌成就无疑会激起人们的爱国热情。

（四）学习数学史对启发青年学习数学是十分有益的。我看过《希尔伯特》这本书，我的孩子也特别喜欢它。多看看《希尔伯特》《数学英雄欧拉》这些书，是会启示青年怎样去学习的。在苏联，比如莫斯科大学，有严格的数学史课程。我国现在大部分学校还没有开这门课，是个缺欠。我们北京师范大学开了"中国科学史"的选修课，有许多青年选了它，感到很有益处。

最近几年出了一些数学史方面的科普书籍，如《数学的过去、现在和未来》《数学古今纵横谈》等，受到欢迎。希望以后有更多更好的科普书籍出现，多写一些普及性的文章，使研究工作与普及工作结合得更好。

我们知道，要学习中国数学史，古代的文字、概念都很难懂。我以为翻译一些数学名著是很有必要的，希望多做些注释工作。

在大学、中学要开设数学史课或讲座，我希望通过讲习班等多种形式，培训出更多的教师。祝讲习班成功！

在北京师范大学新学年开学典礼上的讲话①
（1984-09）

老师们、同学们、全校的师生员工同志们：

今天我们在这里集会，举行 1984～1985 学年度开学典礼，同时欢迎新同学入学。首先，请让我代表全校的工作人员、代表全校的老同学对新入学的 1 678 名本科生、专科生、进修生和 240 名研究生表示衷心的祝贺和热烈的欢迎！祝贺你们在入学考试中获得了成功，并预祝你们在今后的学习中取得更大的成绩，努力把自己培养成为三好学生，将来为祖国做出重要贡献！同时，我们还对来校进修的老师和干部表示热烈的欢迎！

下面，我代表学校新的领导班子，谈一谈我们对学校今后工作的设想。由于新班子刚组成，多数成员又是新手，我们的水平有限，而且对情况不很了解，所以我们的看法是初步的，难免有错误或不妥当的地方，请大家批评和指教。

1984～1985 年是一个很不平凡的年度。在这个学年里，我校将要进行或继续进行整党②和教育改革等各项重要工作。全校的师生员工将为进一步提高教学质量和科研水平，为把我校办成第一流的、高水平的师范大学而努力奋斗。

我校是一所有着悠久历史的全国重点大学，建校 82 年以来为国家培养了大批人才，其中有许多人已成为优秀教师、著名教授、学者以及国家和省市的领导人。最近，国务院已批准将

---

① 北京师范大学周报，1984-09-13.

② 1983 年 10 月，中国共产党第十二届二中全会作出关于整党的决定. 整党即整顿党的组织.

我校列为国家重点建设项目之一；国务院又批准我校建立研究生院和建立高等学校教师培训中心。这充分体现了党和政府对我们学校的重视，也说明我们学校是有相当高的学术水平和取得了很大成绩的。我们以能成为这样好的大学的成员而自豪。然而历史只说明过去，我们更应面对未来。

学校的现状如何？今后将怎样进一步发展？这些是大家十分关心的问题，也是非常重要的问题。下面分成三个方面来谈。

（一）1984～1990 年的奋斗目标和办学思想

我们的奋斗目标，是要把我校建成为全国第一流的、在国际上有影响的、高学术水平的北京师范大学。我们的主要任务是培养高等和中等学校的师资，以及科研人才和管理人才，使我校成为既是教育中心又是科研中心的重点师范大学，为国家输送适应"三个面向"①的要求、数量更多、质量更高的建设型人才，创造出更高水平的科研成果。

为了达到这一目标，关键在于加强师资队伍的建设，进一步落实知识分子政策，努力提高学术水平。对此，我准备谈六点意见：

1. 要充分发挥老教授的指导作用、中年教师的骨干作用，加强对青年教师的培养。要逐步改善他们的工作和生活条件，合理安排教师的工作，特别是要合理安排在国内外取得博士学位的同志和优秀青年教师的工作，使他们在工作中能继续锻炼成长。同时还要积极挑选一部分中青年同志出国进修或攻读学位。在学术交流上要采取开放政策，积极参加或者主办国内的学术会议，争取参加一些国际性的学术会议。希望去参加会议的同志能够拿出有较高水平的学术论文。

①　1983 年 9 月，邓小平为北京景山学校题词：教育要面向现代化，面向世界，面向未来.

2. 要爱惜、选拔和重用人才。我校是培养人才的重点大学。培养人的人，应该说，大都是有专长、有能力的有用之才。因此，每一个单位、每一个系、每一个研究所，都是一个人才库，都可以成为智囊团，说"找不到人才"，这是不对的。我们不能请诸葛亮来治校，主要只能在本校挑选，特别是起用有干劲、有能力、有改革精神、作风正派的年轻人，建设好第三梯队。对干部过于挑剔，其结果必然是埋没人才。我们不能要求一个人十全十美，不能过分纠缠旧事，主要看现在，看他现在的贡献。衡量人事工作好坏的一个主要标准就是要看能不能发现人才、选拔人才。如果长期不能发现人才、选拔人才，不能选贤举能，应该说是工作的一个缺点。我们要广开才路，要为有志于为人民做一番事业的人提供机会，让他们有用武之地。在学术上要欢迎年轻人超过自己。科学技术和文化在突飞猛进，由于年龄等自然法则的限制，任何人都很难终生工作在科研第一线。长江后浪推前浪，一代新人胜前人，这是历史的必然发展。所以，学生超过自己，是值得庆幸的好事。

3. 要积极开展科学研究。这是提高学术水平的主要措施。可以说，无科研则无大学。要加强联系实际的科研，使科研直接为四化服务。与此同时，也要重视基础理论的研究，否则必然会降低理论水平，从而也会削弱联系实际的科研。从学科分类来看，我校有教育科学、自然科学和社会科学。重视教育科学的研究，正是师范大学的显著特点，因为在综合大学里对教育科学研究得比较少。我们希望，我校的自然科学和社会科学的学术水平不能低于重点综合性大学的水平，也应该有第一流水平的工作；而教育科学的水平，在全国应该是第一流的，是最先进的。这样培养出来的学生才有后劲，才能胜任今后的工作。

4. 办好一所大学的一个重要标志是要多出名人、多出名作、多出名专业。争取多获得国家和市颁发的科学、发明、创作等各项奖励。名人包括著名的教授、著名的教师、管理人员、著名的校友和学生。名作指高水平的学术论著、科研成果、重要的发明、发现和创作。名专业指的是为社会一致公认的办得好的专业或学科。据1984年8月统计，我校共有17个系22个专业，9个研究所。我们全校的教职工共3 301人，其中教学和科研人员1 597人。教师中，中国科学院学部委员3人，教授47人，副教授、副研究员302人，讲师684人。学校可授予博士学位的学科22个，可作博士研究生导师的有29人，可授予硕士学位的学科62个，导师有284人。我们希望这些数字能逐步增加。为了培养更高水平的人才，今后我校将适当控制本科生的发展数量，大力发展研究生和高等学校助教进修班。上学期我校在校学生5 333人，研究生364人（约占全校学生总人数的7%）。到1990年，计划学生人数为1万人，其中研究生人数为1 500人（百分比为15%）。

5. 努力做好学生工作。梁启超曾说过：青少年人如朝阳、如乳虎、如春前之草、如长江之初发源。今天的青年，更是朝气蓬勃，奋发向上。学校的责任就是要利用一切有利条件，加强对他们的培养，使他们在政治上更加热爱祖国、热爱人民、热爱党、热爱社会主义和热爱劳动；业务上打好基础，早日掌握现代的科学技术和文化知识，逐步具备从事社会实践和独立工作的能力；还要要求他们身体健康，能胜任组织交给的任务。学生工作绝不只是少数人的事，需要全体老师、干部的努力和同学们的主动配合。我们要求同学们根据"三个面向"的要求，努力培养勇于开拓、进取和创新的精神、高尚的道德情操和全心全意为人民服务的思想。我们希望同学们毕业以后都能成为有用之才，其中不少人能成为国家的栋梁。

6. 加强团结，为一个共同目标而努力奋斗。我校工作人员很多，有教师和研究人员，他们战斗在教学和科研的第一线；有党政等工作人员，他们对学校的领导、规划和管理起着重要的作用；还有广大的后勤工作者，他们为全校师生员工的工作和生活创造条件。这三部分同志的亲密合作是非常重要的。应该看到，我们学校在前任领导班子的领导下取得了很大成绩，做了许多有益的工作。但由于"文化大革命"的创伤不是很快就能消除，加上一些其他的因素，因此，工作中还有不少困难，有的还是相当大的困难，我们还欠了不少的"债"。例如我们的教学楼、图书馆不够，宿舍紧张，一些教师和职工的两地分居问题未能得到及时解决，一些实验室的装备比较落后等。这些困难是前进中的困难。如果我们学校不发展，那我们的宿舍就够用了。这些困难是能够克服的，不过需要相当长的时间，更需要我们共同努力，大家都要采取主人翁的态度。行政后勤人员要多为教学、科研着想，尽量为全校的师生创造条件，不断改进自己的工作。同样，教师和同学们也要看到问题的复杂性，尊重后勤同志的辛勤劳动，体谅他们的困难。人（人才）、财（资金）、物（图书、仪器、设备等）、建（建筑）是学校的四项基本建设。只有两方面的亲密团结和合作，才能加快建设的速度。

（二）加快改革的步子，更好地为四化服务

教育改革是大势所趋，势在必行。允许在改革中犯错误，但不允许不改革。我们要以"三个面向"为指导思想，为人民服务。要从实际出发，经过实验。不要求一个模式，不能搞一刀切、一阵风、一哄而起。改革的目的是为了多出人才、快出人才、出好人才，是为了多出好的科研成果，而不是为了赚钱。在有利于出人才、出成果的条件下，搞一点创收是必要的，这

样反过来会有利于教学和科研，有利于改善群众的生活。根据我校的现实条件，我校的领导体制现在仍然是党委领导下的校长负责制。我校的改革工作已经进行了一些试点。改革主要是两方面：一是体制改革，一是教学内容改革。体制改革方面，以化学系和低能核物理研究所为试点单位。在教学内容的改革方面，则正在历史系和中文系进行。经过半年多时间的探索，取得了一些成绩和经验。化学系的效果更显著些。在试点的基础上，我们要全面地进行下列五项改革工作：

1. 扩大系和研究所的自主权。把原属校部的一部分权力下放给系和研究所，实行校长领导下的系主任或所长的责任制。

2. 有步骤地建立三位一体的岗位责任制。"三位一体"指的是责任制、考核制、奖惩制。在此基础上实行浮动奖金，取消大锅饭。

3. 实行人员流动，充实和调整干部队伍。干部的选拔有两个方面：一是从原单位提拔新人，二是从外单位抽调一些人来充实行政与后勤。在这里，我向各系、所的领导和同志们呼吁：学校需要全校的同志共同来办，需要各个单位的支持，绝不是几个人能办好的。整个学校办好了，各个系、研究所的工作也就办好了。学校的困难，也是各系、所的困难。比如说，研究生楼建不起来，各系研究生的培养就要大受限制。所以，希望各个单位从大局出发，把你们单位中的又红又专、出类拔萃的人输送一些到学校各个部门去，或者借用一个短的时期，然后"完璧归赵"。请把你们的人才库打开，把你们最尖端的"武器"拿出来，让他们大显身手，早日把学校办好。

今后聘请教师，必须严格把住德、智、体三道关，并适当注意年龄。不能碍于情面，降低要求。可以先请他们来讲学，再作决定。至于留助教，一般应在硕士生中选拔。对少数不适宜于现任工作或有特殊原因的同志，可以调动，以便充分发挥他们的作用。

4. 教学内容的改革，这是最重要的改革。它包括教学计划、课程体系、教学大纲、课程内容、教学方法的改革等。要根据"三个面向"的要求，充分考虑到现代科学技术的新成果，对上述各方面进行积极而又稳妥的改革。

5. 各部门（如后勤、基建等）要根据教学科研的需要以及现实情况进行改革。后勤的面广、人多，工作又复杂又重要，涉及全校各系、所、各家各户的工作和生活，与群众的切身利益息息相关。后勤同志已经做出了许多成绩，希望再鼓革命干劲，搞好改革。通过改革，把工作再突上去，不断地提高工作的质量。对后勤如此，对其他的单位也同样要求。

6. 在保证教学和科研任务顺利完成的前提下，做好创收的工作。通过创收，改进教学科研条件和群众生活，实行浮动奖金。目前我校创收的途径有：一些企业单位如出版社、工厂的生产利润，教学、科研和生产三结合单位中的生产利润，技术转让，科技服务，委托代培以及各单位自己的创收等。1984 年全校的创收，有所增加。但比起一些工科大学来，还是很少的。希望以后能继续广开财路，增加一些收入。

（三）发扬民主，加强领导，改进工作作风

主要谈三点意见：

1. 各级领导班子必须发扬民主，联系群众，虚心向全校的师生员工学习，听取群众的意见。中国古话说，"兼听则明，偏信则暗"。我们诚恳地请求全体同志给领导班子以帮助和指教，使我们能更有效地工作，少走弯路。每星期一下午两点到五点为正、副校长接待来访的时间。当然，其他时间也可以来谈工作。有些办公会议还可以到下面去开。我们自己应该走出去，到系里去，到其他单位去。通过各种办法来联系群众。在充分听取群众意见的基础上，还必须加强领导，改变软弱涣散的局面。凡是党委的决议，凡是校领导的决议，必须坚决地执行，绝不允许阳奉阴违，拖延不办。有意见可以提，但是在改变决议之前必须执行。一般地说，下级服从上级。同样，各个系、所、处的决议，下级也必须执行。不这样，工作就无法推动。

2. 做好思想工作，同时必须奖罚分明。对于一般性的意见分歧要耐心地进行讨论，逐步取得一致性的意见。如果不能够一致，可以保留，但是不能阻碍组织决议的贯彻执行。对于一般性错误也要进行思想教育。但是思想工作不是万能的，必须同时注意奖罚分明。对有重大成就的教师、学生、科研人员、党政工作人员、后勤工作人员，必须进行奖励，打破大锅饭。对其中贡献特别大的，必须重奖。另一方面，对违法乱纪、以权谋私、严重损害国家和人民利益的人，必须处分；对情节特别恶劣者必须重罚；对极少数长期不接受组织分配的任务，只谋私利，坚持错误的人，要严肃处理；对领导班子，请大家严格要求、监督和帮助。

3. 改进工作作风，提高工作效率。提倡开短会、开有准备的会，不要议而不决、决而不行。以后凡是有教师、科研人员或学生参加的行政工作会议，都限制在下午 3 点以后，而且一次不得超过两小时，不能在上午召开。否则可以拒绝出席，可以中途退出。凡是不符合此规定的，必须先报到校长办公室，经过批准才能召开。至于极少数特殊情况如接待外宾，则另作别议。提倡说短话、写短文章，简明扼要，开门见山。是某部门的事，就由该部门去办，不能互相推诿、扯皮，无人负责。工作要限期完成，不能拖拉。不能完成的要说明原因。如严重失职，造成重大损失者，应追究责任。我们要养成既慎重又富于进取精神、坚决果断、敢于负责、高效率、高速度的工作作风。总起来说，我们的工作虽然还有困难，但是我们有党和政府的正确领导，有全体同志的共同努力，有我们学校光荣的革命传统的鼓舞，有学校优良的严谨的学风的熏陶，我们一定能克服一切困难，把教学、科研等各项工作做得更好、更出色，以此来迎接中华人民共和国成立 35 周年。我们要齐心协力、埋头苦干，为把我校建成全国第一流的、在国际上有影响的、具有很高学术水平的师范大学而奋斗！谢谢大家！

在北京师范大学第一届
教职工代表大会上的报告①
（1986-01-24）

各位代表、各位领导、各位来宾、各位同志：

现在，我谨向大会报告学校工作，请大家审议。

第一部分：一年多来学校工作概况

1984 年 9 月，我校组建了新的领导班子，调整充实了部分系、所、部、处的领导人。调整之后，校级干部 10 人，平均年龄 55.7 岁，其中正、副教授 5 人。系、所级干部 162 人，平均年龄 49.4 岁，其中正、副教授 58 人，占 35.8％。1984 年 11 月，我校实行校长负责制，在国家教委和北京市委的领导下，经过全校师生的共同努力，学校的事业在不断发展。我校先后建立了研究生院、教育管理学院和高等学校师资培训交流北京中心。1985 年全校学生总数已达 12 000 余人，其中本、专科学生 6 222 人（比 1984 年增加 1 092 人），研究生 871 人（比 1984 年增加 276 人），进修生、留学生和其他学生 600 余人，夜大生和函授生 4 900 余人（其中大部分是在职的中小学教师）。一年来，全国教师节的确定和《中共中央关于教育体制改革决定》的公布，为我们办学提供了很好的条件。赵紫阳、万里、胡启立、胡乔木等中央领导同志十分关心我校的建设，先后来我校调查研究、指导工作，对我们是极大的鼓舞。在这样有利的形势下，我们全校师生员工积极向上、朝气蓬勃，使学校各方面

---

① 北京师范大学周报，1986-02-25.

的工作都取得了一定成绩。

（一）关于教学工作

几年来，我校为国家输送了五届本科毕业生共4 900余名，三届研究生共250余名，绝大多数毕业生分配在教育部门担任人民教师，他们积极要求进步，作风朴实，埋头苦干。大多数毕业生业务知识扎实，能够较好地完成本职工作，成为教学骨干。有不少毕业生担负了一定领导工作，有的立功受奖，受到使用单位的好评。本科生中有800多名考上了硕士研究生，考取研究生的比例逐年增大。

1985年，中文、历史两系的夜大学共毕业学生474人，台籍班毕业生115人，教育管理学院轮训高校管理干部117人。自去年起恢复了函授招生。

为了提高教育质量，我们首先着重抓了本科生的教育改革。在调查研究的基础上，制定了教学改革的12项措施，从本学期开始，已在全校逐步实行。

加强基础课教学，是提高本科生教学质量的重要措施，上学期作出了骨干教师上基础课的决定。各系都相应地采取了有效措施，保证骨干教师上第一线。目前，文科8个系共开设130门专业基础课，主讲教师141人，其中副教授以上32人，讲师68人，占主讲教师的70%；理科也有49名副教授以上教师讲基础课，占教授、副教授的34.5%。

经国务院批准，我校作为22所院校之一，于1985年1月成立了研究生院，培养研究生的工作有了较大进展。我校已有62个学科专业有硕士学位授予权，硕士生导师284人，其中教授11名，副教授273名。还有22个学科专业有博士学位授予权，博士生导师29名。近年来，研究生招生人数增长较快，1985年共招硕士生及研究班研究生482名、博士生46名，招生人数比 1984 年增长 53.3％。三年内共授予硕士学位 216 名，博士学位 11 名。为提高研究生培养质量，各系（所）的导师在总结经验的基础上，普遍对培养方案进行了修订，坚持"三个面向"的原则，重视专业课内容的不断更新，重视研究生能力的培养，全校共开出 314 门专业基础课和 560 门专业必修课及选修课。经过几年来不断积累经验，制定了有关研究生招生、学位和学籍管理等规章制度，加强了对研究生的管理。

为了扩大学生的知识领域，为本科生开设了全校性选修课 127 门，普遍受到学生欢迎。

加强师资队伍的建设，是提高教学质量的重要保证。我们逐步建立了教师工作量制度、业务考核制度，并组织中、青年教师脱产或半脱产进修，为他们提高业务水平创造条件。1978 年以来我校共选派 280 多名教师出国进修或讲学，其中近一年来派出的有 150 多人。为了提高教师的外语水平，1984 年建立教师外语培训中心，计划培训教师 600 名，一年多来已培训教师 100 余名，对提高我校教师的外语水平起了促进作用。

我校图书馆在人员紧张、设备陈旧的情况下克服了许多困难，千方百计为师生员工设立开架借书业务，保证了图书资料的供应。

根据学校的统一部署，各系都修订了教学计划，抓了教材建设工作。1984～1985 学年，共发行教材 174 种 42 000 余册，自编教材 2 422 种，337 100 册。

此外，还加强了对毕业班教育实习的领导；修订了本科教学管理的各项制度和办法，部分改善了教学条件。学校还在化学、生物、中文、历史、无线电 5 个系，分别对课程设置、教学内容、教学方法进行改革试点，图书馆学系大胆改革，在计算机应用教学上取得了可喜的成绩。

（二）关于科学研究

一年来理科各系、所共承担各类研究项目 170 多项，其中属于国家基金项目 26 个，国家教委基金 6 项、国家教委合同 20 项，获得各种科研经费 270 万元。发表科研论文 310 篇，出版专著 24 种，召开学术鉴定会 23 次，有 10 项科技成果获得有关部委或北京市的奖励。在首届全国技术成果交易会上，我校成交额达 1 135 万元，荣获一等奖，走在高校前列。文科各系、所初步制订了"七五"研究规划和重点学科建设计划，为 1985 年确定全校的科研总体规划打下了良好的基础。我校学者承担的国家"六五"研究计划任务和部委、北京市委托的研究工作共 19 项，绝大部分按预订计划完成了任务，受到有关部门的好评。一年多来，文科系、所的教师，共发表科研论文 500 多篇，出版专著 60 多部，有的专著和论文获得优秀著作奖。1984 年，制订了我校历史上数量最多的文科教材编选规划，要在近几年编选 140 种教材，其中 70 项已列入国家教委的全国文科教材编选计划。有 40 种今年可以完稿，交付出版。

在重点学科评估的基础上，研究了加强博士点建设的意见，逐步配备博士生副导师。经国家教委批准文、理科博士点专项科研基金共 31 项，拨款 30.7 万元。

为了加强科学研究，我们调整充实了研究机构，新建了儿童心理研究所、古籍研究所、数学研究所、中学教学研究中心。目前我校在社会科学方面和自然科学方面的研究所共有 14 个，并有一批研究室。

（三）关于后勤工作

为了更好地为教学和科研服务，为全校教职工的生活服务，一年来后勤各部门着重抓了管理制度的改革，逐步使后勤工作实行社会化。

经过一年努力，全校师生员工的学习、工作、生活条件有了一定改善，1984 年共完成基建投资 661 万元，竣工房屋面积共 26 697 m²。学生食堂、生地楼、研究生楼、大锅炉房交付使用以后，教学用房的困难稍有缓和。22 楼、23 楼两幢宿舍已交付使用，一年来，为 211 户分配了住房，拆迁和调整 48 户，在一定程度上缓和了生活用房紧张的局面。

为了解决我校多年来雨季排水困难和住房被淹的问题，在全校同志们的大力协助下，克服了在施工期间带来的不便，完成了排水工程，并为铺设煤气管道做好了准备。1985 年的基建进度也较快，力争拆迁后新建的两幢宿舍楼、专家楼、留学生楼年内交付使用，1985 年正在加紧施工的还有化学楼，竣工后将会进一步解决教学用房的紧张局面。

此外，为了改善教职工的健康和生活条件，开放了新建的澡堂，校医院为全体教职工做了身体检查；后勤对全校各厕所进行了维修；逐步在宿舍区建了存车棚等。为了迎接教师节，赶修了科学文化厅，校园的绿化工作一直保持市先进单位称号。本学期还加强了对伙食工作的管理，在改进服务态度、提高服务质量方面也有一定成绩。

为了提高后勤职工队伍的素质，成立了技工学校，为本校的后勤部门培养后备力量。后勤部门的广大干部和职工，团结一致，克服了许多困难，进行改革试点。

（四）加强普教研究，通过多种渠道为中小学服务

为中小学服务，是我们师范大学的重要任务。一年来，我们有 14 个系接收了 600 多名中学教师免费旁听 80 多门专业课；函授、夜大的学生也大部分是中小学教师；各系、所利用节假日为中学教师办系列讲座 70 余次，有 6 000 多人听讲。假期为中学教师举办的短训班，已有 1 500 多人参加学习，接收进修

教师和为全国优秀政治教师举办短训班，已列为我校的经常工作。

在普教研究方面，我们参加了国家教委主持的重点科研项目，开始五、四、三学制的阶段性实验，并编写出一部分实验教材，正在试用。

在电化教育方面，我们为全国各省市拍摄理化实验教学的系列录像，为山西、新疆边远地区制作高中各科教学的系列录像，都受到中学的欢迎和好评。我校出版的全国性杂志中，有六种是为中小学教育服务的。我校出版社为中小学教师出版各种参考书 160 多种，发行 100 多万册，普遍受到中小学教师欢迎。

为了帮助边远地区解决中学教师短缺问题，自 1984 年以来，我们采取代培、定向招生等方式，为新疆、青海、云南、四川、陕西、内蒙古、湖北、山西等省和自治区培养本科生或专科生 600 余名。

（五）关于对外交流

在外事工作方面，一年来聘请长期专家和外籍教师 13 人、短期专家和顺访学者 20 余人，这对提高我校师生的外语水平、促进学术交流、扩大我校的影响起了积极作用。一年来，我校还先后同 10 个国家的 36 所大学建立了校际联系。接待了 20 多个国家和地区的外宾 600 多人，并经国务院批准，授予马耳他共和国总统巴巴拉名誉教育博士学位，我们接收长期留学生 121 人，短期留学生 125 人，正式成立了留学生部，为进一步开展国际交流创造了条件。

在国内，除与兄弟院校开展学术交流外，我们成立了校友会，加强了同校友的联系，动员他们为办好师大献计献策。校友会举办了老年人大学、幼儿英语补习班，受到了社会上的好评。老校友中的许多专家、学者和模范教师，撰写回忆录，返校作报告，并向学生进行革命传统教育。在校友们的支持下，校史征集研究室征集了大量校史资料、珍贵的照片和文物，并正式编印出版校史丛书十余种300余万字。

（六）加强学生的政治思想工作

在新形势下，如何掌握学生特点，有针对性地做好政治思想工作，是一项重要议题。1985年暑假专门召开了学生思想工作会议，培训了主管学生工作的党政干部，进一步明确了学生工作的指导思想。

一年来，注意根据学生的才能、品德的差异，有层次地开展了理想教育和革命传统教育。许多同学开展了与边防战士的通信和对话活动，从而受到了深刻的爱国主义教育。"一二·九"前后，在全校开展访问老校友、请校友回来座谈等活动，同学们受到了生动的革命传统教育。学生中的社团组织促进了学校的文化活动和学术活动的开展，全校的文化活动比过去更加丰富多彩。

在对学生的管理方面，严格执行校纪，及时处理了违反校规校纪的个别学生。

除上述六项外，一年来还抓了教师学衔（职称）评定、工资改革、落实知识分子政策、安全保卫等工作。全体教职工一年来克服了许多工作上、生活上的困难，顾全大局、任劳任怨、奋发图强，使我校的各项工作取得了可喜的成绩。这些成绩的取得，是与中央领导同志的关怀和国家教委、北京市委的直接领导分不开的；是与我校党委和各级党组织的监督保证作用分不开的；也是全校教职工辛勤劳动的结果。在这里，我代表学校的领导班子，对上级领导和全校同志们，表示衷心感谢！

下面，谈谈我们的困难和问题：

在我们的工作中，还存在不少困难和问题，主要反映在以下四个方面的矛盾上。

（一）事业的迅速发展与现实条件不能适应的矛盾

随着教育事业的发展，国家对学校的要求越来越高，我们所担负的任务也越来越重。我校的规模在迅速扩大。以招生为例，1985年暑假本科生毕业849人，而招进新生1 340人，增长了50%；1985年研究生毕业228人，而新招480人，在校生人数增加了一倍。发展速度如此迅速，然而各项设施、人员和房屋都远远不能满足事业发展的需要。

用房十分困难，教室、宿舍、图书馆都很紧张。由于教室不够，有的系目前还在地下室上课；由于宿舍挤，我们不得不动员一部分本市学生走读；我校图书馆是20世纪50年代设计施工的，当时只有5 000名学生，不到百万册藏书。现在学生已近万人，藏书250万册，书库已达饱和状态，许多新书和外文书上不了架，阅览室的座位远不能满足读者的需求。教职工中还有662人无房，有500户教职工居住困难，由于我们的经费不足，教学设备的更新，也远远跟不上形势发展的需要，有的实验室还在用30年代老北京师范大学、老辅仁大学陈旧老化了的设备。

（二）改革形势的发展与我们管理水平不相适应的矛盾

全国改革的形势在发展，我校在各项工作上也迈开了改革的步伐，由于缺乏经验，出现了不少新问题，主要表现在如何正确处理集中管理与放开、搞活的关系，提高教学质量与创收的关系；而在创收中，又有公与私、全校和部门的关系等，缺乏规定和标准，没有严格的审批和管理制度。在财务问题上，监督检查工作没有跟上，制度不够健全；在后勤工作中，要不断明确为教学服务的指导思想；在调整机构方面，还需要进一步通过实践，进行研究，总结经验。

（三）新形势下对思想工作的要求与我们思想工作现状的矛盾

在新形势下，教师和学生思想都出现了一些新情况和新问题。由于政工队伍、管理队伍不够稳定，甚至后继乏人，再加上我们的作风不够深入细致，从而一些工作没有做在事前，造成被动。当前正确掌握政策，稳定政工队伍和管理工作队伍，有针对性地调查研究，在力所能及的条件下制定切实可行的方法，做好思想工作，是我们的重要任务。

（四）中心工作与临时性突击工作的矛盾

教学和科学研究，应当成为学校的中心工作。但是长期以来，教学和科研经常被一些临时性的工作所冲击。如校长办公会研究教学、科研的内容的次数不及半数，而临时性的、应付局面的内容却很多。忙于解决各种有关人、财、物、建等迫切问题，很少有时间深入到系里了解情况或听课。检查起来，主要是领导思想上没有真正把教学和科研工作，摆在学校中心工作的位置上。

从客观上讲，由于种种原因，造成了本来是经常工作，却变成了临时突击性工作。如学衔评定、工资改革等停顿了两年，现在搞起来又很紧张，就要突击，牵扯了我们很大精力。又如由于社会上一些因素的影响，加上我们在管理工作、后勤工作上的缺点，少数学生思想上发生波动，我们又不得不花很大精力去研究和解决。

上述问题的存在，虽然有很多客观原因，但是从我们领导主观上检查，主要是新班子组成后，忙于解决人、财、物、建等迫切问题，对学校的宏观管理研究不够，对学校全面情况摸得不透，又缺乏管理工作的经验，在众多的问题面前，积极探索的精神不够，魄力不大，对有些工作推行不力。

在新的一年里，我们学校领导班子，愿意和全校教职工同志们一道，发扬成绩，克服缺点，在我校的各项工作中，开创新局面。

第二部分：今后工作的设想

如何办好师范大学？这是全校教职工共同关心的问题，我代表校领导班子在这里对于办学的奋斗目标，以及工作的指导思想提出一些初步想法，供代表同志们讨论。

（一）进一步明确学校的奋斗目标

学校的奋斗目标是我们全校教职工共同努力的方向，也是全校万名师生员工统一意志、统一行动的依据。1984年9月，我们在学校开学典礼上提出了"要把我校建成为全国第一流的、在国际上有影响的、高水平的师范大学"这样一个目标，得到了广大师生员工的赞同。这个目标表达了办好师大的质量标准。在数量方面，学校的发展规模经原教育部党组批准，确定至1990年在校学生总人数达到10 000名（其中：本科生6 800名，研究生1 500名，进修生1 500名，外国留学生200名），按照这个规模测算，学校的建筑面积将从现有的28万平方米增加到53万多平方米。

不久前召开的全国中小学师资工作会议指出，"一般说来，高师本科培养中等学校的师资""研究生的培养方向，主要是为师范院校、进修院校输送合格师资，同时培养一部分教育科研骨干"。会议还指出，各级师范学校要"在学校本身所属的层次上为发展基础教育扎扎实实地做出更大的贡献""某些高等师范学校在某些非师范学科上具有很高水平，应当发挥它们的作用。"这为我校的培养目标指明了方向。根据会议的精神，从我校的实际出发，应充分发挥我校现有人才和设备的优势。我校的主要任务是：培养高等学校和中等学校的师资以及部分科学研究人员、理论工作者和管理干部。为完成这一光荣任务，必须把我校建设成为高水平的师范大学，因为教育要面向现代化，面向世界，面向未来。我们所培养的未来的教师应该能够适应20世纪末期和21世纪前期我国经济、社会的发展和科学技术的进步，我们要以先进的科学技术和文化知识去教育培养下一代。从这个意义上讲，作为人民教师的摇篮，北京师范大学必须是高水平的，所谓的"师范性"和"学术性"应当是统一的。

我校又是全国师范院校中历史最久的一所重点大学。正如全国中小学师资工作会议指出的，"重点师范大学与其他重点高等学校一样，应当充分发挥自己作为教育中心和科学研究中心的作用，但是，这个教育中心是为基础教育培养师资的中心，这个科学研究中心首先是教育科学研究中心。"因此，要把我校办成两个"中心"，既要培养高质量的学生，又要有高水平的科学研究。当然，在这里应该强调的是，为基础教育服务，搞好教育科学研究是我校第一位的、首要的任务，其他已经具有一定基础的非师范学科，也要争取更高水平。

要使学校达到高水平，各个系、所、部、处，各个单位都应争取高水平、多贡献，只有各个部门的高水平，才能形成整体的高水平。

总之，把我校建设成为高水平的师范大学，争取为发展我国的教育事业，特别是为培养师资多做贡献，这是我们应尽的责任，也是党和政府以及其他兄弟师范院校对我们的期望。

为建设高水平的师范大学应从哪些方面来努力呢？

1. 要有第一流的教育水平。学校的教育水平应该反映在学校培养人才的质量上，我校培养的人才，应该是德、智、体全面发展，又红又专，应该有理想、有道德、有文化、有纪律，热爱社会主义祖国和社会主义事业，特别是作为北京师范大学的学生，还应该热爱人民教育事业，有为发展我国的教育事业而艰苦奋斗的献身精神，有优良的师德和学风。为使我国赶上世界先进水平，未来的教师不仅应该掌握宽厚的专业基础知识，而且要了解现代科学技术和文化的新发展，他们要有不断追求新知，实事求是，独立思考，勇于创造的科学精神，还要有健康的体魄和一定的文化艺术修养。

第一流的教育水平离不开第一流的教师队伍，这个队伍中应当有相当数量的著名专家和教授，这样才能培养出高质量的学生。

2. 要有高水平的科研成果。高等学校人才集聚，是国家科研队伍的一支重要力量，应该在科研方面为国家和社会做出贡献。我校现在已经有了一支 300 多人的专职科研队伍，还有人数更多的兼职科研人员，我们要发挥我校在基础研究方面的优势，并使其稳定地持续发展，同时要加强应用研究，这是把基础研究成果转化为实用技术的必要环节，还要注意开发研究，力求打开新的局面，特别是对那些可望获得重大效益的课题，要集中人力、物力，争取尽快取得成就，积极承担国家科研项目，争取使我校有更多的科技成果进入技术市场。

3. 要有第一流的学科。学科的水平反映了学校的学术水平，《中共中央关于教育体制改革的决定》指出："重点学科比较集中的学校，将自然形成既是教育中心，又是科学研究中心。"为办成高水平的师范大学，必须加强我校的学科建设，争取使我校有更多的学科被列为全国的重点学科。同时，要在我校现有学科的基础上，重视新兴学科、交叉学科和边缘学科的建设，要为发展新学科创造条件。

在学科建设中，特别要强调我校教育学科的建设。教育学科是我校的特色，也是目前我校的主要优势之一，我们要进一步发展这个优势。教育科学研究必须面向实际，研究当前教育实践提出的许多新课题。要促进我校教育科研力量的联合，不仅要联合我校教育口的各单位，还要联合校内有关的文、理科各系（所），建设高水平的教育学科应该是全校共同关心并积极参加的光荣任务。

4. 要有高水平的政治思想工作。做好学校各类人员的政治思想工作，是办好学校的根本保证。要加强对马列主义理论的学习和研究，开展经常性的形势任务和党的方针政策的教育，要建立一支又红又专、专兼职相结合的政治工作干部队伍，既要有精干的、数量不多的专职政治工作干部，他们是学校政治思想工作的骨干力量，同时又要有相当数量的、兼职的政治思想工作干部。教师要教书育人，发动更多的教职工和学生共同做好政治思想工作，研究生的导师要关心所带研究生的政治思想和品德。通过多种渠道开展政治思想工作，方法要灵活多样，要不断总结在新形势下政治思想工作的新经验。要逐步使学校政治思想工作规范化，研究建立一套适合学校情况的、比较系统的政治思想、道德教育大纲，加强学校政治思想工作的科学性和计划性。

5. 要有高水平的学校管理。学校要出人才、出成果都离不开有效的、高水平的管理。搞好学校管理，首先要有一批水平较高的管理干部，他们应该懂得办学规律，掌握一定的管理知识，有相当的工作能力，并有办好学校的决心和苦干实干的精神。学校要逐步建立、健全科学的、合理的规章制度，建立对各项工作的评价标准，加强考核，提高工作效率和办学的经济效益。

（二）重视人才是实现目标的关键

学校的奋斗目标，要靠人去实现，为了办好高水平的师范大学，关键是要重视人才，抓好学校教师、管理（包括政工）

和后勤三支队伍的建设。目前我校的教职工队伍中，各类人员的结构比例不尽合理，队伍老化比较严重，许多单位的人员数量不足，质量有待提高。由于人员管理和政策方面的问题，影响了一部分同志的积极性。为了建设好我校的教职工队伍，应该进一步明确以下几个问题：

1. 办好学校要重视各类人才。不论教师、科研人员，还是教辅人员、政工干部、行政管理干部、工人，都是办好学校不可缺少的。一个大学要有相当数量的、有突出成果的教授、专家，还要有一大批知识渊博、有教学经验、教书育人的教师，和懂得业务、勤奋工作的教辅人员，有丰富管理经验、安心本职工作的行政管理人员，有钻研技术、全心全意为人民服务精神的后勤工人等，各类人员都应该在本岗位上做出成绩，成为本行业的专家。要发挥老教授、老同志的指导作用，又要发挥中青年教职工的骨干作用。目前中年教师大都工作在教学科研第一线，肩负重任，做出了很大的贡献。我代表学校领导对坚守岗位、辛勤劳动的同志表示衷心的敬意和亲切的慰问，并要努力改善他们的工作和生活条件。

2. 不断提高教职工队伍的政治素质和科学文化水平是办好学校的战略措施。为此，要重视教职工队伍的培训和提高，对现有各种脱产进修、在职进修人员要加强领导、检查和督促，教育教职工正确处理好工作与学习的关系，学习进修是为了更好地工作。坚持以在职进修为主，在国内学习为主，脱产学习和出国学习必须与学术梯队、干部梯队的建设结合起来，通盘考虑，全面安排。

3. 鼓励拔尖人才的成长。由于个人的能力、基础、成长的道路不相同，因而人才成长和发展是不平衡的。要鼓励拔尖人才的成长，优秀的人才需要周围同志的支持和帮助，同时，他又可以带动其他同志共同进步。拔尖人才的出现，也在一定程度上反映了我校教职工队伍的水平。为此，学校应该创造条件，使各方面的拔尖人才更快地成长。

4. 人才流动是我校教职工队伍保持生气、有活力必不可少的长期方针。为此，一方面要积极引进急需人才，特别是有些新兴学科或领域，我们知之甚少，需要引进一些德才兼备的中青年同志来校工作，对他们的工作和生活应提供较好的条件。同样地，对我校培养的优秀的博士生和硕士生，也要如此，使之能安心在学校工作。另一方面，对于那些长期不能发挥作用，人浮于事，不做工作或无工作可做的，要进行调整。到达离、退休年龄的人员，应严格按照上级有关规定办理离退休手续。

（三）实现目标必须立足改革

改革是当今时代的潮流，我们应该沿着《中共中央关于教育体制改革的决定》所指引的方向，积极稳妥地进行学校各方面的改革，通过改革实现学校的奋斗目标。

1. 关于校长负责制。高等学校的领导体制由过去的党委领导转变为校长负责制是一项重大的改革，其目的是要逐步建立一种具有中国特色的、社会主义的领导体制。这种体制要有利于学校的科学管理、有利于发扬民主，有利于加强和改善党的领导。我校是实行校长负责制的试点单位，经过一年多的实践，积累了一些经验，但还有许多问题有待探索研究。校内各方面的关系要进一步理顺，如何处理好民主与集中的关系，如何发挥党委的监督保证作用等，要在实践中总结研究。

2. 教育思想、内容和方法的改革，是一项长期的、细致的工作。教学计划和教学内容的改革是改革的核心部分。我校是一所历史悠久的老学校，我们应该继承发扬我校固有的优良传统和学风，同时，对不适应现代教育要求的旧的影响，也应该以积极的态度进行改革，在教学改革过程中，会出现这样或那样的新的形式、新的试验，不论花样千变万化，但我们必须牢牢记住《中共中央关于教育体制改革的决定》中所指出的，"改革的根本目的是提高民族素质，多出人才，出好人才"。所以教学上的任何改革都必须以这个根本目的来衡量，看是否有利于多出人才，出好人才，教学改革的结果是否促进教学质量的提高。总之，教育改革必须尊重教育工作的规律和特点，一切从实际情况出发，既要积极又要稳妥，注意试验。涉及面广、影响面大的改革，应该经过领导的批准。

3. 行政管理和后勤服务工作改革的指导思想，是更好地为学校的教学科研服务，为师生员工的生活服务，行政机关要为教学科研第一线服务，为基层服务，而不是反过来。在工作中要反对一切向钱看的思想，衡量行政管理和后勤服务工作改革成败的标准要看是否提高了服务质量，是否提高了办学的经济效益和办事的工作效率。

第三部分：近期内学校的工作重点

"千里①之行，始于足下"我们如何为实现学校的奋斗目标开始工作呢？许多代表已经在提案中提出了很好的意见和建议。这次教代会是一个很好的机会，欢迎大家为办好北京师范大学献计献策。我们将吸取大家的意见，制订具体的工作计划，我在这里先提出近期内应该抓的工作重点，请大家审议，并进一步补充完善。

（一）扎扎实实地提高教育质量

实现学校的奋斗目标要有一个过程，当前在我们的实际工作中，要从学校的现实出发，根据现有的师资、房屋、设备等

---

① 1 km＝2 里.

条件，近几年内要控制学校的发展速度，扎扎实实地抓提高教育质量，在办学中以质取胜。

1. 要重视学生德、智、体全面发展，提高学生政治素质。要加强学生的政治思想和道德品质教育，对学生进行热爱人民教师职业的教育，改进马列主义政治理论课的教学，加强政工干部队伍的建设，教师要言传身教，教书育人。

2. 加强基础课教学，安排优秀教师上基础课。各系教授、副教授为本科生一、二年级教基础课的人数应该逐年增加，不得减少。

3. 提倡勤奋、进取、尊师、爱生的优良风气，在全校形成读书研究的风气，热爱教育工作的风气，使学生在浓厚的学术气氛中，在尊师重教的环境中受到影响和熏陶。

4. 努力办好新建的研究生院、教师培训中心和教育管理学院。

5. 不断提高全校教师、学生的外语水平，重视并改进外语教学，提高公共外语课的教学质量。

6. 逐步改善教学条件，保证必要的图书资料、实验器材以及其他教学材料的供应。要充分、有效地利用校内各单位现有的电化教学设备，使之更好地为教学科研服务。

（二）加强学科建设，搞好科学研究

1. 加强重点学科的建设，要在人力、设备、经费方面择优扶植，突出重点，有条件的学科，要争取成为国家教委的重点学科。加强学科的梯队建设，争取在三五年内使我校的博士生导师由现在的 29 名增加到 80 名。

2. 要重点扶植教育科学方面的研究，争取为全国教育体制改革多做贡献。还要结合当今社会、政治、经济发展中的现实问题，重视开展马列主义理论的研究。

3. 发挥我校在基础研究方面的优势。建设我校自己的重点实验室，使之逐步成为培养高级专门人才和进行高水平科研的基地。有条件的实验室，要争取成为国家的重点实验室。

4. 加强应用和开发的研究，争取承担国家"七五"科技发展计划和重点攻关计划中的任务，加强与各省市、企业、事业单位的横向联系，在各种类型的研究与开发中做出更多的成绩。

（三）为发展基础教育多做贡献

为普及基础教育服务，提高中小学师资的水平，这是我们师范大学的一项重要任务。

1. 通过刊物、短期轮训、来校进修、录音录像等多种途径，培训和提高在职的中小学师资。

2. 进行有关中小学学制、教材、教法方面的研究，探索适合我国国情的普及基础教育、提高民族素质的途径，为发展我国基础教育提出建议，提供咨询。

3. 通过发展函授、夜大等途径，为提高中小学师资水平服务。

（四）整顿机构，抓好教职工队伍的建设

1. 要研究学校行政机构的设置，明确职责分工，在经过论证的基础上，精简不必要的机构。行政机构要提高工作效率，更好地为教学、科研服务，为基层服务，实行群众监督，反对官僚作风。

2. 根据中央关于改革职称评定制度的精神，结合我校情况，积极做好专业技术职务聘任制的试点工作，以促进人员的合理结构，促进人才流动。

3. 为鼓励教职工在本岗位上做出成绩，学校在每年教师节要表扬和奖励在教学改革中做出优异成绩，教书育人的优秀教师，或有重要研究成果的科技人员，以及优质服务、成绩显著的优秀教职工。

（五）加强学校经费的科学管理

1985 年国家教委拨给我校事业经费总额为 1 600 多万元，其中用于专项的补助费 440 万，其余部分的分配，工资约占 40%，教学和行政后勤约占 30%。此外，全年的基建经费 645 万元，学校工厂、出版社等单位全年创收总数约 200 万元，其中一半返回原单位作扩大再生产，学校基金全年总收入约 100 万元。由于各方面的改革缺乏经验，在开放、搞活情况下，缺少监督、控制的办法，所以学校的经费也出现一些新情况和新问题，需要加强科学管理。

1. 争取尽快落实重点建设的投资。1984 年经国务院批准，我校被列为国家重点建设的十所高等学校之一，但重点建设的投资至今尚未落实。据粗略的测算，如果单靠现有的土地面积和每年常规的基建经费，那么要经过 20 多年才能实现学校的规划。所以说，争取落实国家重点建设的投资，对我校的建设是至关重要的。

2. 要研究比较科学、合理的经费分配方法，使经费分配突出重点，择优支持。要建立经费使用的效益分析，根据效益的高低，在经费分配上予以奖惩。

3. 加强预算外经费的管理。要研究计划外经费的合理提成比例，正确处理积累和消费、学校和系、所、个人与集体的分配关系，既要顾全大局和整体的利益，又要不影响基层和个人的劳动积极性。计划外创收的主要部分，应该作为校、系事业经费的补充。

4. 要从学校各个方面提倡节约，反对浪费，加强对人、财、物、房屋等分配的经济效益的考核，挖掘现有的潜力，全校一盘棋，合理使用人力、财力，提高房屋和设备的利用率，不重复购置设备，不搞"小而全"。

5. 在保证完成国家下达的教学、科研任务，以及做好群众生活服务的条件下，积极做好计划外的创收工作。这是增加学校办学实力的重要途径，但计划外创收所占用的人、财、物、房屋要适当控制，不得冲击学校的正常工作，不得无偿占用学校的房屋、设备、人员等条件。不得滥用学校名义损公肥私或借"创收"为个人谋取私利。

（六）做好后勤服务工作

1.《中共中央关于教育体制改革的决定》中指出，后勤服务工作"改革的方向是实行社会化"。我校的后勤服务工作要进一步探索这方面的经验。要总结后勤服务工作中的经济承包合同制，严格进行成本核算，有利于节约学校开支，提高经济效益。

2. 加快我校的基建速度，1985年要保证留学生楼、专家楼、干训班楼、家属宿舍楼的竣工。办好图书馆是提高教学和科研水平的重要条件，必须争取图书馆扩建工程早日开工，这样再过二三年，我校图书阅览室的紧张状况将会缓和，1985～1986年进行的工程还有化学楼、水模拟实验室、培训中心大楼、家属宿舍等。

3. 加速校园的绿化建设，加强校园的管理和安全保卫工作。

4. 继续做好为群众生活服务工作，特别是广大教职工关心的煤气管道工程，虽然目前学校经费短缺，但仍然决定筹集资金，争取早日开工，解决校内教职工买煤烧饭的困难。

（七）加强同校内外大学的合作和联系

要进一步敞开大门，加强同国内外大学和研究机构的合作和学术交流，在对外开放中促进我们的改革。

1. 在新建的留学生楼、专家楼完工之后，要充分利用有利条件，扩大招收外国留学生，扩大对外交往，增加学术交流。

2. 要积极开展同国内各大学、研究机构的学术交流和合作，互派学员学习，互派专家教授讲学，这比同国外的交流要节省开支，又可以有更多的人员参加。

3. 鉴于世界银行的贷款项目已经结束，今后派遣人员出国学习要完全依靠学校自己的财力，或通过校际交流的方式，今后计划每年选送 30 名教师出国深造，必须严格掌握对出国人员的选拔和管理，凡是使用学校经费派遣出国学习的人选，必须经校长办公会讨论，回国后要报告在国外学习进修的成果。一般情况下，在国外学习进修满一年以上的，回国后二三年内不再出国进修。

4. 通过校友或其他途径，从各方面扩大我校在国内外的影响，争取外界对学校的各种支持和帮助。

第四部分：依靠群众办好学校

相信群众，依靠群众是我们党历来的传统和法宝。为办好学校，也只有依靠群众，才能实现学校的奋斗目标，完成教育改革的艰巨任务。

（一）教职工代表大会是群众参加民主管理的重要形式

教职工代表大会是学校工作的一个重要支柱，是全面实行校长负责制的一个重要组成部分。这次教职工代表大会的召开，得到了广大教职工的支持和帮助。由于代表们的积极工作，共征集提案 400 多条，对我们的办学方针、教学与科研管理、后勤工作、政治思想工作、干部作风等方面提出了很好的意见和建议，这对今后的工作是个很大的促进。通过这次教职工代表大会，必将进一步沟通学校领导同广大教职工的关系，进一步坚定我们实现我校办学方针的信心和决心。

（二）欢迎对学校工作进行多种形式的咨询和监督

这次代表大会结束后，学校领导继续欢迎代表同志们通过各种形式对学校各方面的工作进行批评和监督。比如，教代会的代表可以列席校委员会或校长办公会；教代会可以设立一些小组或委员会对学校的房屋分配、基金管理等方面进行咨询和监督；还欢迎代表们对学校的各级行政领导干部经常性的批评、监督和帮助。特别是在当前纠正不正之风，实现党风好转的过程中，欢迎大家的批评和监督。

（三）各级干部要密切同群众的联系

各级干部都要发扬民主作风，虚心听取意见，密切同群众的联系，要经常到教室听课，到食堂、宿舍和大家谈心，征求意见，同时要继续坚持校长接待制度，每周星期一下午接待群众来访。学校设立的意见箱也是及时了解群众意见的渠道，要认真处理群众来信，做到件件有着落，事事有交代。

结束语

代表同志们！

我们面临着艰巨的任务，要实现我校的奋斗目标，搞好教育改革，多出人才和成果，必须依靠广大教职工的积极性、主动性和创造性，这是我们事业成败的关键。我们希望：

第一，全校教职工要团结一致，艰苦奋斗，努力完成党和人民交给我们的任务，我们所说的团结，就是要团结在四化建设的大目标之下，团结在学校的奋斗目标之下，为实现这个目标，全校统一思想，齐心协力，完成历史赋予我们的使命。我们要大力提倡艰苦奋斗的革命精神，顾全大局，克服困难，广大共产党员要做艰苦奋斗的模范。

第二，全校教职工要发扬不断进取、勇于创新的精神，投身到教育改革的事业中去。目前我校的教学、科研、管理和思想政治工作等多方面的改革，都有待于进一步探索和深入。改革不是少数人的事业，而是群众性的事业，我们希望全校教职工从教育改革的基本目的出发，从我校确定的办学方针和实际情况出发，认真分析本单位、本部门工作的情况，认准目标，进行大胆而稳妥的改革，在改革中建功立业。改革需要探索，在探索中会出现一些同主观愿望不相符的情况，有些改革措施的成败一时难以显现。因此，我们也要正确理解和对待改革中出现的问题，既不能因噎废食，也不能急于求成。

第三，全校教职工要严谨治学，勤奋工作，为我国的教育事业和学校的发展多做贡献。提高学校的学术水平，是办好学校的根本之点，我们希望广大教师和科研工作者要刻苦攻关，勇于开拓，在自己所从事的学科中创造出有质量、有影响的科研成果。在教学第一线的广大教师，要积极改进教学工作，教书育人，提高我校的教学水平。从事行政、后勤和思想政治工作的同志们，要继续巩固为教学、科研服务的思想，提高服务质量和管理水平，我们要在全体教职工中，提倡重业绩、重实效、重贡献，使学校工作扎扎实实地向前发展，我们应该，而且也必须为社会，为我国的教育事业多做贡献。

同志们，把我校建设成为全国第一流的、在国际上有影响的、高水平的师范大学这一光荣任务，历史地落在我们肩上，让我们团结起来，为实现这一奋斗目标而共同努力。

在北京师范大学全校
学生奖惩大会上的讲话摘要①
（1986-06）

同志们：

我校是我国最早建立的师范大学，也是全国十所重点建设的高校之一。建校84年来，我校人才辈出，为我国的教育战线和其他许多重要工作岗位输送了大批优秀人才。鲁迅、李大钊、侯外庐、陈垣、黎锦熙、范文澜、周谷城、楚图南等思想家和革命家，曾在我校工作过。目前，我校毕业的校友，已遍布全国，成为我国教育界的一支重要的力量，他们中的绝大多数已成为优秀教师、教授、教育界的领导人以及科学家和管理干部等。我们以我们学校能成为这样一所重点大学而深感自豪。我校之所以能取得这样的成绩，是与我们的前辈、校友所开创，同时为在校师生员工所发扬的优良校风紧密相关的。优良的校风是建设一所学校的非常重要的因素，人有人品，国有国格，校有校风。优良的校风是建设学校的巨大精神力量。文天祥说，天地有正气。这种正气在学校里体现为优良的校风。好的校风，可以振奋精神，加强团结，帮助我们树立远大而崇高的理想，激励我们为祖国为人民而艰苦奋斗、力求上进的志气和勇气。反之如果校风不好，那就会使人心涣散，道德败坏。因此，我们必须像爱惜自己的眼睛一样，珍惜我校光荣的革命传统和优良的校风，珍惜我校勤奋、严谨、团结进取、尊师爱生的好

---

① 北京师范大学周报，1986-07-04.

风尚。

　　总的说来，我校现在的校风是好的。一年来，我校绝大多数同学拥护中央的路线、方针和政策，维护学校的安定团结，保持了正常的稳定的教学秩序；思想上要求上进，积极参加校、系、年级举办的各种训练班，有上千名同学向党组织递交了入党申请书，经过考察，有 160 多名同学光荣地加入了党组织；在学习上，有 557 名同学被评为三好生，有 382 名同学获得奖学金。这些事实说明，我校学生的主流是好的，是积极向上的。为了表扬先进，树立榜样，学校对 70 名同学的事迹进行了表彰。

　　在充分肯定主流和成绩的同时，我们也要清醒地看到"文化大革命"的流毒，看到社会上一些不正之风以及西方资产阶级腐朽思想和生活方式的影响。对这种影响，若不闻不问，任其发展，它势必像病毒一样蔓延，不利于同学的健康成长。为了严肃纪律，也为了教育广大同学和个别严重违反校规的同学，学校宣布了对一些学生的处分决定。我们希望全校同学分清是非，团结一致，做到"自重、自强、自律、自立"。表彰和处分都是为了一个目的：发扬我校的优良校风，创造良好的环境，培养国家需要的合格人才。

　　借此机会，我对全校同学提出四点要求：

第一，思想进步

　　大学生要关心社会发展，要关心我国的改革，特别是教育体制的改革。在探讨这些问题时，可能认识不同，主张各异，这是自然的，是允许的。但我们必须以进步的思想为指导，热爱党、热爱人民、热爱社会主义祖国。通过学习、讨论和实践，树立正确的世界观和学习动机，增强为祖国建设贡献才智的责任感和迫切感。

第二，品德高尚

我校培养的学生绝大多数将成为各级各类学校的教师。"师范"者，"为人师表，为人模范"也。同学们在努力学习科学文化知识的同时，要注意德、智、体全面发展，注意自身品德修养。对己要严，对同学要爱护、要帮助、要谦让、要团结，决不允许打架斗殴，不允许损害别人，不允许破坏公共财产和学校环境。在生活上，要正确处理爱情问题。一般地说，同学们正在求学时期，应该十分珍惜学习时间，不要为谈恋爱而花费大量时间与精力，更不要造成"环境污染"。

第三，学习勤奋

学生以学习为本。作为一个学生，在任何时候，任何情况下，都要勤奋学习，不学习就不能称之为好学生。我们要大力倡导勤奋、求实、进取的精神，反对懒惰、弄虚作假、投机取巧的坏习气。最近一段时期，学纪不严，约有10％的学生不努力学习，甚至"混文凭"。过去对这些问题的处理失之偏宽，导致不良风气的延续，从而影响了不少同学的学习积极性。端正学风需要综合治理。其中重要一点是严格学习纪律和考试纪律，从制度上保证和督促。一些学生学习怕艰苦，平时不努力，临到考试，弄虚作假，投机取巧。对此，要严肃对待。

第四，纪律严明

学校是个大集体，万余名师生员工生活在一起，人口高度密集，这就要求大家共同遵守统一的行为规则，即通常所说的纪律。不久前所颁布的校规、校纪体现了学校的社会主义性质和所要培养的人才规格。我们必须认真遵守，任何人都不得例外。但我校有少数学生随心所欲，我行我素，干扰和破坏了多数人的学习和生活，引起了群众的公愤。这种行为是绝对不容许的。违反纪律，要受到批评教育；严重违反者，要受到纪律处分。在此，我代表学校重申三点：第一，今后发生违纪行为，必须坚决地、及时地按校规处理，决不迁就；第二，进一步严格考试纪律，凡作弊者，一律以零分计，不准补考，并视其情节轻重，给予警告以上处分；第三，加强学籍管理，对学习不努力、成绩低劣、四门不及格者要及时淘汰。

在北京师范大学第一届教职工代表大会
第二次会议上的报告摘要^①
（1988-03）

我校近期工作应根据高教会议精神和我校实际，围绕提高质量、增进效益的重点进行。

（一）完善专业和课程结构，开展多种形式办学，增进学校对社会的适应性。各系要开展深入的调查研究，特别是对毕业生的跟踪调查，了解经济建设和社会发展对人才的需求及发展趋势。要发挥学校优势，开展多层次、多门类的全方位办学，为提高全民族素质服务。要充分利用现代化教学手段，集中电教力量，提高办学效益。要全面开展教学评估工作，扩大教学改革成果。

（二）努力开展科学研究，为经济建设和社会发展服务。根据经济建设和社会发展的要求，学校要着重抓好三个工作。

一是抓好已确定的学校重点学科的建设，并创造条件积极争取成为国家或教委的重点学科。学校对这些学科在编制上予以照顾；二是组织力量定期检查各单位所承担项目的进展落实情况，继续努力组织好科学基金、"七五"课题和高技术项目等国家重点科研任务的争取工作；三是在抓好基础理论研究的同时，大力抓好应用科学研究和科技开发工作，组织力量，走向社会，走向科学研究的主战场。为积极支持和鼓励应用科研和开发工作，学校将制定相应的鼓励政策。

---

① 北京师范大学周报，1988-03-28.

（三）进一步改善办学条件，稳定教职工队伍。

（四）改善管理，从严治校。近期内着重抓好六个环节。

一是逐步把学生工作转移到校行政方面来，加强对学生的教育和管理；二是扩大系、所办学自主权。各系、所在保证国家和学校下达的任务前提下，在上级有关规定范围内，有充分的办学权、人事权和财权。此外，学校选择一两个系、所实行"定任务、定编制、定经费"综合包干的试点工作。经过试点，取得经验，逐步展开；三是开始对各单位按任务定编，改进教师职务的聘任工作；四是抓好后勤实行干部聘任制的试点和总结工作，取得经验后，扩大范围；五是进一步改革和完善学生招生、管理和毕业分配制度。从1988年开始实行各系负责若干地区招生的办法。要严格招生人员条件，努力把优秀的学生招进学校。要招收部分自费走读生。要认真实行教学改革十二条规定的中期考试制度，实行适当淘汰，同时实行专业奖学金；六是毕业分配要与学生日常表现和学习挂钩，允许优秀毕业生优先选择工作单位，扩大"双向选择"的机会。

（五）加强思想政治工作，调动各方面的积极因素。经济体制、政治体制改革的深化，以及竞争机制引入学校，必然引起学校内部运行、教育思想、内容、方法的一系列重大变化和教职工、学生的不同看法，需要党政密切配合，共同加强思想政治工作。保证各项改革的顺利进行。

我们要把党的十三大和全国高等教育工作会议精神作为学校深化改革、实现奋斗目标的指导方针，学校深化改革的几点设想。

首先，学校要明确培养目标，提高教育质量。我们学校的主要任务是培养高等学校和中等学校的师资，以及科研工作者、理论工作者和教育管理干部。我们培养出来的学生应当是德、智、体全面发展，有理想、有道德、有文化、有纪律的人才，具有为人师表、基础理论扎实、知识面宽、有较强的教学能力和组织管理能力的职业素养，具有改革开放和实事求是、独立思考、勇于创新的精神。我们要立足于提高质量，以质取胜，培养高质量的人才，出更多的高质量的科研成果。质量是我们的生命线。

提高教育质量首先要端正教育思想，树立全面的质量观，改善和加强学生思想政治工作，使他们在竞争的环境中把握社会主义方向和坚持党的领导。在新的形势下，要按照坚持"一个中心，两个基本点"的政治与经济辩证统一的观点，深入探讨在扩大对外开放和大力发展社会主义有计划商品经济形势下的学生思想特点及发展规律，研究与之相适应的教育内容、教学途径和教学方法，创造学生健康成长的良好环境，把学校建设成为坚强的社会主义精神文明阵地。

衡量教育质量和学校工作的标准还要看学生毕业后能否适应社会的需要，是否胜任本职工作。我们应该努力按照经济建设和社会发展的需要来进行我校的学科建设、专业和课程结构的改革，努力使学生在社会上有较强的适应性和竞争性。但调整我校专业结构要从当前经济建设需要、长远发展和学校条件等方面认真全面地进行考虑，并经过充分调查论证，然后才能慎重决策。

第二点是发挥优势，办出特色。我校具有两方面的优势。第一，我校较之其他各类学校有雄厚的教育学科；第二，我校较之同类学校有较强的文、理基础学科。我们要发挥这两方面的优势，紧紧抓住重点学科、学术梯队的建设，抓好重大课题，办出师范大学的特色来。校际竞争的焦点在于学科水平。我校有许多强学科，要继续扶持这些学科。此外，在切实抓好重点学科建设的基础上，还要做好两方面的工作，一是加强教育科学方面各学科的建设；二是扶植建设新兴、边缘、交叉学科。学校在充分调查论证的基础上，要集中力量抓好少数代表我校特色的重点学科、重点实验室和研究中心。

学科间的竞争归根结底是人才的竞争。针对我校学术梯队建设中存在的年龄偏大、青黄不接的状况，今后在选留和引进人才时优先保证重点学科梯队的补充和配备。要加强学科接班人的选择和培养。对有突出贡献的中青年优秀人才，要破格晋升和聘任高一级的职务，创造条件让他们脱颖而出。在两三年内争取博士生导师增加 20～30 名。同时，重视培养、选拔优秀的管理人才和其他方面的人才。

在科研选题方向上要坚持自己的特点和优势，特别是要发挥我校学科门类齐全、仪器设备先进的优势，组织跨学科的协作集体，积极争取承担和参加国家重大课题、科技攻关项目和高技术的研究。要贯彻"把主要力量组织到为经济建设和社会发展服务的主战场上来"的精神，大力抓好应用科学研究与开发工作。教育科学研究要紧密联系实际，深入探讨社会主义初级阶段教育，特别是高等教育的特点、规律和任务，为国家教育发展战略决策起咨询和参谋作用。

第三点是"提高效益，多作贡献"。我校有 3 700 名教职工和较优越的设备条件。由于管理制度不够完善，劳逸不均的现象相当普遍，距满负荷的要求相差甚远。学校深化改革的一个目标就是充分发挥潜力，提高办学效益，为经济建设服务，为社会发展和科技进步多做贡献。

开展多种形式的社会服务，其中包括有偿服务，是发挥学校优势和潜力，提高办学效益、深化改革的一条重要途径。这里有一个观念转变问题。首先，要深刻认识国情和我国所处的历史阶段。教育不能完全依靠国家的投资，学校必须充分发挥潜力，通过办学、科技开发和生产等正当途径，开展多种社会服务，从国外和社会吸收资金来改善办学条件，完善自身。其次，开展多种社会服务有利于促进学校深化改革，建立教育主动适应经济和社会发展需要的有效机制。最后，要坚持我校特点和优势，开展多层次多形式的教育，为国家为社会特别是为基础教育多培养人才。

学习满负荷工作法和正确引进竞争机制是提高效益、增强活力的重要措施。学校根据办学规模和任务，研究并确定相适应的教职工规模、管理结构及各类人员的比例，做到人尽其才、物尽其用，使整个学校的运行处于最佳状态。高校之间特别是学科之间的竞争已成为客观事实。提倡和鼓励竞争，打破平均主义是高校前进和发展的一个动力。只有学校、系、学科都确立竞争的目标才能明确方向，激发热情，不断进步。引进竞争机制要结合高等教育的规律和特点，形成适合学校的制度和办法。

最后一点是民主办学，科学管理。改革管理体制的目标是实行科学管理，提高效率，调动积极性。改革管理体制涉及领导体制、机构设置、人事制度等一系列的重大问题，是一项复杂的工程，需要充分论证，逐步展开。

要总结经验，进一步完善校长负责制和系主任、所长负责制。校长必须依靠集体智慧，使决策民主化、科学化。校行政要充分尊重党组织对学校工作的监督保证，对学校工作中的重大问题都要同党委充分协商，保证学校的社会主义方向，保证人才培养的质量。要调整和健全校务委员会，作为学校的审议机构，审议学校的长远规划、专业设置、师资队伍建设等重大问题。要进一步发挥教代会的民主管理和民主监督作用。学校事业的发展要依靠教职工的共同努力。学校对重大问题特别是涉及教职工切身利益的重大问题的决策、实施过程，都要主动和充分听取教代会的意见，重视解决教代会的提案，定期向教代会通报学校情况。要通过教代会团结和动员广大教职工，推动各项工作和实现目标。各系、所、各单位的负责人要充分认识教代会在学校工作中的地位和作用，提高民主办学意识。

机构是大家关心的问题。上次教代会后，学校调整了马列口，建立了政教系，严格控制了新机构的建立。同时，学校组织班子对机构问题进行了调查论证，但落实到具体单位，遇到了许多困难。如何调整机构，也请教代会广泛讨论，为学校献计献策。

要学习满负荷工作法，对各单位按任务定编。余下的人员按其所长重新安排或流动。深化职称改革，完善教师职务聘任制。要按教学工作量和层次设岗，从队伍的最佳结构和最佳效益出发择优聘任教师职务。要健全教师考核制度，聘任和晋升教师职务以教学和科研工作的实绩为主要依据。到离、退休年龄的教师，应严格按照有关规定办理离、退休手续。

要加强科研工作管理，严格对科研人员的实绩考核。各科研单位要凭自己的实力走向社会，靠承担国家任务、靠同地方、产业部门的横向联系，争取更多的科研课题与经费。要实行科研编制浮动制，根据单位所承担的科研任务确定编制。对承担国家、部委级课题，特别是重大课题的单位，学校要保证编制。对长期没有研究成果的单位或个人，学校收回科研编制。

在中国共产党北京师范大学
第九次党代会上的发言摘要[①]
（1996-09）

我赞成周之良、李英民同志代表校党委和纪委所作的报告。北京师范大学在培养师资，为基础教育服务，科学研究等方面，几年来做出了较大成绩。全国各地都有北京师范大学的毕业生，为国家教育事业做出了很大贡献。我们有些指标和成果水平处国内高校前列，这些都是可喜可贺的。去年以来，我参加了华东师范大学、暨南大学、南昌大学、云南大学、中山大学、内蒙古大学等校的"211工程"评审，各校都在发挥特色、优势，提高办学水平上狠下功夫，如中山大学的面向社会；南昌大学合并成功，效益大增；华东师范大学培训中学校长，为基础教育服务；云南大学、内蒙古大学的地方、民族特色等。办学首先要注重形成自身的特色和优势，明确发展方向。另一方面，要学习兄弟院校经验，提高多渠道自筹办学资金的能力，不断改善办学条件，提高办学水平，只能这样才能做好国家师范教育的排头兵。

---

① 北京师范大学周报，1996-09-27.

在华南师范大学"211 工程"
预审总结大会上的讲话[①]
（1996-10-25）

各位领导、各位老师：

我非常高兴有机会参加这次预审工作，也非常高兴有这么好的一个学习机会，是的，这确实是一个很好的学习机会。我不说很长远，就说昨天晚上的音乐会。昨天演完之后，我真想冲上去说几句话，可是呢，一方面我胆量太小了点，另一方面没有给我这次机会，今天可以再补充说一下，我们说需要高格调的音乐会，我觉得昨天晚上的音乐会可以说就是一个高格调的音乐会。第二点，这个演出基本上都是同学，有些也就才十五六岁，都是小姑娘。那个古筝弹得多好啊，大家听了之后人人赞赏是最好的。所以我觉得这真是一个非常高雅的音乐会，这不仅是美的享受，同时也是一种灵魂的净化，也是我们心灵的洗礼和升华，所以 24 日晚上我真想冲上去讲几句话，不过我确实是胆量不够。因为昨天晚上的音乐会从校歌开始，从这个音乐会里面看出了奋发图强的精神，所以从这里面可以体会到华南师范大学真是所追求美好、追求卓越、追求高尚的学校，这是我对音乐会的一点感想。再加上昨天这个音乐会又是在一座很漂亮的建筑里，有人说音乐是流动的建筑，建筑是凝固的音乐。所以音乐和建筑两个合在一起，就更加使人感到是一种美的享受。从这样一件事情，我感觉到华南师范大学的确是蒸

[①]　王梓坤时任华南师范大学"211 工程"预审专家组组长.

蒸日上，气象焕然一新。虽然过去我不是很熟悉，至少从昨天晚上有这么一种感觉，这音乐会对我也是一次心灵的净化吧！这一年到这里有三件事情使我感到意外，不是我原来想象到的。

第一，就是华南师范大学有良好的校风和学风，这一点我原来想的不够多，这是从校长的报告里和文件里看到的，提出"艰苦奋斗，严谨治学，求实创新，为人师表"这样一个校训，多少年来，是几辈的教育家，几代的老师、同学们坚持下来的，是很好的延安精神的继续和发展。这是我不大想象到的。为什么呢？我说得很坦率。因为我看到报上老是报道广东出了这个事那个事，一会儿看到番禺大劫了，一会儿看到中山怎么着怎么着了，这恐怕会给人一种印象。现在从整个广州市来看都是很好的，那是个别现象，华南师范大学更是一番劲头，精神方面，不只是学术方面，也不光是物质方面，而是精神方面、校风各方面都挺好的，这是原来想象不到的，就说比我原来想象的要好得多。

第二，就是进展很迅速，发展得也很迅速，也是和我想象的不一样。说实话，师范大学都穷惯了，师范大学是"贫民窟"。在这个"贫民窟"里现在飞出一只金凤凰来，突然一下子有这么多高楼大厦，这是我原来想象不到的。

第三，没想象到的是，一方面学校办学思想比较正确，能够很好地处理过去所说的所谓"师范性"和"学术性"的矛盾。因为过去我在北京师范大学工作时老是碰到这个问题，后来我想到这个办法，不用吵了，反正你要办师范也是办高水平的师范，你要说是为教学而教学，那我们就不必办大学了，只是办师专就行了，那么不都可以去教中学吗？所以，要尽量淡化一点，所以以后就不再讨论了。另一种采用兼容并包，你有本事去搞科研那你搞科研去，你有本事搞教育科研那你就搞教育科研，都可以，搞普及都可以。各方面的人才都可以充分发挥自己的力量，各方面都很齐全，成绩都很突出。另一方面，你们的学科建设也搞得很好，科研水平也很高，我们看到的比方说激光生命科学等。我就说我们数学吧，特别是泛函微分方程，还有动力系统，都是很出色的，所以这方面，别的学校我了解得不够，不能一一说，这三点呢比我原来想象的要好得多。

为什么会这样呢，我这几天一直这么想。这也说明华南师范大学的聪明，但这并不意味着别的地方就蠢。我觉得华南师范大学是占了天时、地利和人和，这三个都占了。天时，就是说，正是改革开放的时候，如果是前几年就不行了。在"文化大革命"时，这肯定不行。刚好在小平同志倡导下的改革开放时代，另外又碰到一个好的省委、省政府的领导，提出了教育强省，别的省提得比较少，特别是最近全国师范教育工作会议又提出了"优先发展，适度超前"，等等这都是天时。天时是一个很好的机会。当然这个天时除了教育强省外，对别的学校也是一样。比方说对别的师范大学也是一样，所以你们除了天时外，还有地利，因为改革开放，广东省是南方的大门。占了很大的优势，特别是毗邻港澳、东南亚，你们报告里也讲了，所以你们占了很大的优势。当然这个优势你们可以说其他的像上海也有，那你们还有一个人和。其实人和也很重要。就说省委、省政府、省高教厅还有各方面、市里的领导对师范教育的重视，这个很重要。比如说，有的学校，有的地方，他的经济不一定差，但是他的师范教育办不上去，还是很穷，为什么？他感觉我们这个地方有三十多所大学，要是三十多所大学都支持的话，每一个大学给一个亿就是三十多亿，那可受不了。但是你们也有许多大学，你们把师范提到前面去了，这点就有远见，就厉害了。即师范不同于普通的教育，它是培养为人师表的人的，像暨南大学刘人怀老师讲的，你中学搞不好还有什么大学，为什么要提素质教育，为什么报纸上我们看到犯罪的那么多，政府也打击了一大批，这些都是很应该的。但这些可以刹住一时，最根本的还是要靠素质教育。素质教育我们师范应该提在最前面，所以我觉得也占了人和，因为有好的领导，当然学校里也有很多人和，如大家说的班子很团结，很向上，不光这样，以班子为核心，团结了广大师生共同奋斗。你们占了天时、地利、人和，才能够在这么短的时间里做出了这么好的成绩，使学校焕然一新，改变了面貌，使别的师范大学都很羡慕。我敢说，到这里来的师范大学没有一个不羡慕的，像北京师范大学的顾明远同志，我现在还在北京师范大学，也羡慕了，其他的南京师范大学、华东师范大学都羡慕得很。我觉得真正是天时、地利、人和，我是希望华南师范大学的同志能够再进一步利用天时、地利、人和，能够得到更好的发展，这就是我的一点感想。另外，我再说说我的一点建议和希望。

第一，我感觉到华南师范大学的经济实力，在师范大学里是居前列的。有了经济实力可以充分迅速地改变硬件。硬件包括房子、校园建设，或者是仪器设备等。这个可以迅速地改变。比如说几天就可以把草坪铺起来，大概十几天，可以迅速改变条件。当然这是非常重要的，也是需要的，但是另一方面，软件这一方面，特别是学术水平的提高，教育质量的提高就不是短时间能完成的，就是说有了钱，也不是短时间的，而是长时间的，所以我希望，这一方面也同样地像硬件一样，能够花比较多的人力和财力来充实我们的建设。比方说我们的水平也是相当高的，但水平是无止境的，高了还可以再高。我们的学术水平、办学层次、人才的引进、人才的培养各方面都还需要下劲，下大的力量。因为我现在不当校长了，所以可以随便说话。

比如说每年给你4 000万，你能不能够一下子拿出1 000万来做人才建设，有没有这个胆量。我觉得为什么不少建几座房子用来引进人才呢？我用1 000万来引进人才或者培养人才，那就不得了，连续搞几年，这样用5 000万去引进人才，培养人才。能不能抽出一部分，三分之一或四分之一来设置一笔人才培养和建设基金，搞上几年，面貌就会迅速改变。我知道你们已经引进了不少优秀人才，有几位院士已经在这里工作，这很好，已经是做了一步。还可以再继续。我是这么想的，因为你们有钱，为什么这个钱不能做这个用？当然不是全部做这个，这个当然不行，用四分之一怎么样，四分之一也是1 000万呢，这个不得了。那么这样搞上几年的话，你搞5年就是5 000万，5 000万来培养师资来引进人才，那我看，发展会很快，别说赶上北京师范大学了，北京大学也有可能。这是第一点。

　　第二，我说还是要搞钱。说实在话，我们不要说很多客气话，学校里一个是钱一个是人，搞来搞去就这两件事，没钱就没人，没人就没钱。在这方面我们得到了省里的支持，这是非常重要的。是不是还可以开创一门学问叫作教育募捐学。这个教育募捐学我觉得很重要，因为好多学校为了改变面貌募了好多钱，美国的好学校都是靠募捐，这个教育募捐学也有学术带头人，这个学术带头人就是武训，为什么说是武训呢？武训这个募捐是厉害啊，当时他都给人下跪去募捐。当然我们现在不用下跪，但是确实是要募捐。我们一方面靠政府支持，另外要靠自己创收，靠自己的科研，但是募捐也是很重要的途径。我觉得募捐有时来得很快。我听说有个学校募捐相当厉害，这个学校募捐学学得特别好。把那些富翁家里好好研究了一遍，比方说世界上有几大富翁，他家的情况怎样，比方说老先生80多岁，又患了癌，钱有好多亿，不知怎么办的时候，再加上家庭又不太和，与儿子又有点矛盾，不愿把钱交给儿子，这种情况下他真想做好事，所以就赶快抓住这个机会，这些都可以叫作募捐心理学或者什么学。我觉得募捐是个财路，得下功夫。我觉得这个学校的确是动了脑筋。你不能说这个道路是个歪道，募捐有什么不可以？

第三，我觉得学生里边，我不知道华南师范大学怎么样，有发愤学习的精神，发愤努力学习、考研究生的不知多不多。有的学校恐怕不多，因为有的本科毕业就工作。如果这样的话就影响学风，因为到四年级他就等着毕业，老大哥这样影响三年级，三年级这样影响下面一二年级，这样就很糟糕。相反，如果到四年级的时候他考研究生而且想考名牌大学的研究生，他就非常努力，一到晚上，晚饭的时候就把图书馆的位置都占满了，如果这样的风气下来的话，我看学校的风气就很好。另外，这是我顺便想到一点，学校是由老师、设备、学生组成。学生不好，怎么教也不行，老师有天大本事，学生不想学的话，怎么下功夫也不行。不知我们这里是从哪里招生，恐怕是从广东省，能不能十分之一从外省招一点（他人插言：有一点），有一点，那好。广东省是富裕的省，其他一些经济发展慢的省，有很多农村的孩子非常努力，而且有些农村的孩子天资都很高，别看他父母不识字。毛泽东的父母水平未必很高，斯大林的父母的水平也不高，但他们的儿子都是天才，了不起。所以从这些地方招些学生来，哪怕是十分之一，他的艰苦学习的风气一带来，就很好，这并不是减少我们广东省的师资，因为以后你们可以把他们留下来为广东省服务。

第四，我想说你们教育学科办得很好。不管是理论方面还是其他方面都办得很好。两位教育专家都说了。我就感觉到，我们能不能够在师范大学里边对教育科学来说，我看北京师范大学也有，能不能为国家提供点咨询，或者提供理论支持。当然，教育这些年在国家教委领导下，有很大发展，取得了很大成绩，不过我觉得也存在很多问题。尤其很多都是非常大的问题。这个要改变一下。不然问题会更大。比如说，第一个问题，学制这么长合不合适，要不要这么长，你看博士后毕业的话得28岁，即使是到大学毕业的话也得22～23岁，念到博士的话也得好多岁。这么长的学制不得了。我感觉如果这样念的话，诸葛亮就出不来，诸葛亮26岁就出隆中，参加赤壁会战，三分天下，你说要念博士后的话，他正在念外语，隆中对他怎么做得出来？这样的话毛主席恐怕也出不来，他还在念博士后。这怎么得了？所以我觉得这学制实在太长。毛主席说过，当然他也说过其他的话，大家可以讨论，有一句话我觉得很对，就是学制要缩短，就是要适当缩短。关于这一点，我们搞教育的能不能提供理论支持，帮助教育决策。再比如说高考，高考的办法也是个问题，学生是一锤定音，有好多很好的学生就因为偶尔失误，就糟糕了，就完了。所以我觉得很遗憾。我们考大学的时候是考完这个学校考那个学校，一个接一个可以是好几个学校，5个里边说不定能中一个，现在我们只考一次就没有了。甚至每年都死一两个人。有些学生偶尔失误气不过就自杀。看过以后，我觉得很痛惜。再一个大的问题就是外语。外语学这么长时间，从幼儿园一直学到博士。博士还得学，考了四级考六级，考完六级还考不考八级我就不知道了，而且考的题目还很难，不要说我们在座的老师那样考外语，考中文看能不能及格？让中文系老师给我们考四级中文，我看我就不能及格，我就随便举个例子，这个"打"字，你说有多少个怪用法。"打倒帝国主义"，"打水"，这个水怎么打呢？"打电话"这个也不对题，电话怎么能打？"打哈哈"，最后还有一个"打的"，所以要考"打"有多少用法，肯定不及格，这我只是举个例子，类似的还有好多。我的意思就是学外语要不要学那么长的时间。现在我带了几个博士，他们还在学外语。当然，我们一定要吸收外国的东西，但是外语要不要学习这么长时间，我就感觉有点奇怪。还有一个大问题，就是现在这么多的知识，教学还基本不变，我们读大学二年级时就搞教改。那时，我还是主力军之一，为什么呢？因为那时候老师都听学生的，搞思想改造，我们就只有几个党员，这几个党员统一领导学院，他们都得听我们的。所以我们从那时就搞教改，一直搞到现在。我觉得书还是那么写，学生到底应该学什么东西？要编一套好的教材。小学、中学教材怎么改？但这个组织很难。北京师范大学搞过一套五四教材，也花了很大功夫，搞了之后怎么办？如果不是全国运用，那麻烦要来了。因为别的是六年考中学，他学五年就考，如果考上了就没话说了，如果考不上的话，那就找上门来了，你把我的孩子害了，他没考上重点中学，那可就不得了了。因此，这要全国统一来考虑这个问题。当然这是国家教委的事情，但我们作为省属大学也可以提提意见。

最后一点是华南师范大学、北京师范大学，还有其他师范大学，大家为师范教育的再度辉煌来共同努力。当然，在这里已经辉煌了，广东省比较特殊，有的地方还没辉煌。最近我看到一篇文章，我看了之后复印了许多份，感到那篇文章写得不错，发在 1996 年的《方法》杂志第 6 期上，这里边有一篇舒乙写的《何时再现师范辉煌》，文中说在北洋军阀时上师范可以不要钱，所以上了师范都感到很高兴，很骄傲，特别是农村孩子找到了一条出路。师范院校就培养了很多优秀人才。当然，老师也多是那里出来的。还有我们中国第一号人物毛泽东就是师范培养出来的。要不是上师范的话，他不一定出得来，所以当时的师范很重要。师范教育确实需要再度辉煌。当然现在已经辉煌了一点，但辉煌得还很不够。我在北京师范大学搞行政工作时就感觉到教委的（当然不是现在的教委）同志，不太重视教育。他自己搞教育工作，但却不重视教育，他的脑子里搞两个中心，这没错，但不搞教育不对，因为搞科研再厉害也厉害不过科学院。教育是我们的本行。因为他看不起教育，所以就看不起师范大学。那些年到教委（那时叫教育部）办事就很难办。我有这个体会。现在很希望几个师范大学联合起来，使师范再度辉煌。现在有条件了，因为最近国家提出"优先发展，适度超前"。你们一定能再度辉煌，而且会迅速地再度辉煌。

最后，祝华南师范大学以"211工程"预审为起点，取得更大的进展。在各个方面，教学、科研、管理都取得较大幅度的提高。谢谢大家！

在北京师范大学研究生院
研究生大会上的讲话①
（2001）

我从 1961 年起开始带研究生，至今已有 40 年的历史了。在漫长的岁月里，我深知当好指导老师固然不容易，而要做一名优秀的博士研究生，则更不容易。因此，我想借此向各位同学提出四点希望和建议。

第一，要极大限度地、极其主动地发挥求知精神，努力学习本专业以及与本专业有关的知识和技能，既要广博，又要精深。博士的博，是指学识渊博，博学多闻。如今科学技术发展极为迅速，必须努力拓宽自己的知识面，才能高效率地吸取更多的新知识。

一般说来，纳新的能力是与现有的知识面成正比的。知识面越宽，吸收能力越强，知识面也就越来越宽，成为良性循环。这有点类似于经商，本金越多，获利的机会也越多，因此希望同学们能打下较广阔的专业基础。而要做到这一点，必须极其主动，去探索，去追求。校内有许多课程，校外也有许多讲座。我们距中国科学院、北京大学、清华大学等高校以及北京图书馆都很近，这些有利条件要充分利用。这是博的一方面。另一方面，博士是指专精于某种学科和技艺的人。因此除广博而外，又必须专精。了解本专业的最新发展，熟悉最新文献，而在自己的论文范围内，则更应成为最专的专家。我常对同学说：你

---

① 北京师范大学研究生报，2001.

可以不知道别人都知道的东西，但是你必须知道一件谁也不知道的事物。这才会有新的发现。

第二，极大限度地发挥创新精神，写好博士论文。博士阶段的主要任务是开展科学研究，而科学研究的灵魂是创新。博士生不同于大学生，因为大学生以学习为主；也不同于硕士生，因为对博士学位论文的创新程度要求更高。我希望同学们珍视自己的博士论文。一些博士论文达到很高水平，甚至成为一生中科研的一个高峰。大家知道马克思的博士论文便是如此。好的博士论文，既对科学有新贡献，又为自己今后的科研开了一个好头。反之，如论文没有写好，就会丧失对科研的兴趣，造成终生的遗憾。同学们正在风华正茂的黄金时期，精力充沛，头脑清醒，加以学校名师荟萃，图书设备也较齐全，万事俱备，现在需要的只是大家的勤奋和拼搏精神。"人生难得几回搏"，人生总得搏几回。写好博士论文，就是最主要的一搏。

第三，主动地接受人文教育，把自己培养成为品德高尚的人。上面说的两点是关于科学教育。但还有一方面也是很重要的，这就是人文教育。所谓人文精神，是指有远大的、崇高的理想，有为达到目的百折不挠的毅力，以及追求真理、热爱人民的真挚的情操。我见过一些青年，他们的专业基础很好，科研能力也强，但由于缺乏正确的指导思想，终于误入歧途，或者碌碌无为，令人十分惋惜。我希望同学们在从事专业学习和科学研究的同时，能够关心国家大事，关心人民的欢乐和疾苦。

第四，请大家牢记校训：学为人师，行为世范。祝同学们在德、智、体全面发展的大道上阔步前进，不断地取得新成就。

在北京师范大学庆祝教师节
师德先进表彰大会上的讲话

（2001-09-07）

今天，我们非常高兴来参加庆祝教师节师德先进表彰大会。2001年是第17个教师节了。每年教师节都令人欢欣鼓舞，而2001年更有特殊的意义，与师德先进表彰相结合，这还是第一次。我谨向大家祝贺节日，并向获得师德先进的个人和集体表示热烈的祝贺和衷心的敬佩。同时，要向先进的同志们学习，学习他们忠诚于教育事业的精神和感人的先进事迹。在他们的带动下，一定会有更多的教师和员工步入师德先进的行列，使我们的学校办成"学为人师，行为世范"的高水平、高品格的大学。

正如每个人都要有一点精神一样，一所好大学更要有各自的独具风格的精神，这就是大学精神。许多好的大学都有自己的精神。西南联合大学在非常困难的条件下培养了许多一流人才，靠的是热爱祖国，艰苦奋斗的精神；哈佛大学的校训是"以柏拉图为友，以亚里士多德为友，更要以真理为友。"而我校的校训"学为人师，行为世范"，则具有更加强大的精神引力。因为它提出了道德与文章两方面的要求，文采斐然，非同泛泛。我认为，这是目前所见到的最好的校训了。尽管各校百花齐放，但总的看来，追求真理，热爱人民应该是大学精神中最重要的内容。

每年庆祝教师节，我们都看到我国的教育事业有新发展、新进步。科教兴国是我国的基本国策。党和政府对科学技术和教育都非常重视。科技方面，设有自然科学奖、科学技术进步奖和发明奖三个国家级大奖。这是非常必要的，对推动科技的发展起了重要作用。由此启发，我们也希望能设立国家级的教育进步奖，以表彰为教育事业作出了卓越贡献的教师和员工，这也必将有力地推动教育事业的发展。

最后，祝大家节日快乐，工作顺利，祝先进更先进，祝明年会涌现更多的新的先进个人和集体。

谢谢！

在北京师范大学本科生
励耘实验班开学典礼上的讲话

（2001-09-19）

老师们，同学们！

我很高兴来参加开学典礼，并祝贺励耘实验班的建立，热烈祝贺同学们成为励耘实验班的首届学生。这个班的建立，对学校来说，是教学改革的新的尝试，是培养基础更宽厚，适应性更强的新的创举；对同学们来说，是获得比一般同学所能获得的更好的机遇。你们将有更好的学习条件，学到更多的知识和技能，打下较广阔的基础。

现在的科学技术发展得非常迅速，近年来更加速地向前发展。我大学毕业已快 50 年了。我在大学念书时就参加教学改革。但前 20 年，总觉得改来改去，改不出所以然，无非是把内容改变次序，或增加一些实例，如此而已。但最近 20 多年，情况就大大改变。我是学数学的，数学教学的大改革是由于计算机进入教学。这不仅增加了许多关于计算机的课程，而且其他课程的内容也受到计算机的影响。例如以前讲线性方程，只是讲一般的解法就成了。现在则必须考虑到计算机上求解时，如何费时最短，计算量最少。数学系如此，其他系想必也如此。许多新的内容如生物学中的 DNA 和基因。物理中的纳米技术，天文学中的黑洞和暗物质，信息论中的信号处理技术，数字地球等，真是日新月异，使人应接不暇。但不管发展如何迅速，有一件事是不变的，即这些新发展，都是建立在数、理、化、生等理科的基本理论基础上的。因此，要跟上新科技的发展，必须打下大理科（而不仅仅是某一科）的基础。我想，学校正是看准了这一点而设立励耘实验班。

实验班的另一目的，是帮助和鼓励学业优秀但家境贫寒的同学。贫寒会带来困难，但贫困也能砥砺志气，锻炼骨气，增强勇气，使人变得更坚强而成为巨人。对青年来说，最重要的是要有崇高而远大的理想，有百折不挠为理想而奋斗的精神。这是最基本的成功的条件。除此以外，还要争取好的机遇。有了好的机遇，就如同快步前进的人搭上了高速火车，必能更快地到达目的地。历史上这种例子很多。大物理学家法拉第出身贫寒，从小失学。但他非常好学，又争取到英国皇家学院院长戴维的引荐，把他调到皇家学院工作。于是他如虎添翼，很快在研究中取得巨大成就。我国著名数学大师华罗庚先生也出身贫困，他只念了初中。由于他发表了一篇论文而引起清华大学熊庆来教授的注意，使他来到清华工作和任教。毛泽东同志的家庭也不富裕，父亲起初是贫农，后来升到富农。少年毛泽东学习非常努力。早上图书馆一开门他就进去，中午只吃两个米饼，继续留在图书馆，直到晚上闭馆。他的最高学历是师范学校毕业。1913～1918年在湖南师范学校念了五年，正是师范学校培养了这位新中国第一代领袖。这可为师范院校吐气成云。顺便说一句，毛泽东的老师黎锦熙，也是我校的教授。1918年，毛泽东毕业后由师范学校的老师杨昌济介绍给李大钊来到北京大学当图书馆助理员，1919年在上海碰到陈独秀，1921年参加中共第一次党代会。毛泽东同志的成长，除自身极其努力外，是与杨昌济、李大钊等的引导分不开的。这些为他提供了机遇。

由此可见，理想加勤奋加机遇是成功的三大要素。

今天励耘实验班的建立，正为同学们提供了机遇。希望大家紧紧地、牢牢地抓住，它会帮助你们在德、智、体全面发展的大道上迅速成长。一切都准备就绪，同学们，现在就看你们的了。

最后，祝励耘实验班成功！祝同学们学业进步！

中国科协科学家暑期井冈山
休假活动结束时致谢词

（2002-08-17）

　　真是天赐良缘，使我们从四面八方，团聚在一起，度过了美好难忘的一周。时间虽短，收获却是很多的。我想，至少有三个方面：

　　一是接受了一次深刻的革命精神的教育。井冈山烈士的艰苦卓绝，为国献身的大无畏精神，使我们万分感动，同时也认识到今天的幸福来之不易。我们应该更热爱伟大的社会主义祖国。二是得到了很好的休闲。井冈山真不愧为天下第一山。不仅是革命圣地，也是旅游佳境。井冈山雄伟壮丽，苍松翠竹，空气清新，使人感到万分舒适。观看瀑布的飞扬，不由得想起李白的诗句："飞流直下三千尺[①]，疑是银河落九天。"把受教育和休假有机地结合为一体，是十分精彩的安排。三是结下了美好的友谊，同志们在旅游中团结互助，交流谈心。虽是初识，胜过初识，更为以后的合作打下了基础。

　　所以有以上收获，我开头时说是天赐良缘，其实这是不准确的，应该说是科协赐予良缘。我们衷心感谢中国科协，江西省科协和井冈山科协，感谢你们给予我们这么好的机会，感谢你们的精心设计，感谢你们无微不至的服务。你们不仅出力，而且十分尽心。由于我们之中大部分已高龄，你们一定为我们操了许多心，时时刻刻都为大家的安全、健康担心。还要感谢许多为我们服务的其他同志，包括金叶大厦宾馆的领导，餐厅

---

　　①　1米＝3尺.

和住所的工作人员，感谢司机同志十分辛苦，感谢导游姑娘，医务和保安同志等。正是你们的集体努力，才使这次休假成功结束。

我们即将回到各自的岗位，希望继续加强联系。江西是红色土地，为建立新中国立下了汗马功劳。我们应该联合院士们和科学家们，为发展江西的经济、教育、科学、文化和生产，尽一份力量，回去后多宣传江西，宣传井冈山，发扬革命精神和旅游事业。

最后，让我再次衷心感谢你们热心的、精心的、细心的服务和照顾，感谢科协和上述各位同志。通过这次休假，积蓄了精力，活跃了思想，说不定又有谁有了新的灵感。我们深信，这次休假必将成为今后工作的新的起点。

在教育部和北京市领导
来校视察座谈会上的发言

（2002-08-24）

　　我们非常欢迎贾庆林书记、陈至立部长以及各位领导来校视察。我是数学系的一名老教师。我想将数学系的情况作一简单汇报。我主要想谈有关教学、科研、学科和学科建设的四件事。每件事只谈几句话。

　　（一）这次世界数学家大会，在会上特邀作 45 分钟报告是很大的荣誉，也标志着很高的水平。我国只有 12 人，我系有两位教授应邀作报告（每校最多只有 2 人）。

　　（二）2001 年起，国家基金委设立创新研究群体基金，在全国评选。数学只有我系概率论被评为"创新研究群体"，全国仅此一个。北京大学、中国科学院数学研究所等都未评上。这是老、中、青三代人共同努力的结果（我系概率论与数理统计也是国家重点学科）。

　　（三）尤其使我吃惊的，是数学系发表的论文在 SCI 引用的总数在全国排名三年来都在前三名：

　　1998 年论文 149 篇，其中 SCI 论文 47 篇，排名第三（科学时报，2000-01-14）。

　　1999 年论文 126 篇，其中 SCI 论文 40 篇，排名第三（教育部中国大学科研评估网）。

　　2000 年论文 134 篇，其中 SCI 论文 43 篇，排名第二（教育部中国大学科研评估网）。

　　仅次于北京大学，须知我系只有 54 位教师（其中教授 27

人，博导 23 人），人数很少，不及大的学校人数的一半。

（四）教学方面　近年来，我系 30％本科毕业生分配到北京市重点中学任教。目前北京四中、北京师范大学附属实验中学、北京汇文中学等市重点中学的数学骨干教师绝大部分毕业于本系。北京二中、北京十一学校、北京师范大学附属中学、北京师范大学第二附属中学等重点中学的校长均为我系毕业生。近年来，我系接连为北京市办了八届中学教师进修班。这些体现了我校"教师教育"的特点，为北京市做出了贡献。

北京师范大学为我国的革命和建设、特别是教育事业做出了贡献。梁启超、鲁迅、李大钊、钱玄同、陈垣、白寿彝、钟敬文等大师都在此工作过。我们以能步他们的后尘而感到光彩。我认为，目前我校正处于发展中的最佳时期。一是正值百年华诞的大好时机。二是有党和国家的各级领导的关怀和帮助，特别是经济上的支持。三是学校党政领导班子空前团结，有朝气，肯实干，同时也有远见，有思想，能团结全校师生，上下一心。现在真是"天时（校庆）地利（北京）人和（齐心）"三者完美结合，必须抓住大好时机。我深信，这次百年华诞，不仅是过去工作的光荣总结，更是新的大跃进的开始。全校师生员工意气风发，共同为把学校办成高水平的世界知名大学而努力奋斗，为在珠穆朗玛峰上再筑新的高峰而奋发图强。

在《诺贝尔奖讲演全集》座谈会上的讲话

（2003-09-25）

　　面对这部巨著，我的心情受到激励、感到惊奇。我深信，这部著作在科技、文学、经济界将会引起震动，因为它对我国科技、文化的发展会产生巨大作用。之所以惊奇，是它的工作量非常大。19 大本，每本以 70 万字计，总字数在 1 300 万字以上。所以，我们首先要感谢全体编委和译校者。为广泛收集资料、翻译和校对付出了巨大劳动。他们不仅要有很高的文字水平，而且要求很高的专业水平。更重要的，是他们高瞻远瞩的眼光，选择了这么好的选题。我想，这正体现了交叉学科研究会的眼光。如果只从一两个专业的观点看，是想不到要编译这本书的。其次，我们要感谢福建人民出版社，他们为我国的科技、文化的发展做了非常好的工作。他们不为功利所制约，决心为人民做好事的精神令人敬佩。

　　本书的出版，将使广大群众受益。首先是专家。由于本书是科技百年发展的一部简史，专家可以看到本学科百年发展概况，同时可以较深入地了解有关问题的思想、方法和成果。一般群众也可从中查到感兴趣的东西，并从中学到一些科学大师的敬业精神。目前，我国正为未获得诺贝尔（Nobel）奖而困扰，本书也许在这方面会起到积极推动作用。

在北京师范大学 2004 届
本科生毕业典礼上的讲话

（2004-06-24）

同学们：

今天是举行毕业典礼的大喜日子。经过四年艰苦的努力，你们终于完成了大学本科阶段的学习任务，取得了好的成绩。我向你们致以热烈的祝贺，并预祝你们在新的工作或学习岗位上，同样会取得新的优秀的成绩。

在校园里流行着一句使人鼓舞的话：

今天我以北京师范大学而自豪，明天北京师范大学以我而骄傲。

这句话说得很好。上半句表达了同学们对学校的热爱和崇敬，下半句说明同学们有着为祖国为人民建功立业的雄心大志。北京师范大学有许多值得自豪的全国第一和名人逸事。20 世纪初，我校曾有威震四方的"五虎将"，北京师范大学的篮球队曾代表国家参加远东运动会，为我国在国际比赛中拿到第一个冠军：篮球赛冠军。在反帝反封建的斗争中，有为革命事业而献身的刘和珍、杨德群同学，鲁迅的纪念文章使他们名垂千古。文学家和书法家启功教授，许多人推崇他书法为全国第一。中文系钟敬文教授，被誉为民俗学之父。许多著名的学者或在本校任教，或在本校毕业。如鲁迅、吴承仕、钱玄同、李大钊、陈垣、汪德昭、白寿彝等，真是风起云涌，名师荟萃。社会上流传着一段佳话，可以反映这种盛况：有三位同学在一起聊天，分别来自清华大学、北京大学和北京师范大学。清华大学学生说：我们学校培养了许多优秀人物，出了不少中央领导同志。北京大学学生说：真了不起，我们没有出这么多领导，只出了一位杰出的图书管理员：毛泽东同志。北京师范大学学生说：我们没有出这么杰出的图书管理员，只是出了这位管理员的老师。他指的是我校语言文学系黎锦熙教授和老校友符定一。这段佳话说的都是事实，在一定程度上反映了各校的风格。

不久前，我在报上看到一条消息，使我非常兴奋。华人王晓东当选为美国科学院院士，成为美国科学院最年轻的院士。当选为美国科学院院士的华人很少，真是凤毛麟角，就我所知，此前只有吴健雄等数人。而使我更兴奋的，是王晓东是本校1984年的生物系本科毕业生，至今恰好是20年。这说明本校有着很高的教学水平。附带说一句，更加使我兴奋的，1984年，是我来校担任校长的第一年，他的毕业证书上还有我的印章。因此，我也感到荣光，我以他为骄傲。

王晓东是本校杰出的校友。其实我校的毕业生中，绝大多数都是优秀的，他们在各条战线上，为祖国，为人类社会的进步，做出了很大贡献。

时代进步了，我们的国家日新月异，蒸蒸日上。这为同学们的发展提供了更好的条件，我深信你们将取得更大的成功。

在临别之际，向你们提出三点建议，作为参考：

（一）在每个岗位上，都要争取成为最好的

同学们，每个人都要有远大、崇高的理想。为理想最终实现，就必须从今天做起，步步优秀，才能最终优秀。

卡特的故事：1952年，卡特在海军工作，是一位下级军官。一天，海军上将里科弗找他谈话，问了他许多问题，问得他满头大汗。临别时，上将问他："你在海军学院毕业时得了第几名？"他说："59名。"全年级共820人。上将流露出不满情绪，又问："你那时尽了最大的努力吗？""为什么不是最好的？"
这最后一问使卡特终生难忘，他以后每到一个单位都要使自己
成为最好的。为此，

1. 要非常勤奋，付出通常人两倍以上的劳动，

2. 要努力学习，不断提高自己办事的能力。

（二）严于律己，广交朋友

努力培养自己成为品德高尚的人。困难在前，享受在后；严
于律己，宽厚待人。这样才能广交朋友，团结群众。在当今世界
要取得巨大成功，必须依靠集体的力量。千万不要贪小便宜，更
不能损人以利己。在非原则性问题上，对人要宽容。昨天我在
《文汇报》上看到一则报道，克林顿在他的回忆录中说曼德拉救
了他。事实是：克林顿陷入性丑闻后非常狼狈，向曼德拉（南非
总统）求救。曼德拉说：你对要弹劾你的人不要报复；我自己被
人陷害，长期蹲在监狱，但我没有报复，这样也就减少了敌人。

（三）抓住机遇

每个人都会碰到坏机遇和好机遇。要避免坏机遇，充分利
用好机遇。勤奋使人小康，机遇使人辉煌。当今，我国蓬勃发
展的大环境给我们提供了许多好机遇，年轻人思维活跃、敏捷，
只要开动脑子，就能走正道（而不是邪门歪道），抓住好的机
遇，使事业迅速发展。

同学们，临别时千言万语，不胜杨柳依依之情。我只说了
以上三点，言不尽意。各行各业，都会出状元。不论是继续升
学，或是参加工作，只要牢记校训：学为人师，行为世范。奋
发图强，艰苦奋斗，就一定能做出优异成绩，为国争光，为母
校争光，为人民立功。同学们，前途远大，光辉似锦，巨大的
成功在等待你们。母校天天都在等待你们的好消息！祝大家一
帆风顺，旗开得胜！

在北京师范大学 2004 级迎新典礼上的讲话

（2004-08-28）

老师们，同学们：

今天我们在这里隆重集会，举行 2004 级新生入学典礼。我代表全校教师对新同学的到来表示最热烈的欢迎。并预祝同学们在今后的学习中，在德、智、体、美各方面都取得更大的成绩。

同学们！当你们走进校门时，想必已看到迎面矗立的一面大牌，上面写了八个刚劲而又秀丽的大字："学为人师，行为世范"。这就是说：全体北京师范大学人，在学识上，要成为优秀的教师；在品德上，要成为世人的模范。这是对我们的要求，也是对我们的鼓励和鞭策。希望同学们牢牢记住校训，朝着它指引的方向，努力前进。

同学们！我们学校是全国著名的高等学府，有着光荣的历史。2002 年，我们庆祝了百年校庆，在人民大会堂举行了庆祝会。江泽民等党和国家领导人出席了大会，并发表了重要讲话。接着中央电视台又组织了专场座谈会和文艺晚会，报刊媒体也作了多次报导，充分回顾和肯定了我校的巨大成绩，给予了我校极高的荣誉。像这样高规格的校庆，在全国也难以找到第二个。

北京师范大学既有鲁迅、李大钊、陈垣、钟敬文等学术大师，以及现在正活跃在社会科学、人文科学和自然科学战线上的许多名师和学者；又有刘和珍等为人民贡献了青春的革命烈士。北京师范大学的毕业生遍于全中国，他们已为我国的社会主义建设和人类社会进步，特别是为教育、科技和文化事业做出了巨大贡献。三个月前，报载华人王晓东当选为美国国家科学院院士，成为该院最年轻的院士。而王晓东就是我校生物系1984年的本科毕业生。据我所知，中华人民共和国成立后大陆毕业的留学生中，能获此殊荣者仅他一人而已。这多么不容易，同时也说明了我校有很高的教学水平。我们以有这样好的学校而自豪，以能成为北京师范大学的一员而深感荣幸。今天又迎来了5 000多名新同学，既有本科生，又有研究生，真是人才济济，万马奔腾，必定会后浪超前浪，新人胜旧人。

同学们！青年人最重要的是要有远大崇高的理想和艰苦奋斗的精神，要忠诚祖国，热爱人民，追求真理。关于这方面，我想起了一个故事，也是我亲身经历的真事。我想你们也一定会感兴趣。1957年，那时我正在苏联莫斯科大学数学力学系当研究生，学习非常艰苦。中国同学虽然不少，但大家都很忙，很少见面，我们多么希望能团聚一次啊！忽然有一天，我国驻苏大使馆通知，说11月17日毛泽东等同志要会见留学生，地点就在莫斯科大学礼堂。同学们的心都沸腾起来。记得那一天，陪同接见的还有邓小平、彭德怀、李富春等同志。毛泽东发表了热情洋溢的讲话，其中有一段我记得很清楚。他说："世界是你们的，也是我们的，但归根结底是你们的。你们青年人朝气蓬勃，正在兴旺时期，好像早晨八九点钟的太阳。希望寄托在你们身上。"毛泽东同志的话讲得真好，时时激励着我们的心。今天我特意转赠给你们。我相信也能成为你们实现理想的动力。不过，我想改动两个字。因为那时我们大多是研究生而且工作过，年龄偏大了。所以是早晨八九点的太阳，而你们非常年轻，应该是六七点的太阳，你们的潜力更大，对你们的希望自然也更大，你们将来的成就也会更光辉灿烂。

　　同学们，让我们在祖国飞跃发展的大好形势下，共同努力，奋发图强，追求卓越，大步前进，以超越前人的更优异的成绩，为北京师范大学争光，为祖国争光，为中国人民争光！

　　谢谢！

在北京师范大学珠海分校
2004 级迎新典礼上的讲话

（2004-10-10）

各位领导、老师们、同学们：

今天，在这秋高气爽的日子里，在美景如画的校园里，举行 2004 级新生入学典礼，我们感到非常的高兴。我代表学校的老师们，热烈欢迎各位新同学，并祝同学们在今后的学习中，在德、智、体全面发展中取得更大更好的成绩。

同学们！北京师范大学是全国著名的高等学府，有着光荣的历史。2002 年，我们庆祝了百年校庆，在人民大会堂举行了庆祝会。江泽民等在京的全体政治局常委都出席了会议；中央电视台举行了专场座谈会和文艺晚会，给了我校很高的荣誉。像这样高规格的百年校庆，在全国也是数一数二的。100 年来，北京师范大学为我国的社会主义革命、社会主义建设和人类社会进步，特别是在教育、科技、文化等方面，做出了巨大贡献。北京师范大学既有鲁迅、李大钊、陈垣、钟敬文等学术大师以及现在正活跃在社会科学、人文科学和自然科学的许多名师和学者，又有刘和珍、杨德群等为人民献出了宝贵生命的革命烈士。北京师范大学的毕业生遍于全中国，他们已经或正在各条战线上为祖国而辛勤耕耘。

珠海分校是北京师范大学的重要组成部分，是正在兴起的、日新月异的后起之秀。分校的办学思路明确，提出"以质量求生存，以创新求发展，以贡献求支持，以共赢求合作。"分校非常重视教学质量，有以知名学者和教授为主体的师资队伍，有经验丰富的领导干部，有珠海人民和政府的大力支持。在不到三年的时间里，设立了文学院、国际金融学院、信息技术学院等 17 个学院和 1 个软件研究所，建成了教学楼、图书馆、国际交流中心等总面积达 33 万平方米的高雅而又实用的教学和生活大楼。由于重视教学质量，同学们取得了很好的学习成绩。今年 6 月，分校 2002 级、2003 级的同学参加全国大学生英语四级统考，通过率为 65.22%，而全国重点高校的通过率为 45.65%，分校高出近 20 个百分点。

同学们！分校的发展和同学们的成绩，令人鼓舞。而发展速度尤其惊人。在这样好的学习环境里，我们深信，新同学一定会扬鞭奋起超越过去。

同学们！青年人最重要的是两件事。

第一是要树立远大而崇高的理想，忠诚祖国，热爱人民，追求真理，放眼世界。不要局限于个人的小圈子。有了远大的理想，生活才有目的，工作才有动力，心胸才会开阔，人品才会高尚。

第二是要有艰苦奋斗的精神，把理想落实在行动中。要做成大事必须付出超凡的劳动。同学们风华正茂，有最强的学习能力，有最高的学习效率，正是增长才干、锻炼身体的大好时光，千万不要浪费精力、浪费时间。一分一秒的时间，对每个人都是公平的。有的人把它化为流水，有的人则把它积成大山，造就辉煌。

同学们！关于理想和勤奋，我想起了一个故事，也是我亲身经历的真事。我想你们也一定会感兴趣。1957 年，那时我正在苏联莫斯科大学数学力学系当研究生，学习非常艰苦。中国同学虽然不少，但大家都很忙，很少见面，我们多么希望能团聚一次啊！忽然有一天，我国驻苏大使馆通知，说 11 月 17 日毛泽东等同志要会见留学生，地点就在莫斯科大学礼堂。同学们的心都沸腾起来。记得那一天，陪同接见的还有邓小平、彭德怀、李富春等同志。毛泽东发表了热情洋溢的讲话，其中有一段我记得很清楚。他说："世界是你们的，也是我们的，但归根结底是你们的。你们青年人朝气蓬勃，正在兴旺时期，好像早晨八九点钟的太阳。希望寄托在你们身上。"毛泽东同志的话讲得真好，时时激励着我们的心。今天我特意转赠给你们。我相信也能成为你们实现理想的动力。那时我们大多是研究生而且工作过，年龄偏大了，所以是早晨八九点的太阳。而你们非常年轻，应该是六七点的太阳，你们的潜力更大，对你们的希望自然也更大，你们将来的成就也会更光辉灿烂。

　　同学们，让我们在祖国飞跃发展的大好形势下，共同努力，奋发图强，追求卓越，大步前进，以超越前人的更优异的成绩，为学校争光，为祖国争光，为中国人民争光！谢谢！

在北京师范大学文学院纪念
启功先生百日忌辰会上的发言

（2005-10-08）

今天，我们在这里隆重集会，深切怀念启功大师。由于专业不同，我很遗憾未能听到先生的讲课。但启先生渊博的学识，高深的造诣，而尤其重要的，是他高尚的人品，宽广的胸怀，他的和蔼、谦虚、随和、豁达、大度和幽默，他对他的老师的终生感恩，对学生的无比关爱，这一切，在人们的谈论中，在群众的心目中，在报刊传媒中，时时刻刻都广泛地传为佳话。大家尊敬他，佩服他，学习他。但要达到他的高度，却真是仰之弥高，钻之弥坚，可望而不可即也。启先生注定要成为楷模，注定要化为一尊高大的雕像，永远矗立在人们的心中。

我和启先生接触不多。但有几件事使我念念不忘。

20 世纪 90 年代初，我的家乡江西省吉安县，建立了文天祥纪念馆，因为那也是文天祥的故乡。县的领导托我请启先生题写馆名。启先生慨然允诺，非常爽快地答应了。后来我回家参观，把馆名拍照下来，送给启先生看，他非常高兴。

大约在 1988 年，李鹏同志来我校，提出要去启先生家看望。我带他去了。除看望外，主要向启先生学习书法。启先生很热心地进行了指导。

我校的校训"学为人师，行为世范"公布后，我很惊服。既切合我校的特色，而且也可成为任何高校办学的准则。再者，文辞华美端庄，不落俗套。仅此，也足以使启先生不朽矣。

启先生还是一种启示，一种罕见的奇迹，一个谜，有待人们去破解、去开发、去发现。启先生学历不高，早年遭遇又很坎坷，但成就却极高。他全靠自学成大才。他的治学方法应有非常独特之处，值得我们认真研究。希望能有几本有关专著出现。再者，像这样的学者，如果在今天，差一分也不行的今天，他能上大学吗？类似地，钱锺书能上大学吗？华罗庚能进大学吗？今天的教育制度，难以接纳和培养特殊人才。有一般而不能宽容特殊，确实值得改进。

我们深信，通过这次怀念，不仅寄托了哀思，而且还会从启老那里得到更多的教益。

注：1929 年钱锺书报考清华大学，数学考 15 分，但国文与英文特优。校长罗家伦找他谈话，力争破格准其入学。（见杨绛. 记钱锺书与《围城》. 湖南人民出版社，1986；汤晏. 钱锺书访哥大侧记. 南北极（香港），1979，（6）：216；刘桂秋. 无锡时期的钱基博与钱锺书. 上海社会科学院出版社，2004：189）

1930 年华罗庚在《科学》上发表一篇论文，清华大学数学系主任熊庆来读过此文后将他调入清华大学数学系任助理员（1931 年）。当年华罗庚 21 岁。他的最高学历是初中毕业。（见王元. 华罗庚. 开明出版社，1999）

在江西省泰和中学校庆会上的发言

（2005-10-16）

周校长，全校老师同学们，员工同志们：

今天是庆祝泰和中学 80 华诞的大喜日子，我衷心祝愿母校更为兴旺发达！祝全校师生员工身体健康，工作顺利，学习进步！

今天既是泰和中学回顾以往、总结巨大办学成绩的日子，更是展望将来、迎接新的胜利的日子，是新的起点、新的开始。我们深信，今后学校一定会更加光辉灿烂。

我是本校 1948 年的高中毕业生，那时正值中华人民共和国成立前夕，进步与反动斗争非常激烈。记得当时市里甚至校内有国民党特务和兵痞流氓的盯梢，殴打和逮捕进步人士的事件经常发生，进步同学也难逃他们的魔爪。但同学们毫不畏惧，不断组织演讲、演出，宣传进步思想，传阅革命书刊。这些事情虽然已成为遥远的过去，但至今记忆犹新。中华人民共和国成立以后，人民当家做主，国家、地方和学校都有了翻天覆地的巨大变化。我们的祖国日新月异，蒸蒸日上，人民生活不断改善，科技、教育、经济、文化都取得了令世界惊叹的成绩。母校也是如此。泰和中学办学实力迅速增强，校园建设美丽堂皇，教学质量显著提高。当我们得知泰和中学出过三个省高考状元，连续六年高考成绩为吉安之冠时，我感到非常地高兴，以有这样好的母校而自豪。

学校是培养人才的摇篮，同学们是祖国的希望。作为一名老校友，一个过来人，我向同学们提出三点建议，也许对成才有帮助。一是要有远大而崇高的理想，早日确定自己的奋斗目标。目标确定以后，就要不折不挠地为之奋斗。二是要品德高尚，爱祖国，爱人民，爱真理，爱劳动，时时关心同学，热心帮助别人，对自己要求严格，决不做损害集体、伤害别人的事。三是要奋发图强，力争上游。今天在班级里要成为优秀，明日在工作中也要成为优秀。只有在每一阶段都优秀，最后才有总体优秀。我想讲一个卡特的故事。卡特是美国的前总统。他写过一本书《为什么不是最好的》。1952 年，他在海军服务。一次，一位海军上将找他谈话，问了他许多问题，临别时，又问："你在海军学院毕业时考的是第几名？"卡特说："第 59 名。"那时全年级共有 820 人毕业。但上将不满意地问："你当时尽了最大的努力吗？""为什么不是最好的？"这句话成了卡特的座右铭。以后他每一步都争取成为最好的，最后当上美国总统。

今天同学们在美好的环境中学习，希望大家把握好时机，奋发图强，将来成为国家的栋梁。

泰和中学已为地方和国家培养了许多优秀人才。我们深信，母校一定会为教育事业做出更大贡献。祝母校在前进的大道上建功立业，再造辉煌！

在北京师范大学文学院《文学史家谭丕模评传》出版座谈会上的发言

（2005-12-23）

　　我是第一次来到文学院励耘报告厅。我一进门，精神为之大振。三面墙上都是文学院的名教授、名家的照片。我觉得，我们原来的中文系、现在的文学院之所以人才辈出，就是因为有深厚的文化的学术底蕴。我也看到了岳父的照片，感到很亲切。我和岳父相处在一起只有两个多月的时间。因为我 1958 年7 月留苏回来，不久又被调去当翻译，而岳父 10 月就去世了。在这两个多月的时间里，我觉得谭先生很和蔼，很关心人，关心后辈，很亲切，但不苟言笑。

　　我对岳父的情况不太了解。对他的了解是通过他的三本书，特别是今天在座各位的发言加深了我的认识。就我理解，谭先生的优秀品质，主要有三点。

　　第一，谭先生有崇高的理想，这很重要。因为从传记中看到，当时的生活条件非常困难，到处逃亡，打倒日本帝国主义，反对国民党的腐败政治和镇压，他做了很多地下工作，保护进步人士，保护进步学生。这是由于他有伟大的理想。只举一个例子。1928 年谭先生在《新晨报》报社工作期间，冒着生命危险掩护过陶铸。这事怎么知道的呢？中华人民共和国成立后，谭得伶的妹妹谭得俐在广州战士歌舞团工作，一次演出后，陶铸上台接见演员，在与谭得俐谈话中，才知道她的父亲是谭丕模。陶铸告诉谭得俐，你爸爸年轻时救过我。这事如果陶铸不说，别人并不知道。

第二，他对人、对同学、对教学不仅尽职尽责，而且很爱护学生。不是一般地爱护，而是超过常人。在开始酝酿写这本《评传》的时候，我觉得很困难：老师早就不在了，学生也七八十岁了，过去几十年的事如何回忆得起来？没想到不少学生却非常积极，有的甚至到了癌症晚期还在努力写稿。这件事本身就让我很感动。这说明学生非常怀念老师，老师也确有值得他们怀念之处。

第三，谭先生做学问很努力。现在文学史出版得很多，洋洋百万言，这很好。在座的几位专家，如郭先生、聂先生、韩先生都是一个人写。别的学校不少文学史却由许多人合写，一人写一段。目前有这么好的条件。谭先生在极其困难条件下以一人之力，独立完成《中国文学史纲》，这很不容易。他运用历史唯物主义方法研究文学史，这是创新，曾得到很高的评价。如 1947 年《中国文学史纲》出版后，南京新民报副刊诩赞该书"与郭沫若《中国古代社会研究》、吕振羽《中国原始社会史》、翦伯赞《中国史纲》、侯外庐《中国思想学术史》同为中国近代脍炙人口的历史巨著。"这评价虽然不一定准确，但谭先生在当时的困难条件下，身体不好，又有革命工作，还教学生，确实不容易。若天假以年，谭先生一定会取得更多成果。

以上三点，我作为晚辈，印象很深刻。

最后，我和谭得伶一样，感谢文学院院长，感谢出版社，感谢各位老师对岳父的怀念。我们后辈很受教育。谢谢大家！

在北京师范大学地理学与遥感科学学院
庆贺张兰生先生寿辰学术研讨会上的讲话

（2007-12-29）

热烈祝贺张兰生教授 80 华诞！祝贺他从事教育工作 55 周年，并祝贺他在地理学与环境演变的科学研究中所取得的重要成就。我在业务上无缘向他请教，但我们有 5 年的共事。那是 1984～1989 年，他任本校的教务长，我刚从外校调来，素不相识。但一见面，我就发现他是一位学者型的人才，对科研与教学必定有丰富的经验，而且熟悉本校情况，是一位好教务长。以后的相处，证实我的最初判断。每逢有重要事物，特别是事先难以决断时，我必定先向他请教，每次都使我获益匪浅。时间长了，他的品德，有三点使我印象深刻。

（一）认事透彻、客观，几句话就能抓住要害，使人有豁然开朗之感。

（二）处事公道、正派。对奖励、处分或申请国家奖，制订各种条例，都能从公出发，无门户之见。

（三）做事勤奋、认真。每天都能在办公室看见他在辛劳地、踏实地工作。

总之，张兰生教授是一位品德高尚的学者。

光阴似箭，时间已过去快 20 年，但当年的合作，仍历历在目。美好的回忆，将永远留在我的心中。最后，祝张兰生教授健康长寿，家庭幸福！

在北京师范大学座谈会上的讲话

（2008-04-24）

办好大学的三大基本因素是人才、钱财和学校精神。

（一）人才可以引进，但更有效的途径是从校内人员中选拔。杰出青年基金获得者，长江学者，新世纪人才，都经过全国选拔，有相当高的水平，而且正当年，所以应该更多为这三种教师创造条件。希望他们每四年或五年中，能出国访学一年，这应作为一条规定，以保证水平不断提高。当然，其他教师中也一定有优秀者，也要为他们及全体教师创造不断提高的条件。除业务水平外，更应注重品德，德才兼备，以德为先。

（二）除国家拨款，专款专用外，学校本身要不断扩大创收，逐步提高每位工作人员的收入。希望能达到首都师范大学的水平，至少应略高于北京高校的平均水平。当然，创收应走正规的合法道路。这样才能稳定队伍，也有利于引进人才。

（三）要继续发扬北京师范大学艰苦奋斗，严谨治学的精神。在此基础上，提倡创新。但创新必须是有利于国家的创新。要抵制官本位，钱挂帅，人要有人格，校要有校格，不要为了争取一点经费或名誉，就低三下四，不敢坚持真理。这方面要向马寅初先生、刘文典先生学习。刘为了保护学生，不怕坐牢，当面痛骂蒋介石为军阀。

（四）最近有同事从美国回校，我们问他有何感想，他只说了一点：国内物价涨得太快。这确是我国发展中的大问题。GDP增高至12％，当然是好事。但老百姓并感受不到多少直接的好处；而物价高涨，却是每人每时都感觉到的，上至百岁老人，下至儿童婴儿，甚至未出生的胎儿，都受其害，真是很大的不稳定、不和谐的因素。我曾问过几位搞经济工作的人，为什么涨价这么厉害。他们可以举出十条理由，说明涨价是合理的。起初我不懂他们为什么会为涨价辩护，原来他们也许是涨价的受益者。记得 1991～1992 年前后，也发生过一次物价飞涨，人人自危。但朱镕基上台后，不久就稳定了物价。乱涨价确实是天大的坏事。国民党时期，贪污腐化，物价飞涨，大失人心，不久就垮台。所以希望政府采取果断有力的措施，尽早解决这一大问题。希望能成立"物价管理委员会"，更希望朱镕基等同志能参加或担任顾问。

现在为政太宽，有些坏人坏事，无所畏惧。应该成立"军事法庭"，严肃处理。

祝我们的国家更兴旺发达，人民更富裕幸福！

在北京师范大学师生代表座谈会上的发言

（2008-09-10）

2008 年 9 月 10 日下午，国务委员刘延东来北京师范大学视察，同时在英东会堂讲演厅召开了师生代表座谈会，王梓坤在会上作以下发言。

尊敬的刘延东国务委员，周济部长，各位老师，各位同学：

第 24 届教师节来到了，我们热烈欢迎各位领导同志来校视察，和我们共度教师佳节。

改革开放以来，我国的教育事业有了飞速的发展，取得了巨大的成绩，九年义务教育基本上普及，对教育投资逐年增加，在校学生人数也大量增多，教师和学生的工作、学习、生活条件大幅度改善，教师的社会地位也大大提高。这些都是有口皆碑、有目共睹的。

我主要想谈一个问题，这个问题也许还未引起普遍注意。我想谈的是：再现师范辉煌。这里所指的师范，包括师范大学，也包括各级师范学校。师范教育，是我国百年前废除科举以后，最早发展的一种教育。当年一些仁人志士，如梁启超等，认为要发展教育，必须要有大批优秀教师。因而他们非常重视师范。早期的师范，一切费用全免，甚至还发衣服，一直包到毕业，因而竞争激烈，能考进师范的，几乎全是优等生。他们吃苦耐劳，奋发图强，许多人来自农村，后来成为优秀人才，甚至栋梁之材。毛泽东同志就是湖南第一师范的毕业生，著名文学家老舍，也是念师范的。如果没有师范，也许他们会失学。当年的师范，确实辉煌。

但 20 世纪 50 年代以后，师范的辉煌渐渐暗淡，一切费用全免的气势越来越弱，直到 2006 年温家宝总理提出恢复免费，才有改变。社会上各界人士，包括部分领导，对师范教育很不重视，师范的声誉，远不如前，甚至误认为差生才上师范。前些年还撤销了一些师范学校，使师范学校的教师们岌岌自危，不知前途如何。

国防需要多兵种，要有陆军、海军和空军，各起各的作用，谁也代替不了谁。同样，教育需要综合大学，工科大学，也需要师范院校，都是不可或缺的。为了再现师范辉煌，首先需要各级领导重视，增加对师范教育的投资，加强办学力度，恢复对师范生的免费，让更多的农村中的贫苦而又优秀的青少年入学，报章杂志，通讯媒体，要加大对师范院校好人好事的报导，纠正那种认为师范水平低的错误认识。改革开放以后第一个当选美国国家科学院院士的，就是北京师范大学 1984 年的本科毕业生。全国的特级教师，优秀教师，也大多数来自师范院校，他们正在为培育新生力量而夜以继日地辛勤工作。

最后，祝大家节日快乐！祝教育战线百花齐放！各类学校，携手共进，为祖国的繁荣富强，做出新的贡献。

在北京三帆中学科技节上的讲话

（2009-03-31）

各位老师，各位同学：

我很高兴来参加科技节的庆祝大会。热烈祝贺科技节的开幕！特别祝贺科技节在三帆中学的开幕！并预祝老师和同学们正在或即将成为我国科技界的精英！

几天前，我在《科学时报》上看到一篇报道，是关于美国国会拨专款培育青少年数学精英的。以前美国国会不会指定国家科学基金的专门用途，不会具体地指定给哪个项目多少钱，作什么用。但 2009 年这个传统被打破了。美国国会明文指出，用 300 万美元建立一个数学机构，致力于鉴别和培育数学天才。可以想象，这只是一个开始，以后每年必将继续下去，而且很有可能扩大到其他学科。经过一些年的努力后，更多的科学精英必将脱颖而出，为人类社会的进步做出巨大的贡献。

这篇报道给我们以启发。我国的教育从应试教育到素质教育，这是一大进步。但应试教育的弊害远未消除。素质教育对提高全民的品德、科学、技术和文化水平，对增进知识和锻炼能力等方面会起到巨大作用，但却很可能忽略对少数极优秀人才的扶植和培养。因此，在发展素质教育的同时，还应该非常重视精英教育。许许多多的大发现、大发明、大创造都是建立在广大人民长期实践的基础上，这是事实；但最后的突破，最后的画龙点睛则需要极高的天赋、聪明和才智，而这需要科技精英、文化巨人来完成，这也是事实。这正如打仗需要广大的英勇战士，更需要英明的将军一样。因此，我们必须把素质教育和精英教育结合起来，才能使我国的科技事业更快更有成效地发展。

科教兴国，这是英明的战略思想，教育是科技的后盾，科技是经济的支撑。尽量发挥科技的作用，以促进我国经济平稳地较快发展，这是全国人民共同的愿望。青少年是科技事业的后备军，有的甚至会成为中坚力量，国家的兴旺全靠你们。记得1957年毛泽东同志在莫斯科接见中国留学生时说："世界是你们的，也是我们的，但归根结底是你们的。你们青年人朝气蓬勃，正在兴旺时期，好像早上八九点钟的太阳，希望寄托在你们身上。"我现在把这段话转赠给同学们，只是要把"八九点钟"改为"五六点钟"。你们更年轻、前途更远大、天地更宽广。希望同学们奋发图强，早日成为科技、文化精英，成为祖国的栋梁。

在中国科学院应用数学研究所
成立 30 周年会议上的讲话

（2009-06-27）

各位先生，各位同志：

热烈庆祝中国科学院应用数学研究所成立 30 周年，并预祝应用数学研究所更加兴旺发达，学术水平更加提高，科研成果更多、更丰硕！

中国科学院应用数学研究所是我国数学研究的龙头，许多人都从中国科学院应用数学研究所得到教益，我个人也是如此。

我最初来中国科学院数学研究所是 1958 年秋，至今已半个世纪了。那年波兰数学家来所讲学。他讲的是俄语。于是调我来中国科学院数学研究所工作半年，担任翻译。鲁卡斯瑟维克茨讲的是波兰应用数学的进展，大概讲了十几讲，最后文稿译成中文登在《数学进展》（1963 年）上。记得华罗庚先生很虚心，亲自听了几次讲。后来，华先生等在大栅栏全聚德请客，我也去作陪。宴会后华先生一定要用自己的小车送我回北京师范大学，使我感动不已。华先生那时已是国际闻名的大家，我那时连初出茅庐都谈不上。这件小事，说明了他对后辈的提携。到"文化大革命"时期，华先生还通过严志达先生问我是否愿到中国科学院数学研究所来工作，我觉得门槛太高而不敢问津。后来，我常到中国科学院数学研究所来查阅资料，有时也来听报告，得到许多先生的关怀，如关肇直、吴文俊、田方增、越民义、王寿仁先生等。记得越民义先生还请我吃饭。要知道，那时请吃饭不是一件平常的事。

中国科学院应用数学研究所在发展我国的数学研究和教学中起到非常重要的作用。

（一）领路作用，介绍国际研究动向，新的研究方向。概率方面，如早期的平稳过程，信息论以及后来的鞅论，随机分析，狄氏型，随机网络等。

（二）攻坚作用，国防自动控制，柯尔莫哥洛夫-斯米尔诺夫（Kolmogorov-Smirnov）定理的精化，哥德巴赫猜想。

（三）传播作用，包括发表综合性文集，如冯康的广义函数，王寿仁信息论小册子，讲学或办学习班，向外开放图书资料，推广优选法等。

（四）提高作用，来所进修，培养研究生等。

（五）国际交流作用，如北京国际数学家大会等。

中国科学院应用数学研究所不仅成果丰硕，而且人才济济，特别是中青年人才辈出。

我再次祝贺中国科学院应用数学研究所更加发达进步，为我国的数学事业做出更大、更多、更好、更新的贡献。

在江西省吉安县在京乡友新春宴会上的讲话①
（2010-03-01）

各位乡亲，各位同志：

非常高兴来参加这次盛会。我首先要向各位拜年，祝贺新春快乐！工作顺利！全家幸福！我们虽然都在北京工作，但由于居住分散，加以工作繁忙，平日极少会面。感谢吉安县委和吉安县人民政府的关怀，组织这次会见。真是难得，非常感谢。

我已年过八旬，是老龄人了，见的世面也多了。我亲身感受过中华人民共和国成立前的黑暗统治。那时，到处是贪污、欺诈，特务横行，进步人士随时有生命危险。1949年后，人人都为中国人民站起来了而欢欣鼓舞。这段时间延续了8年，随后便是反右，三年灾害。1966年，"文化大革命"开始一直延续10年，到1976年这场大动乱才告结束。回顾过去，简单说来，是八年抗战、三年解放、十年"文化大革命"，中间还夹着抗美援朝。

1978年迎来改革开放的春风。我们的国家在党的正确领导下，一步一步走上正轨。特别是最近十年来，国家兴旺，人民幸福，我国的国际声望，如日东升，获得全世界的赞扬和尊敬。人民的生活、科技、文化、教育和国力，也一天比一天更提高更发展。可以说，我们现在正处于中国历史上最幸福、最美好的时期。

我的家乡在固江镇的农村，是一个古老的、百户人家的村

---

① 在江西省吉安市乡亲乡情乡音加快吉安发展恳谈会上的讲话（2010-03-06）.

庄。随着全国大好形势的发展，我的家乡也有了巨大的变化。大多数人家建了新房子，从山下逐步建到山上，修了环村公路，修到每户人家的门口，并联通了附近的村庄，再也不必走泥泞的土路了。每家都通了电，有电灯、电视和自来水。村子里有一所完全小学，有较美观的校园，孩子们可以上电脑，阅读课外图书。学校附近树木环绕，建了小公园。老乡们工作之余，在此可以休息来往，老人在此安度天年。近年来，国家的三农政策，使农民得到实惠。年轻人可外出打工，增加收入。年老人有医保，可以减轻医药负担。长此以往，再争取 30 年健康的发展，陶渊明想象的桃花源，当不再是梦想了。所以我说，我们现在正处于最好的时期，也许是中国上下五千年来的最好时期。我们应该特别珍惜它。

　　家乡父老和领导们惦记我们，我们也常常想念家乡。希望在各自的岗位上，为家乡的建设多出一分力，或多提一些好建议，或招商引资，或推荐人才，共同为建设更加美好的家园而努力！

在全国中小学校长论坛上的讲座

（2010-03-29）

主持人：各位领导、各位专家、校长们，大家下午好！

我受郭振有会长的委托，来代替主持今天下午的会议。今天下午为我们作报告的是我非常尊敬、尊重的王校长。在五年前，我们在人民大会堂召开了一次中国首届小学校长大会，当时我们请王校长做报告，王校长讲的是教育智慧。讲过以后好多校长回去以后结合工作实践进行反思，提出来要做一个有智慧的校长，要把学校办成开发学生智慧的基地。所以，在全国校长中间产生了很大的影响。这次有幸把我们的院士、校长、教授请来给大家讲座，今天下午让我们用热烈掌声欢迎尊敬的王校长、王博士为我们讲课。

王梓坤：各位校长、各位老师、各位同志，有机会来参加这一次论坛感到非常的荣幸。

3月5日，温家宝总理在政府工作报告里说强国必须强教，只有一流的教育才能培养一流的人才，建设一流的国家。他还说教育寄托着亿万家庭对美好生活的期盼，关系着民族的素质和国家的未来。不普及和提高教育，国家不可能强盛，这个道理我们要永远地铭记。

这是温总理说的两段话。温总理这席话把教育的重要性说得非常清楚。我们也常说科教兴国、教育为本，中小学的教育又是教育里边的根本。各位老师在中小学工作，肩负着如此重大的责任，既光荣又艰巨，我谨向各位校长、老师致敬，向各位学习。

我离开行政工作岗位已经有 20 年了，赶不上迅速发展的形势。今天来讲"为每个学生的发展提供适当的教育"，既感到力不从心，又感到很恐慌。我讲的不恰当或者有错误的地方请各位批评指教。

要为每个学生的发展提供适合的教育，我个人体会，既有宏观一方面要做的事，也有微观的方面要做的事。所以，我下面就分为两个方面来讲。所谓宏观是指要有一个好的家庭教育，要有好的学校，要有好的环境，使得学生在学校里边受到良好的教育和熏陶。这是宏观方面，这是大的环境。微观是说要针对每一个学生的特点进行因材施教，因为每个人不一样，要因材施教。

第一方面，主要是讲办好学校必须具备的条件，包括大学、中学、小学都是这样。必须要有四个条件：

（一）要有优秀的办学人才。人才里边又包括有远见卓识，能够团结群众，能够苦干的领导班子，特别是有好的书记和校长。

（二）要有合格的教师，而且这些合格的教师里有相当一部分是非常优秀的教师，这也是一个学校最根本的东西。

（三）要有精明、勤奋、正直的管理人才和员工。

（四）要有合格的、最优秀的毕业生和校友。因为一个学校看好不好肯定是看毕业生怎么样，将来他培养出来是否有好的毕业生，二三十年后有没有好的校友，这也是非常非常重要的，这是一个检验一个学校办学质量最重要的标志。

第一点，一个英明的书记和校长的任务是要提出切合实际而又有远见的办学思想，首先要提出一个比较有远见的办学思想和学校的奋斗目标。而且以身作则，团结全体师生员工，为实现这个目标而奋斗。党领导最重要的东西就是他有一个很明确的办学思想和奋斗目标，能够团结大家为此奋斗。

我们常常感觉到作为一个领导，这个领导不光是我们学校的领导，包括各级政府的领导和其他的领导，但是有一种是常规的领导，有一种是超常规的领导，分这两种。常规的领导是按部就班的，有一个什么计划就按照这个计划执行，每天上班8小时，上班的时候很勤奋，做他应该做的事，做完之后就不一定再做工作，或者回家了，这就是常规的领导。这种领导基本也不犯错误，但是也不会有很大的创造性。还有一种就是非常规的领导，这一部分领导对我们来说是很重要的，他能够有一个很核心的思想，能够团结群众为之奋斗。他不一定每天8小时都在办公室，但是能够有非常好的建设。

我举一个例子，埃及在20世纪五六十年代有一个总统叫纳赛尔，这个总统在埃及的声望比较高。这位先生做事情非常勤奋，在他手下做工作很不容易，因为他对部下要求高，对自己的要求也高，我还见过他，因为那时我在苏联留学，他刚好那时也到莫斯科大学。但是不久之后他就逝世了，由另一个人来接手，接手的这个总统就是萨拉特，接手的总统原来是纳赛尔的副手，在纳赛尔的手下工作，凡是纳赛尔说的任何事情他都好好去干，不违反纳赛尔的意见，有人说他是纳赛尔的一条狗。萨拉特说"我就是纳赛尔的一条狗，我就是执行他的决议，所以才可能接上班。"如果他不认真执行纳赛尔的指示，早就被赶走了。这是萨拉特第一个英明的地方，他才能接了班。但是萨拉特的作风和纳赛尔完全不一样，他不每天上班，有时一个人到外面散步、兜圈子去了，一个人思考一些问题，也不一定整天像大家一样上班，他就是老在思考。但是他想出来的事非常令人兴奋、让人惊叹。比如我知道他做了至少两件大事，第一件，因为埃及和以色列两国关系不好，一直是仇敌的国家。萨拉特上台之后很快就扭转了局面，和以色列搞好关系。这件事犯了众怒，很多人都觉得不可理解，这是一件大事。还有一件更大的事，在纳赛尔的时候，有十几万苏联专家在埃及工作，指导具体的工作。萨拉特上台之后不久一个晚上下决心把这些苏联专家全都赶走。他认为他们在这里对埃及没什么好处，甚至还有危险。这件事情也让全世界都为之惊奇不已。这两个事情后来看都还是做得比较对的，都是比较正确的。他敢于做出一般的人难以想象的事情。这位领导就是超常规的领导，就不是一般的领导。

各位校长也好，其他的领导也好，其实这两方面都要，既要有常规的能力，你需要到办公室去，但是也不能作为一个办事员，因为你是一个领导。如果作为第一把手，更要偏重于非常规的领导，因为常规的领导，副校长或者各种各样的处长都可以做，不一定要你做。但是非常规的就应该是校长、书记。这是一点建议。我觉得很有意思，这两位作风不一样。

第二点，钱财，有比较充裕的资金。要开源节流，合理使用，谨防意外。开源就是想办法去弄钱。节流，不要浪费，不必要的钱不要用，但是应该用的钱就要大力度用，要不然要那么多钱干吗，但是要节流，节省一些不必要的开支，合理地使用，还要谨防意外，特别要小心，钱不要被人家骗掉。

我知道国内某一所大学，有一位管钱的处长，校长都不太过问钱，都交给他管，而且很信任他。结果没想到，这位处长到了某一天，突然不见了，不在学校，找也找不到，一查钱的数额巨大，一下子卷走了。这对学校是一个很大很大的打击，到现在这个人还没被抓到，还不知道跑哪儿去了，不知道是在国外，还是在国内。这是一个意外，学校好不容易能够积累的钱，一下子卷跑了。第一把手当然完全管钱也没那么多时间，但是也不能太放松，也要注意。

　　校长应该想方设法正大光明的广开财路，争取资金，争取的办法一个是政府的拨款，国家或者地方政府拨款；按规定收学费；争取校友或者社会各方面的资助。这方面在国外很多，特别是一些名校，很多都是校友发了财之后捐助母校。我们这里也有，前不久我看到中国人民大学有一位毕业生给中国人民大学捐了3 000万美元，捐赠不少。再就是适当地办班，扩大招生等，这些各位校长都知道。但是领导自己必须要廉洁，分文不能沾。上个学期我看到一个报道，有一位校长后来被抓起来了，为什么被抓？因为他刚开始的时候也很小心，他拿一些发票去报销，后来报的范围越来越宽，有些不是因公用掉的费用也拿去报，让副校长拿去报，副校长知道是有问题，但是副校长乐于帮他报，因为副校长自己也拿去报，你可以报，我也可以报。第二个副校长报了之后，第三个副校长觉得我也可以报，结果好几个副校长都报了，最后一查出来，一窝全都端掉了。所以，第一把手一定要非常重视，一分钱都不能沾，你沾了以后下面的人就跟着来了，必须廉洁，分文都不要沾。

　　第三点，要建设好一个美丽的校园，同时还要有比较够用的硬件设备，包括电脑、图书、仪器、运动场所等。要把校园在尽可能的条件下建成为一个文明的、文化的、和谐的宫殿，进行氛围的教育。我感觉到氛围教育非常重要，你到这个地方去就有一种上进的氛围。这一点我稍微要发挥一点，健康的氛围教育是每一个学校的精神体现，每个人有每个人的精神，有他的人格。一个好的学校也应该有它的精神，应该有学校的校格。氛围教育是学校精神的一种体现。每当我们走上天安门，就有很庄严的氛围，有大江茫茫去不还的浩荡气概。如果进入到人民大会堂，有一种庄严肃穆的气氛迎面而来，精神为之大震。一到人民大会堂、天安门，一些不干净的思想绝对不会有，正气就一定上升了，可见环境对一个人的影响是非常深、非常大的。特别是校园，校园是做学问的地方，是创新的地方，是我们人才成长的地方。大学还是大师讲学的地方，中学当然也有很多很好优秀的老师讲学，是真理传播的地方，是新的发现、发明发源的地方，是国家未来的人才栋梁诞生的地方。要把这个环境搞好，因为这个地方非常重要。所以，这个校园应该是安静的、祥和的，应该是同学和老师之间有礼貌、互相尊重的学府，应该是充满了激情的开展友好竞赛的，焕发青春火焰的场所。所以，我们一定要把校园办得比较好，尽量把校园建设成为一个文明的宫殿，要珍惜校园的每一寸土地，每一寸土地都要想办法利用它，我看有一些搞得很不错，一些角落也充分地利用。或者过去有一些名人讲过的话，竖一个牌坊在那个地方，让每一个角落都散发出清香，要让每一个角落都流传着美好的回忆和催人奋进的故事。我们学校的历史比较长一点，我们学校刚好出了一件历史上值得纪念的事，就在这个地方把它写下来，挂在这个地方，让学生都了解。尤其是一些名人的画像应该到处可以看见，还有一些精彩的报告。每一个学校的条件不一样，大一点的学校办起来比较容易一点，经费比较充足一点，但是小一点的学校也可以办，小的也有小的好处。有一句话，小的是美好的，因为小的比较容易，不像一大片需要花很多钱去装饰，小的只要把几个小的地方搞好就行。如果你追求美好，小的更容易美好。

　　每一个学校，特别是比较著名的学校，应该有自己标志性的建筑，进到学校里去，不可能每个地方都是标志性建筑，但是有一两个地方是标志性的建筑。这种标志性建筑就是校园里面的"天安门"，我们国家的标志性建筑就是天安门，学校里也应该有像天安门这样的建筑。

第四点，要有学校的特色、精神。这个中学和那个中学都有优点，但是优点不完全一样，各有各的特点，各有各的特色，要逐步形成学校的强项。刚才我说过人要有精神，学校也要有精神，人有人格，学校要有校格，不要轻易去迎合。我有时听说一些学校，比方说有的地方官员要求学校做一些不是教学的事，让很多学生为他们办事，一件两件是可以的，但是长期来说不可以，这时校长、书记就应该分清楚，如果值得，对教学有好处当然应该做，如果没有什么好处甚至还有坏处，那学校可以拒绝。

下面说说各个学校的特点、特色在什么地方，我给大家介绍 6 所学校的特色。因为我在大学工作，我平常接触的大学比较多一点。但是我今天讲的这 6 所大学，尽管情况不一样，但是它的精神都是一样的。这 6 所学校，4 所是国外，2 所是国内的。

第一所大学是美国的哈佛大学，哈佛大学有什么特点、特色？哈佛大学的校训说"以柏拉图为友，以亚里士多德为友，更要以真理为友。"哈佛大学的校规是"真理"。可见它要以真理为友，校规上面就有"真理"两个字，可见哈佛的人是以追求真理为它的首要目标。

哈佛大学的办学理念也很有哲理，它首先对学生说为增长才智进到学校来，为服务祖国和同胞走出去，出去的时候要为国家、人民、同胞去服务。这是哈佛办学的理念。从这里可以看出来哈佛是以追求真理为首要的目标，把学术看作是至高无上的。

他们流传着一个故事，1986 年哈佛大学 350 周年校庆，哈佛学校的校长们就有意想邀请当时的美国总统来参加校庆，那时的总统是里根，想请里根到学校来。里根很欣然的接受他的要求，同时他也希望哈佛大学能够授予他名誉博士学位。就这么一点小要求，作为我们来说应该没有问题，但是美国对这件事情很重视，校董会也讨论决定到底行不行，就广泛征求老师和同学的意见，没有想到遭到多数人的反对，很多老师和学生反对。为什么呢？我们是一个堂堂的最高学府，怎么能够给一个电影演员学位呢？因为里根没当总统之前，曾经是一个很有名的演员。最后就没有给里根学位，里根也没有来学校。所以，可见哈佛非常尊重学术，不苟同于世俗，他们尊重学术的精神是令人感佩的。我们客观来说，你可以不授予他学位，但是理由不太充分，你不能说人家当过演员就不授予，这不太对。不管怎么说，最后没有给里根名誉博士学位。

第二所大学是英国的牛津大学。我看到一篇讲牛津大学的文章，文章写得很不错，我念给大家听听。文章名字叫"牛津大学的魅力"。"我一个人漫步在牛津的街头，中世纪的塔楼古色古香，文艺复兴风格的建筑弥漫着浪漫的气息，城东的一个城堡被称为是凝固了的音乐，这个建筑的确优美异常。另外，它有一个图书馆始建于 1371 年，到现在已经有 639 年的历史了，是英格兰最古老的图书馆。大学里还有一个植物园，始建于 1621 年，是英国最早的教学用的植物园。有一个弯弯曲曲、蜿蜒的、曲折的、幽深的、绵长的小巷，从牛津大学建校开始一直保留到现在。"牛津大学是什么时候建的呢？1168 年建的，到现在有 842 年的历史了，842 年里，那时的一条小巷一直还保留到现在，他们对它的文化、建筑非常珍惜，不像我们过两天就拆掉，就没有了，它是一直保留到现在。"路边摆的石头凳子长满了青苔，让人回想起牛津的过去。你可以想到牛津的名人翁尔德坐过的凳子，萧伯纳靠过的书架子，照样原封未动。你跑到楼里面去就感觉到图书馆里边非常安静，好像里边的时间是静止不动的，非常安静。"牛津的魅力在哪儿呢？英国人把牛津当成一种传统、一种象征、一种怀念和一种追求。

下面一所大学是剑桥大学，因为牛津大学和剑桥大学在全世界都非常有名。剑桥和牛津都是非常有名的大学，但是风格迥然不同，完全不一样。牛津大学是雍容华贵，有王者的气派，剑桥不是雍容华贵，剑桥是优雅出尘，宛如诗人的风骨。

剑桥的调子是轻柔的，它也不想听你对它的赞美，它很大方、很高贵，他的风格里还带有几分羞涩，像一位很美丽的姑娘。在云淡风轻的午后，在斜阳晚照的傍晚，你从容的迈进三一学院，是牛顿在那里工作的地方，峭立在另一个学院，安安静静怀念像牛顿这些大家，再听一听奇妙的钟声，到了这个地步，你算是到了剑桥，你就会产生立刻就是永恒的精神世界。中国诗人徐志摩曾经在剑桥学习过，他写了一首诗叫作《再别康桥》，诗写得很好，他说："但是我不能够放过，悄悄是别离的笙箫；夏虫也为我沉默，沉默是今晚的康桥！悄悄的我走了，正如我悄悄的来；我挥一挥衣袖，不带走一片云彩。"

归纳一下，牛津和剑桥用诗一般的氛围影响每一位学子和游人，这就是氛围教育。它洗涤着我们的灵魂，无形地冲击着我们的心，我们心里面沉积下来一些无聊的思想，不好的思想，被这样一种氛围冲击一下、洗涤一下，让我们正义、博爱、奋发向上的精神在心里熊熊燃烧。

第四所是莫斯科大学，是俄罗斯最好的大学，刚好我很有幸在莫斯科大学的数学力学系读研究生，待了三年。我自己的感觉，一进入这个学校，学术气氛非常浓，真正是大师与巨人的学府，光是说数学一个系，科学院院士就有十几位，是大师云集的学府。我们进去看到它的墙壁到处挂的都是学术报告的通知，什么时候有学术报告，在哪个班里。除了学术报告还是学术报告，看不到别的东西。大家在里边即使聊聊天也是很轻声地聊天，聊天的时候不谈别的，都是谈新的数学有什么进展，比如谁做报告，讲一个什么东西，国外有什么动态等，或者讨论某一项成果。看到数学像一支火箭一样，你看见它每天都在前进，每天都在向前走。讨论班如果我少去了一次，耽误了一次，下次我再进去就感觉很吃力。如果你三次不去，就干脆不要去了，以后根本没有办法去，很难再赶上了。每一篇数学论文也都是沉甸甸的，字也印得很小，每一个角落都占满了，都是写得很充实的论文。我们在那里念书的学生、老师，每一个人都像钟表上紧了发条一样争分夺秒奔跑在学术的大路上。这就是莫斯科大学，它的学术气氛确实非常浓厚，所以当时世界上两个超级大国，一个是美国，一个是苏联。

下面两所是国内的，说一说北京大学，北京大学的校园精神主要是民主与科学。北京大学不仅在学术上有很高的成就，而且它的同学们很关心国家的大事。这正是校园精神的体现，既有很高的学术水平，又关心国家的命运。北京大学也有它自己的校格，它不随波逐流，这一点是北京大学的一个很大的特点，它不随波逐流而得到世人的尊重。

再说说我自己所在的学校，就是北京师范大学。北京师范大学的特点是以治学严谨著称，做学问非常严谨。不管是做人、做事、做学问，都是以很高的科学标准和道德规范来衡量的。北京师范大学人有一个优点是默默的奉献，从来不张扬，很少听到北京师范大学张扬或者宣传什么东西，正如我们的校训说的："学为人师，行为世范"，大家按照校训的要求来做事。但是真正在国家危难的关头，北京师范大学的人也挺身而出，比如大家知道的鲁迅写了一篇文章，叫作《纪念刘和珍君》，很有名的一篇文章，刘和珍就是北京师范大学的学生。

这六所大学，每一所大学确实都有它的特点。好多中学也有它的特点，比如我是江西人，我就知道我们的家乡有几所中学确实也有它的特点，而且彼此互相学习，也许我没有你的优点，但是我有我自己的优点，也是很好的。

第五点，要预防重大的意外的事故，当书记、校长必须注意到这一点，学校不要发生重大的伤亡事故，出一个都糟糕。我把国内发生的事故念给老师听一下，各位老师在听的时候也可以想一想我的学校里有没有这样的危险。比如房屋倒塌，突然教室或者什么地方倒下，压倒很多学生，十来年前孩子们在楼上，一下子楼压下来，结果好多孩子都泡在粪坑里，房屋倒塌。还有上下楼楼梯太小，上下楼拥挤，一个摔倒了，后面就一个踩一个，就踩死好几个，这是上下楼的拥挤伤亡。还有小孩子为了一个小事打架斗殴，甚至拿出刀子来。还有火灾，起火也是不得了的。再一个就是中毒，东西吃坏了。今天电视里又报道，有人对单位不满意，往食物里投毒了，结果出口到日本去检查出来。再就是绑架，小孩放学出去，一下子被人家绑架。或者拐骗，被人家骗走。再就是情杀，小孩虽然年纪很小，中学也有恋爱，一下子想不过来动刀子了。还有家庭的不幸，父母离异，影响这个孩子。还有小孩子途中走失，放学回家或者是上学的时候，在路上走失了，或者被绑架，不见了。还有溺水，掉到水里面淹死了。还有触电，要检查屋子里的电路是不是太旧了，要不要修理。特别是学校的第一、第二把手一定要重视这些事情，这些事情不出则好，出一件就受不了。建议各位校长回去把学校检查一遍，有没有这方面的问题，要防患于未然，等出了事就来不及了。

我个人还有一个建议，现在有体育课，要对孩子进行一些安全自卫的教育。比如女孩子怎么保护自己，体育课上可以上这样几堂课，进行安全自卫的学习。

这是第一方面，讲的宏观方面，首先我们要把学校办好，营造一个好的环境来进行教育。

第二方面，合格人才与杰出英才的培养。主要有三点：

第一点，德、智、体全面发展，进行理想教育。德、智、体全面发展是过去多年坚持的教育方针，这是十分重要，而且是行之有效的、经过了时间考验的教育方针。非常遗憾，近年来讲的少了，倒是另一方面常常在报上看到，有很多中年人英年早逝，正是可以做工作的时候、有作为的时候，不幸早逝，令人非常惋惜，恐怕还是要提倡德、智、体全面发展，这样才好。各个学校也在这样做，但是如果你不讲，学生可能也不太注意，就认为身体好坏无所谓，不会保护自己的健康，也不会保护自己的人身安全。

我着重谈一谈德育。德育里面最重要的是要进行理想教育，年轻的学生、青年人要及时地建立远大而高尚的理想，这个非常非常重要。看一个人是不是比较高尚，就要看他有没有理想。一个高尚而又远大的理想，至少在四个方面影响我们一生。第一，它影响我们的努力方向和奋斗目标。这一辈子想干什么事就由我们的理想决定。第二，是我们前进的动力。因为有理想我们才有不断克服困难向前进的动力。第三，决定了我们的兴趣和爱好。比如我喜欢数学，我也喜欢打球，但是如果打球和数学有矛盾的时候，我首先要选择数学。所以，影响我们的兴趣和爱好。第四，它决定了我们成就的大小。一个人到最后对国家、对人民的贡献大小，鉴于他的理想是不是高尚远大，有非常非常大的关系。

关于这方面我给大家讲两位中国最杰出的人物，看他对这个问题怎么看。我今天讲了六所学校，下面我要讲两个最突出的人物的教育思想。

第一个就是历史上最突出的人物诸葛亮孔明，他无人不知，无人不晓。诸葛亮留下的文章还不少，其中有两篇文章，谈到建立理想的重要性。诸葛亮有一封信叫《诫外甥书》，里面有几句话，他说"志当存高远，慕先贤，绝情欲"。总而言之，他告诉我们要有一个高大而远大的理想，要找一两个人学习。诸葛亮敬仰谁呢？他对管仲比较尊重。特别是现在要绝情欲，现在引诱年轻人的东西太多了，健康的网络好，但是色情网站就不好了，还有各种各样的舞厅、酒吧，如果你没有远大理想就被这些色情网络、歌舞厅俘虏了，孩子就往这边走了，就不是往正道走了。

在国外也有人讲到这个问题，我讲一个故事给大家听，下面这个故事也很好，各位校长将来有机会也可以给学生们讲一讲。俄国有一位将军叫作苏沃洛夫，是一个爱国的将领，他在俄罗斯历史上的地位有点相当于岳飞在中国历史上的地位。有一次苏沃洛夫带领军队路过阿尔卑斯山的时候，他就让身边的士兵坐下来休息，对士兵讲几句话，他说年轻人想做什么？比如你们的理想是干什么？你努力了之后就要找一个人，你所最敬佩的一个人，找他们干吗呢？第一，把这个人作为你学习的榜样，同时作为你竞争的对手。你怎么样才能够竞争过他呢？你要经过4个步骤才能竞争过他。打个比方说，比如说我是学数学的，我真正希望在数学上有所成就的话，我就要找两三个非常优秀的数学家，我好好向他学习一下，我随便说一个，比如国内非常好的数学家就是华罗庚先生，看他怎么出的名，他是怎么取得成就，然后要和他竞争一下。他说，你选了他之后怎么办呢？你有四个步骤，第一你要学习他，你要把他的传记和他发表的文章拿来看看，看看他到底干了什么事，了解他，知道他的家庭是什么情况，上过中学没有等，这叫学习他。第二步就是研究他。不光像看小说一样看看就完了，一定要研究研究他为什么会取得那么好的成就，为什么别人赶不上他呢，要研究一下，他取得成绩是什么原因呢？

我也看过华罗庚传记，我把我看完传记之后的感想给大家讲讲。华罗庚是1985年逝世的，他不光在中国很有名，在世界上也是具有相当高地位的数学家，你以为他是在什么地方留学或者在哪个地方上大学？哪里都没有，他高中都没上过，就是初中毕业。我当时就觉得很奇怪，数学不太容易学，怎么能够初中毕业就在数学上取得那么高的成就呢？后来看了原因有点道理，华罗庚小时候别的爱好不太多，他就喜欢数学，喜欢看看数学书。他在一个商店里面打工，买了一本数学书来看。有一次买了一本数学杂志，里边有一篇文章，他认真钻研了一下，他发现这个数学文章结论是错的。那个时候他才十五六岁，一般数学文章是很不容易看，看完之后还能把错误找出来，很不简单。他把错误找出来之后，他自己写了一篇文章，那篇文章是苏先生写的，说苏先生写的文章结论是错的，华罗庚自己写了一篇文章，就说苏先生的文章为什么是错的，也把它写出来。写出来后，他也投了稿，也投到同一个杂志上。这件事情本来就完了。没想到他投了之后，因为杂志是全国发行，结果就到清华大学去了，清华大学当时的数学系主任是熊庆来，他也看到这篇文章，既看到苏先生的文章，也看到华罗庚的文章，对华罗庚这个人很欣赏，他说这篇文章写得不错。他就问他的同事，他说你们知道华罗庚教授是在哪一个大学教书？他说你们给我打听一下。结果大家问了很久，谁都不知道，因为根本没听说过华罗庚这个名字。过了大概好几个月之后，有人才打听到了，说这是一个小孩子，是在一个商店里打工的。熊先生听了之后大吃一惊，怎么有这么一个人才？所以，熊先生很快就把华罗庚引荐到清华大学去。到了清华大学，因为他才初中毕业，没有学历，当然不能当老师，当老师别人也不能让他教，只能在清华大学打工，做个一般的人员。但是他到了清华大学之后就进步得很快，因为他去听一些课，结果进步非常快。同时在清华大学又写了好几篇文章，这样一来他的名声才越来越大，最后清华大学也让他教书了。因为清华大学那个时候教微积分，老师不够，让华罗庚去教。别人说这怎么行？华罗庚初中毕业怎么能够教大学生？不行。赞成的人说"你不要争，看看他写的文章就行了"，最后还是经过学术委员会讨论才决定让华罗庚去教课，最后还真的教得不错。关键是华罗庚确确实实下了功夫，看了文章，而且写了文章。他如果不写文章，别人怎么知道他数学方面很有才华呢？这个很重要。当然他运气也比较好，这篇文章刚好传到熊庆来那里去，如果他运气不好，别人没看到也不行。他自己的努力是基本的，加上他的运气要好。

苏沃洛夫说第一步要学习他，第二步要研究他，第三步是要赶上他，你选择一个人，要赶上他。最后你不光是要赶上他，要超过他，这样你才会不断的努力，因为有个人在前面给你做榜样，你才会兢兢业业地努力前进。这是苏沃洛夫的一段话。

诸葛亮写了一篇《诫外甥书》，他还有一篇文章叫作《诫子书》，"夫君子之行，静以修身，俭以养德。非淡泊无以明志，非宁静无以致远。夫学须静也，才须学也。非学无以广才，非志无以成学。淫慢则不能励精，险躁则不能冶性。年与时驰，意与日去，遂成枯落，多不接世，悲守穷庐，将复何及！"

第二点，如何培养英才。每个人都有一点看法，但是都没有说按照你的办法去做一定会成为英才，没有这样的方案，如果有这样的方案就好了，但是你可以发表一些看法。

我们现在的教育方式适合于培养大量的合格人才，学生进入学校之后就进入了教学计划，就进入了早就设计好的教学模式，一年级、二年级、三年级，一年级开哪些课模式都设计好了，然后通过一道一道的工序，就像产品原料进去一步一步加工一样，最后绝大多数都能够成为合格的人才。因此我们这一套培养方式，对合格人才的培养是比较有效的。这是一种集体工序式的培养方式，但是英才的培养方式就不能完全这样，就必须要个性化，要因材施教。这里就有一个问题，到底什么叫英才？何谓英才？三国的时候魏国有一个人叫刘绍，写了一篇文章叫《人物志》，专门研究人物的，就是人怎么成才。里面就讲什么叫英雄，聪明秀出谓之英，胆力过人谓之雄。英雄就必须兼备英和雄，两个都要有。项羽是有雄而少英，但是不聪明秀出，最后失败。刘邦是英、雄兼备，最后取得了天下。刘绍主要是偏于政治方面的评论。至于科学、技术、文学、艺术这方面的人才就更难以准确地定义，但是有一个公共点，必须要有超凡的创新和杰出的贡献才能称为英雄，光说你很聪明不行，光是有点小智慧不行，必须有超凡的创新和杰出的贡献，像牛顿、爱因斯坦、达尔文、司马迁、司马光才是英才。

20 世纪上半世纪，我们国家确实出了不少英才，那时像鲁迅、巴金、梅兰芳、徐悲鸿、钱学森、华罗庚等崭露头角。但是到下半世纪，英才就比较少了。原因何在？以后是不是还会这样？前不久钱学森先生去世之前提过这个问题，中国为什么改革开放 30 多年还培养不出大师呢？原因何在？当时我也感觉 20 世纪上半时期出现人才非常多，20 世纪下半时期不能说没有出人才，但是比较少。

我们稍微仔细地分析一下，英才要具备三个条件。

（一）要有非凡的天赋，应该相当聪明

我们现在讲人才，好多都不讲天赋，这也是不对的。天赋本来应该要注意。如果你选择这个人将来成为英才，他一定有很高的天赋，也就是说他非常聪明，而且非常智慧。但是天赋不是很早就体现，不是一生下来就有天赋，他一定要到一定的年龄、一定的条件之下，天赋才会突然地迸发出来。像牛顿、爱因斯坦，全世界公认的最伟大的天才，他们小时候也是笨头笨脑的。牛顿小时候，他妈妈都怀疑这个孩子能不能长大。爱因斯坦到 4 岁的时候，也还是看不出来。但是突然到了一定的时候，天赋突然一下就出现，就像一颗种子，一下雨突然就长出来发芽一样。天赋也不是说一天两天一生下来马上就有，它也是在不断成长，但是有相当一部分是老天爷给的。你需要培养，但是光培养是不够的。就像打篮球一样，姚明很厉害，老天爷给他天赋，他又长得高，这一点很重要，如果他不高，怎么能够成为打篮球最好的人呢？他长得高是天赋，再加上他勤学苦练，又善与人沟通，这样他就成为一个明星。如果他本来是一个矮小的人，他怎么能够成为一个篮球的明星运动员呢？不可能。所以，天赋我们要特别注意，特别要观察哪些孩子确实有过人的、非常优秀的智慧。

（二）要有强烈的兴趣和好奇心

他有了很高的天赋，他对每件事情又非常愿意钻研，非常喜欢，去看看这个事情到底是怎么回事，而且在长时间地执著地追求，不是一下就完了，今天解决不了，明天还会追求下去。

关于这一点，讲一下爱因斯坦的教育思想。1936 年爱因斯坦在纽约的一个州立大学举行了一次美国高等教育 160 周年纪念会上发表了一个讲话，题目叫"论教育"。这个讲演里相当系统地表达了他的教育观，首先讲到培养目标，他说学校里面应当发展青年中那些有益于公共服务的品质和才能，要注意培养青年人为大家服务的品质和才能。学校的目标应当是培养有独立行动和独立思考的人，不过他们要把社会服务看作是自己人生的最高目的。他就认为我们每一个人都要把为社会服务看成是人生的最高目标，他说我们培养孩子也是要培养他们为人民服务，为社会服务。

他说怎么让他取得成绩呢？因为取得成绩是要经过很大艰苦的劳动，动力是哪儿来的呢？取得成绩需要付出巨大的劳动，要有强大的推动力。这种推动力来自何处呢？他说了三个来源，第一，强制。不管你爱不爱学，反正必须学，要考试，不考试就不行。第二，来自于追求名誉、追求地位的好胜心。第三，很多小孩都具有好奇心，这个好奇心既不是被人强迫，也不是追求什么，就是好奇，觉得很奇怪。不过这种好奇心往往很早就衰退了，很可惜，小孩本来的好奇心非常重要，是将来他创新的第一步。但是因为在学校里的功课压得太重了，他的好奇心没有时间搞，所以很快就衰退了。他说好奇心非常重要，兴趣和追求真理的愿望是最重要的工作动机。其他两个都是次要的，比如一个是强迫不好，虚荣心好胜也不太好，最重要是要有追求真理的愿望，学校最重要的是要启发和保留学生的好奇心。

爱因斯坦在26岁发表了三篇最著名的论文，一个叫光电效应，一个叫布朗运动，一个叫狭义相对论。每一篇论文单独拿出来都会得诺贝尔奖，后来他的相对论没有得奖。因为相对论超前太厉害了，别人都看不太明白，不太懂，评审委员会都不敢评，万一评错了怎么办，但是他的名气又很大，就把第一篇文章得了奖，最后授予他诺贝尔奖的不是狭义相对论，而是光电效应。

（三）要有好的机会

学校里面在第一方面没办法，因为生下来天赋多高没有办法改变它，兴趣可以做一些工作，不断启发他，好的机遇可以给他提供好的成才机会。总的来说要多给他一些学术上研究的自由，少一些精神的压力，要适当地学术交流。

客观地说，如果真的是一个很优秀的英才，最主要是要有一个好的机遇，而不需要过多的培养。因为说实话，我们也没多大能力培养英才，因为他本来就比我们聪明，我们也可以培养他，但是我们能够做的事情是给他提供好的机遇、机会，让他少一些精神的压力，多一些学术的自由，他喜欢什么就研究什么，适当地跟他交流。

看看目前对英才培养不利的地方，从教育角度检讨，我们现在的功课太重了一点，作业也太多了一点，学校为了高考，为了小升初，尽量灌输知识，这样不仅剥夺了时间，而且把他的灵性也磨灭了不少，与生俱来的好奇心很快被扑灭了。同学们没有很多时间去思考，去探索，很多时间都花在记忆和背诵里。

第三点，外国语言成了沉重的负担，从小学开始一直读到博士学位，还在背外语，压力非常大。我不知道世界上还有没有其他哪个国家舍得花费学生这么多精力、这么多时间去学外语，花的时间实在太多了，时间的浪费危害远远超过金钱的浪费。我们想一想如果当年杨振宁也是像这样花费时间学外语，他们能不能得诺贝尔奖，恐怕是个问题。另外，外语我觉得还是应该学，而且要学好，但是不应该花这么多时间，尤其是教学的方法也应该改进，应该要珍惜同学的青春，不要浪费他们的青春。现在还有很多，比方说科学基金、奖励、评职称等，这些都是需要的，但事情做过了头，就有很大的危害。比如说为了得奖就要大量制造论文，要赶时间发表，这样就会忽视质量，甚至于产生剽窃等。这些毛病如果不改，对培养人才是很不利的。

英才最后的结果还是要看他对人民、对国家、对社会的进步是不是有突出贡献。

最后，教育需要有大爱，老师也好、校长也好，需要有大爱。不久前逝世的一位中学老师霍懋征，刚好也是北京师范大学的校友，她为教师的事业贡献了一生，学生很尊敬她，中央领导也尊敬她。当然我对她研究得不够，不过我感觉到她的教育思想里的一个中心就是一个"爱"字，爱学生、爱学校、爱教育事业。

总的来看改革开放以来，特别是最近十多年我国的教育事业已经得到了蓬勃发展，取得了巨大的成绩。最近又颁布了教育改革方案征求意见稿，可以预见，如果改善我们现在管理的方式，发扬我们奋发上进的教育精神，我们必将培养更多、更好的合格人才，也会出现非常优秀的英才。我们希望在中国也能够出现像牛顿、爱因斯坦、达尔文这样的杰出英才，我们期待着他们早日出现，这也是一个社会迟早的问题，将来我们一定会培养出非常优秀的英才，为我们国家的建设，为社会进步，他们会做出很好的贡献。

主持人：感谢王院士的精彩报告，王院士的报告使我们明确了何为英才，就是超凡创新是英才，英才应该具备的四个条件，并深入浅出的给大家进行了解读。

王院士的报告，对于我们如何创建适合学生发展的教育，既提供了理论依据，又指明了方向，在这里我提议大家用热烈的掌声感谢我们的老校长、我们的王院士给大家作的精彩报告。

在北京师范大学中文系 1980 级校友
入学 30 周年聚会上的讲话[①]

（2010-08-21）

我非常高兴，怀着激动的心情来参加这次会见。我开过许许多多的会，但感情如此深重的会，这是第一次。阔别 26 年，难得同学们还记得我，还深情地邀请我来参加会，这是对我最大的奖赏，也是对我担任五年校长的肯定。我深感遗憾的是当年来系里很少，没有和大家进行更多的交流。我很爱读中国古典文学的书，有时到中文系资料室去。我的岳父谭丕模教授、老伴谭得伶教授都长期在中文系任教。所以我从中文系得到很多教益。

你们在校学习时成绩优秀，成为当年优秀班集体。毕业以后，一定在各条战线上做出了许多成绩，可以利用这次机会相互交流。的确，与你们同年龄段的人，已经或即将成为社会中坚、国家栋梁。我碰到许多北京师范大学的毕业生，正在自己的岗位上身挑重担。2002 年百年校庆，许多校友返校，其中有一对同年级同学后来结为夫妇（男方是藏族同学，叫次旺，女方是汉族，叫张廷芳），献身于西藏的科教事业，还担任了西藏大学的校长（或副校长）；还有第一届教师节上打出"教师万岁"横幅的四位同学，除一人因去国外，其余三人都回到学校，他们也在教育战线上辛勤耕耘；还有不少人在国外创业，如 1984 年生物系毕业的王晓东当选为美国科学院院士。现任清华

---

① 本卷不再刊登：王梓坤. 在北京师范大学电子系 1989 届校友毕业 20 周年上的讲话. 校友通讯，2009（总 35-36 上）.

大学数学科学系主任、北京大学光华学院某系的系主任也是我校毕业生；有些人很可能入选国家人事部的"千人计划"。真是喜讯频传，今后尤盛。

同学们，你们也一定看到，这 30 年间，学校变化也非常巨大，建设了许多新学科、新专业，如资源、环境、遥感等，培养和引进了许多年青教师。学校既重视基础学科，如数、理、化、文、史、哲，也特别重视教育科学，原来的无线电电子学系扩建为两个学院：信息科学与技术学院和教育技术学院，最近又成立了教育学部。2003 年，中文系扩大成文学院，建立了文艺学研究所、中国古代文学研究所、民俗学与文化人类学研究所等 10 个教学科研机构，提高了教学和科研水平。历史上，北京师范大学是穷校，但近年来也有了许多高大建筑，大大改善了教学条件，特别是建了京师园小区，有许多教师住进了新房子，这是新领导德绩中的重要一条。希望同学们在校园里多走走，多看看，如果明年再来，新的大楼建成，那就更好了。

同学们，你们正处在人生精力最旺盛、创造力最强的阶段。希望大家再接再厉，奋发图强，为人民立新功，为国家做新贡献，为学校继续争光。

最后，我对诸位还有一个小小的请求。2010 年是你们入学 30 年的聚会。再过 20 年，到 2030 年，你们都已功成名就，满载而归，一定会再欢聚一堂。到那时，我不多不少，正好 101 岁，我希望再来分享你们的欢乐。你们可别忘了招呼我，拜托，拜托！

在北京师范大学建校 110 周年庆祝大会上的讲话

（2012-09-08）

尊敬的各位领导、各位来宾，校友们，老师们，同学们：

今天是北京师范大学的校庆日。我有幸代表所有在北京师范大学工作和生活过的教职员工致辞，心里感到十分荣幸和激动。首先，请允许我向北京师范大学 110 岁的生日表示最最热烈的祝贺。同时，我们也将迎来第 28 个教师节，我衷心祝愿广大教师和师生员工节日快乐！

我是北京师范大学一名长期从事数学研究和教学的教师，投身教育事业已经 60 年，感受到了做教师的辛劳，更体验了为人师的幸福。自古以来，教师是人们心目中最神圣的职业。欧洲文艺复兴时期的捷克教育家夸美纽斯，把教师誉为"太阳底下最光辉的职业"。我国则深情的称呼教师是躬耕奉献的"园丁"，是"人类灵魂的工程师"。

北京师范大学正是这样一所以培养教师为己任的"人类灵魂工程师"的摇篮。早在北京师范大学的前身京师大学堂师范馆成立之初，即以励天下文教、弘中华师道为己任，在国家民族命运沉浮之际奋勇前行，在中国科教兴国大业之中耕耘不倦。在 110 年的风雨历程中，每逢中华民族争取独立、自由、民主、富强、进步的关键时刻，都有北京师范大学师生振臂高呼、身先士卒；每逢中国教育改革创新的重要节点，都有北京师范大学师生上下求索、努力实践。110 年的海纳百川、110 年的厚积薄发，北京师范大学鸿儒辈出、精英云集、声名远播、硕果华芳，无愧于中国现代高等师范教育的拓荒者与先锋军的称号。

1997 年，启功先生为北京师范大学题写了"学为人师，行为世范"的校训，尽彰师道之精神，汇聚了北京师范大学人代代相传的美好愿望。

我刚来北京师范大学的时候，正是改革开放初期。那时，社会对教师的认可程度还不高，教师的工作、生活待遇也不是很好。国家迫切希望大力发展教育，迫切希望在全社会营造尊师重教的氛围。与那个时代相比，今天的北京师范大学是多么的幸运！我们有幸分享了 30 多年改革开放的伟大成果，有幸处于教育改革发展的重要黄金时期。一国之本，在于教育；教育之基，首在教师。时光荏苒，党和政府对于教育关怀备至，中华教育事业风顺帆举。尊师重教，是中华民族千秋之传统，今日国家对教育的投入、所倾注之热忱、所花费之心血，远非昔日可比。科教兴国、人才强国之蓝图，当需教育为巩固发展之基石。北京师范大学在此必将大有可为。

老师们、同学们：时光如白驹过隙，我已经在北京师范大学的校园里工作和生活了近 30 年，这里的一草一木、一砖一景都是我所熟悉和热爱的。今天在座的有上百位来自全国各地的北京师范大学校友，有的年富力强，有的白发苍苍，但我相信大家对母校的爱同样深沉。让我们共同祝愿，北京师范大学的明天更加美好！我们伟大祖国的明天更加美好！

谢谢大家！

三、序　言

《数学的过去、现在和未来》序[①]

许多人都喜欢数学。原因不仅在于它的重要性，还由于它推理周密，判断准确，给人以严格的逻辑思维的训练。而这种演绎的思维方法有时甚至比学到的数学知识还重要。无怪乎一些人在学过平面几何以后，深深地被它的内部结构的美所迷住了。连爱因斯坦也感叹地说："世界第一次目睹了一个逻辑体系的奇迹，这个逻辑体系如此精密地一步一步推进，以致它的每一个命题都是绝对不容置疑的——我这里说的是欧几里得几何。推理的这种可赞叹的胜利，使人类理智获得了为取得以后的成就所必需的信心。"

在目睹了这个"奇迹"以后，人们自然会进一步发问：数学包括哪些内容？它们有什么用处？数学是怎样产生和发展的？

要回答这些问题并不容易。数学历史悠久，内容丰富，进展又极为迅速。因此，要全面而又详细地论述它几乎是不可能的。我们只能满足于一个大致的了解，这也正是一般的数学爱好者所迫切希望的。

周金才、梁兮两位同志所写的《数学的过去、现在和未来》在很大程度上可以满足上述要求。本书内容充实，叙述简明，中间穿插一些数学和数学家的故事，读来尤其有趣有益。全书共分5章。第1，第5章是总论，讨论数学的定义、特点、一般的发展规律和展望等。第2，第3章分述中外数学发展简史；迄今所有的数学史书中，兼述中外的几乎没有，因而这是本书

---

①　周金才，梁兮. 数学的过去、现在和未来. 北京：中国青年出版社，1982.

的一个特点。第 4 章介绍数学各主要分支的大致内容，对其中若干分支的最新进展也有所反映。当然，这些叙述只能是简略易懂的。

在国内，系统介绍中外数学发展史的书很少，本书也因而难能可贵，值得珍视。不过，也正因如此，其中一些内容的取舍，叙述的详略，评论的精当，还可进一步研究改进。我们深信，这本书对于加深对数学的了解，提高对数学的兴趣，将会起到积极的作用。

1980 年 7 月

《数学古今谈》序[①]

研究科学的人大都喜欢读一点科学史，特别是自己所钻研的那门学科的历史。这样不仅可以了解学科的过去和发展趋势，而且还可以从前人的工作中，学习他们的思想方法和工作方法；而后者往往是更重要的。拉普拉斯曾经说过："认识一位天才的研究方法，对于科学的进步……并不比发现本身更少用处。科学研究的方法经常是极富兴趣的部分"（《宇宙体系论》）

然而写一本科学史并不容易，这需要充分占有资料，需要有很好地理解、整理和组织这些资料的能力，此外，还需要有相当的文采来叙述它们。过于专业化容易使人感到枯燥无味，而太追求故事情节又可能流于庸俗。尤其像数学这样历史悠久、分支繁多、抽象难懂的学科，要写它的历史，自然更是难事。这也许是多年来我们期待国内出版一部较好的世界数学史而迟迟未能如愿的原因吧！但这种情况近来逐渐有所好转，国内已陆续出版了几种这方面的书，展现在读者面前的这本"数学古今谈"就是其中之一。

本书收集了相当丰富的资料，有些内容过去较少见到。特别是我国古代在数学上有过卓越的贡献，但外国人写的数学史中，关于这一点往往语焉不详，或者根本避而不谈；本书则对此叙述得比较翔实，这对鼓舞我国青少年攀登数学高峰是很有作用的。本书叙事流畅，通俗易懂，富有思想性和趣味性。一些古代数学问题，由于年代久远，符号古老，往往很难看懂，

---

① 鲁又文. 数学古今谈. 天津：天津科学技术出版社，1984.

书中用现代的符号将它们布列出来，使人一目了然。书中在叙述数学发展主流的同时，夹叙一些数学和数学家的故事，读起来既受益又有趣。书中对现代数学作了一些概括和普及性的介绍，有助于了解现代数学的内容、特点和各分支间的相互关系。当然，要较全面而深入地介绍现代数学的重要成果，则不是一本书和一位作者所能胜任的。

凡具有中学文化程度的人，便可以阅读全书或其中若干章节；专业水平较高的数学教师和研究人员也可能从中了解到一些过去所不知道的细节。因此，本书可以雅俗共赏，适应于很广泛的读者范围，这对数学教学和科研都会有所增益。

1981 年 10 月

《科学名言集》序[①]

人类不是自然的奴隶，而是自然界的主人。在征服自然的长期斗争中，科学工作者献出了自己全部的聪明才智。他们不仅取得了一个又一个的重大科技成果，推动了社会的进步，而且把自己的宝贵经验和深刻的体会，总结成精辟凝练的警句或格言，传给后人。这些历经时间筛选、辗转流传下来的名言，同他们的科技成果一样，都是人类财富宝库中的珍品。何况在一定意义上说，名言比成果更持久，更具有生命力，因为成果往往是阶段性的，难免在以后被新的、更优秀的成果所取代，而含义深刻、哲理丰富的名言隽语却是永存的。认真学习前人的经验，可以使我们更聪明、更能干，可以帮助我们看清方向，提高工作效率。许多名言意味深长，发人深思。高尔基在赞美科学时曾说过：“应该明白，科学家的劳动是全人类的财富，而科学是其中最大公无私的部分。”“最大公无私”，这说得多么好啊！怎样才能发现大自然的奥秘呢？麦克斯韦回答说：“如果我们想揭示大自然的规律，只有运用尽可能精确地认识自然现象的方法，才能达到目的。”这就是说，观察和试验是必不可少的。

这本书是一部集古今大成的论科学的名言集，其中大部分录自科学家，但也有不少选自政治家、军事家、文学家、艺术家和其他人士。这些名言警句，像一颗颗发光的珠宝，一眼望去，未必能马上体会它们的意思，但如仔细琢磨，特别是结合

---

① 印佳翔，等译. 科学名言集. 上海：上海科学技术出版社，1986.

自己的经历去理解，往往就会觉得回味无穷，甚至终生难忘。谁不记得"我不知道世人怎样看我，但在我自己看来，我只是像一名在沙滩上玩耍的男孩，一会儿找到一颗特别光滑的卵石，一会儿发现一只异常美丽的贝壳，就这样使自己娱乐消遣；而与此同时，真理的汪洋大海在我眼前尚未被认识、未被发现。"（牛顿）"天才，就是 2％的灵感加上 98％的汗水。"（爱迪生）等这些至理名言呢？还有一些话幽默隽永，妙趣横生，例如法国名人马勒伯朗士说过："要成为哲学家，需要的是明察秋毫；而要当一名虔诚的信徒，则需要的是盲从。"真是说得一针见血，读了这句话，会使我们有何联想呢？

本书内容相当全面：既有关于科学的总体论述、对科学创作活动的探索，以及关于科学巨匠个人风格及工作方法的描述，也有对科学作纵向的历史考察，包括对以往的回顾及对未来的展望。原书的主编者是颇有名望的图书学家和出版家，历任苏联科学院出版社主编、苏联科学院编辑出版委员会主任以及全苏图书爱好者协会中央委员会主席。他接触面广，博学多闻，又很注意收集资料，所以才有可能编成这部内容丰富蔚为大观的珍贵文集。

我们希望，本书的出版将有助于我国广大读者开阔视野、丰富知识，有助于学习和借鉴前辈人的心得与体会，有助于提高人们的科学素养和品德。这样一本《科学名言集》的问世，必将对我国科学事业起到一定积极有益的推动作用。

1984 年于北京

《近代概率论基础》序①

人们比较喜欢研究决定性的事物，当某些原因（或条件）出现时，必然会发生某些唯一的确定的结果。例如，在标准大气压下（条件1），加热到100℃（条件2），水一定会沸腾（结果）。这可概括为因果关系：

条件1＋条件2＋…＋条件n，推出唯一的结果。　（1）

每当我们发现一种新的因果关系，便认为是发现了一条新的定律（或定理）。久而久之，便误认为大自然全是受因果律的支配，似乎除去因果关系，就谈不上科学性。然而，事情要复杂得多。当我们掷一枚硬币时，因果律便会受到猛烈的冲击，不管条件如何固定（同一地点、同一硬币等），总不能事先准确预言下次是否掷得正面，因为每次都有两种同等可能的结果：正面或反面。于是我们遇到了事物之间的另一种关系，即随机关系，它可概括为

条件1＋条件2＋…＋条件n＝结果1（概率为P_1）

或结果2（概率为P_2）…或结果n（概率为P_n），　（2）

（2）表示：每次试验，总是出现n个结果之一，但不能预言到底是那一个，它是多因多果的。每个结果出现的机会不必相等，我们用P_i来表示出现第I种结果的概率（即机会的大小）。这里$O \leqslant P_i \leqslant 1$，$\sum P_i = 1$。

由（1）（2）可见，随机关系比因果关系更普遍，前者只是后者的特殊情形（$n＝1$）。因此，那种认为偶然性是科学的敌人，认为它破坏了因果律的观点是不对的。随机关系不是破坏

---

① 李志闻. 近代概率论基础. 石家庄：河北教育出版社，1987.

了因果关系，而是丰富了它，扩充了它。随机关系可以概括更多的实际问题。

绝大多数事物的发展过程都由决定性与偶然性（即随机性）两部分组成，纯粹决定性的过程几乎是不存在的。"明天太阳会升起"，这是决定无疑的了，但它升起的时刻却是随机的，因为地球自转的速度时时在作偶然的变化，或加速，或减速，不过变化很小，不容易被发觉罢了。随着科学技术的发展，对精度要求越来越高，这偶然性部分，便显得越来越重要。例如火箭的飞行，预定的轨道是它的决定性部分；但由于大气等偶然因素的干扰，真正的轨道与预定的轨道是有偏差的，这偏差便是不可忽视的偶然性部分。正是偶然性的存在，使得世界丰富多彩，使得世界上没有完全相同的事物。

概率论是数学的一个重要分支，它的主要任务是研究偶然事物的数量关系。一般说来，数学不研究事物的质（它由什么元素构成，它的物理化学性质，它如何与其他事物化合等），而只研究事物的量（大小、形状、体积、运动轨道、发展过程中量的变化等）。概率自然也是如此，它主要研究偶然事件发生的概率以及它们之间的数量关系，而不讨论偶然性的原因。

李志阐同志所写的《近代概率论基础》讲解概率论的基本理论。它立足于近代概率论的公理化结构的基础上，叙述严格、清楚、逻辑性强，同时又很注意直观背景。使人不仅知其然，而且知其所以然。本书篇幅不大，取材精当；读者可以在较短的时间内，比较牢靠的、准确地掌握概率论的基本概念与内容。当然，这需要付出相当多的劳动。由于近代概率论进展较快，具体的例子不可能举得很多。读者可以以本书为纲，参看其他书上一些例题，这样，获益就会更多一些。

1982 年 12 月 12 日

《北京师范大学美国问题英文书目》序[①]

大凡要研究一门学问，有两件事是必须要做的。一是了解该学科发展的历史，包括它产生的实际背景，要解决什么问题，经历了哪些发展阶段，做出了重要贡献的是谁，学科的现状如何，面临的问题又是什么等。这是纵向的了解。另一是横向的，既要涉猎本学科的一些重要文献，特别是近期的文献，以便了解每个领域的基本文章，每篇文章中有什么新结果、新观点和新方法，还有那些未解决的问题等。这样，我们便可从中吸取经验，以最新成就为基点，开始新的探索和研究。

一般的学科如此，美国史也不例外。美国建国于1776年（那时曹雪芹已逝世12年）。在这短短的200多个春秋中，美国一跃而成为世界超级大国，无论在科学文化，艺术经济，军事等各领域，它都取得了巨大的成就。这里面自然有不少值得我们研究和借鉴的东西。

北京师范大学图书馆藏书比较丰富，其中关于美国问题的英文书相当多，校内研究美国史的专家也造诣很深。为了方便读者，黄安年等同志编印了这本书目。它分门别类，锐意穷搜，举凡图书、档案、胶卷、杂志，无不具备极易检索，是一本优秀的工具书，我们深信，这部书目的出版，对美国问题的研究和学习，必定会有较大的贡献"。

1988 年

---

①　北京师范大学图书馆，北京师范大学历史系美国问题英文书目编辑组. 北京师范大学美国问题英文书目. 北京师范大学图书馆，1988.

《中国科学史讲义》序[①]

世界历史证明：社会的进步，主要依靠科学技术的发展。富强的国家，必然拥有先进的科学技术，而那些停留在刀耕火种阶段的民族，是注定要落后的。认识到科学技术对社会进步的重大作用，是一件非常重要的事。在这个问题上，我国付出了沉重的代价，在旧中国，统治阶级轻视科技，科技工作者社会地位低下。汉朝司马迁说："文史星历……固主上所戏弄，倡优所畜，流俗之所轻也。"《新唐书·方技列传》也说："凡推步（指天文、数学）卜相医巧，皆技也。……小人能之。"统治者把科技人员当作"倡优""小人"，可以想象，当时科技工作者的处境是多么困难。就连名医华佗，尽管多次为曹操治病，最后还是逃不脱被曹操杀害的悲惨命运。中华人民共和国成立以后，这种状况有了较大的改变，但不幸又碰到 10 年"文化大革命"，可叹也乎！且喜近年来，政府已真心诚意把科技提到应有的高度来认识，我国的科技事业进入了繁荣发展的新时代。

回顾历史，我国人民在科技事业中曾经取得了光辉的成就。古代四大发明：火药、指南针、纸、印刷术，有力地推动了人类社会的进步。

公元 132 年，张衡发明了世界上第一个记录地震的仪器——候风地动仪。

我国最早制作瓷器，比西方早 1 000 多年。

公元 166 年左右，东汉崔寔在《四民月令》中记载植物的

---

① 北京师范大学科学史研究中心. 中国科学史讲义. 北京：北京师范大学出版社，1989.

性别与繁育有关，比欧洲早 1 500 多年。

公元 304 年，西晋嵇含的《南方草木状》中有关于生物防治的记载，比西方早 1 500 多年。

5 世纪后半叶，南朝祖冲之算出圆周率的值在 3.141 592 6 与 3.141 592 7 之间，比西方早 1 000 多年。

《汉书·五行志》中有关于公元前 28 年的太阳黑子记录，《伏候古今注》中有关于公元前 30 年的极光记录，这些都是世界有关方面的最早记录。史书《春秋》中记载了公元前 722 年至公元前 481 年的 36 次日食，经推算其中 32 次是可靠的，这是上古最完整的日食记录。汉朝王充的《论衡》中有静电现象的记载。北宋沈括最早发现地磁偏角。

这张单子还可以不断写下去。它雄辩地证实了：与西方相比，我国古代的科技在许多方面是遥遥领先的。

可惜的是，如果不是出于偏见，便是出于无知，一些外国人写的科技史中很少介绍中国的科技成就，而我们自己也写得太少。说来惭愧，倒是英国李约瑟写了一部包括 7 卷的巨著《中国科学技术史》。不过要读完这部大书，却很不容易。于是出现了这样的局面：关于中国的科技史，要么写得太少，要么说得太多。我们需要一本合适的书。

这本书应该叙述清楚，繁简适当，使人能在较短的时间里，得到较多的益处。首先，这本书应当既富于思想，又辅有史实，使人读后对中国科技发展的主流有较深的认识，并从中获得智慧和知识。其次，这本书应当有启发性，它不仅能帮助读者了解过去，而且能在一定程度上预感将来。最后，也是最重要的，它可以激发我们的民族自豪感，坚定今后工作的信心。我希望，呈现在读者面前的这本书能在很大程度上满足上述要求。培根说："读史使人明智"。本书将成为有力的佐证。

1987 年 6 月

《物源百科辞书》 序[①]

许多事物，由于见惯了常不以为奇，即所谓见怪不怪。其实稍微想想，便会惊奇不已。设想我从未见过自行车，一旦看见某人骑车疾驶而去，我自然会感到很奇怪，为什么这个只有两只轮子的怪物居然会不倒呢？是谁发明的？他是怎么想出来的？还能不能改善呢？我确实曾有过这些问题。后来看了几本科技书，才慢慢弄清楚，原来自行车的发明有过一段漫长的历史。它是经过许多人不断地试验、改进才成为今天的样子，而且还在演变中。同样，我对拉锁也发生过很大的兴趣，更不用说照相机、录音机了。于是，人们自然会产生这样一个普遍的问题：能不能写出一部书，它对各种事物的产生和发展作一简明的介绍？不久前我很高兴得知，印嘉祥等同志编写了一部《物源百科辞书》，恰好能满足这一要求。从学术上看，它填补了我国在物源学方面的空白，是一部有分量的学术工具书。

物源者，物之本源也。这部辞书的目的，在于概述事物的本源以及它们的产生和发展过程。知道事物的本源，不仅可以了解过去，而且还有助于预见未来。例如看了自行车的历史，便知要对它作重大改进是如何不容易，没有新的设计思想或辅助装置是难以成功的。

这部辞书涉及面广，共有近3 000词条，分属文化、科技、生活、医药30余类，洋洋大观，不愧称谓百科。本书另一特点是科学性强，内容准确具体，下笔必立足于事实，避免主观臆

---

① 印嘉祥，主编. 物源百科辞书. 长春:吉林科学技术出版社，1990.

造。本书编辑时强调这一点，非常正确。这样，读者才会放心
参考。

　　这是我国第一部物源工具书。万事开头难，它必定会有不
少值得改进之处；另一方面，开创性的工作更富于意义和价值，
这是更重要的事实。我们深信，本书会给读者带来许多新的信
息和知识。

1989 年 3 月

《实用统计决策与贝叶斯分析》序[①]

在进行社会调查或科学实验时，人们往往会获得大批数据。如何根据这些数据来作出科学的判断，必须应用数理统计的方法。因此，数理统计是一门应用非常广泛而且理论严密的数学学科。

数理统计中有两大学派：一是传统的、坚持频率观点的学派；另一是贝叶斯（Bayes）学派。前者认为，母体分布中的参数 θ 是常量，不是一变量，尽管人们暂时还不知道它的值，但可以利用样本来对它进行估计。而贝叶斯学派则把 θ 看成一随机变量，至于 θ 的分布，则可视情况而假定它有某一先验分布，然后利用此先验分布及样本来对母体进行统计推断。

目前在绝大多数的数理统计书中采用的都是频率观点，即使偶尔也涉及贝叶斯统计，但大都简略带过，语焉不详。在国内，系统地，而且数学上严密地论述贝叶斯数理统计，就笔者所知，本书或者是第一本，或者是极少数几本中之一。本书的出版，将填补这一缺陷，因而是一件值得高兴的事。

除理论上相当严整而外，本书很注重实用，特别是在经济问题中的应用，书中实例很多，这对着眼于应用的读者，无疑是有借鉴和启迪的作用。

这本书是作者长期从事科研和教学的辛勤积累的产物，既叙述了国际上若干课题的最新发展，也介绍了作者本人的一些

---

① 林叔荣. 实用统计决策与贝叶斯分析. 厦门：厦门大学出版社，1991.

研究成果，因而是有相当高的学术价值。

　　我们希望，本书在论述贝叶斯数理统计方面，将会取得较大的成功。

1991 年 1 月 20 日

《从现代数学看中学数学》序 [①]

许多从事数学教学的人都曾遇到这样的问题：高等院校数学系开设的许多现代数学课程与初等数学严重脱离，不少学生经常问：学习这么多现代数学到中学去如何用？现代数学知识对中学数学教学有多大用处？这些问题长期以来都没有得到很好解决。

的确，现代数学与初等数学不仅在内容上，而且在思维方式上都存在巨大差异。可是，大家知道，现代数学的许多分支，正是由于受到初等数学某些基本概念和问题的启示而产生发展起来的，因此在它们之间必然存在着某种联系，这是一个很值得研究的课题。为什么以前对这项研究重视不够呢？

综合性大学的一些教师虽然有较深的数学造诣，但对中学数学教学的实际情况不甚了解；而中学数学教师，由于工作关系，对于现代数学的研究现状又不太熟悉，因此双方都有一定的困难，这项任务就只有落到高等师范院校的老师们身上，因为他们既了解中学数学教学改革的实际情况，又比较熟悉现代数学的内容。江西师范大学数学系的老师们在这方面迈出了可喜的一步。他们试图用现代数学的观点去剖析初等数学的基本概念和问题，帮助读者用现代数学的知识去分析和理解中学数学教材，使他们真正觉得现代数学对中学数学教学确实有指导意义，从而站得更高，对中学数学的来龙去脉看得更清楚。

本书由黄贤汶、肖应昆、李长明、吴东兴等教授以及其他

---

① 孙熙椿，主编. 从现代数学看中学数学. 北京：中国林业出版社，1991.

10 多位同志共同撰写，由孙熙椿同志主持编辑的。它观点新颖，很有启发性，特别是他们从高等师范院校数学系开设的现代数学课程出发，帮助读者了解现代数学与初等数学之间的联系，这是此书的特点之一，用这种观点编写的书在我国也许还是首次出现，因此，本书在帮助读者开阔视野，提高中学数学的教学质量等方面将会起到良好的作用。

这方面的工作属于数学教育的范畴，也是数学、教育学、心理学的交叉性研究。这本书的编出，不仅对中学的教学，而且对高等师范院校数学系的教学改革都将会起到促进作用，我自己也会从中得到教益和启发，谨此以为序。

《数学教育学报》发刊词[①]

　　改革开放的浪潮汹涌澎湃，它正推动着我国教育事业迅猛地向前发展。一支世界上最大的数学教师队伍，正在为中国数学教育的改革，为中国数学走向世界，描绘着一幅幅新的蓝图。

　　多年来，我国广大的数学教师，在艰苦和困难的条件下，担负着 11 亿人口的数学教学和普及的任务，为提高中华民族的数学素质作了不懈的努力。正是由于他们的辛勤耕耘，使得一批又一批科学精英和数学人才脱颖而出。我国中学生在国际奥林匹克数学竞赛中取得的举世瞩目的成绩中，浸透着他们的心血与汗水。可以期望：在四个现代化的征途中，数学教育科学必将继续引导亿万青少年走上科学之路，为全国各路劳动大军拨亮智慧之灯。

　　然而，也应该看到不足之处。我国虽有规模宏大、经验丰富的数学教育实践，但有分量的数学教育科学理论还不完整；尽管每年都有成千上万的人奋战在"解题王国"里，类似于波利亚《怎样解题》那样的学术著作还不多见；我们对国内外现实情况的了解有待深入；真正的比较数学教育研究、反映我国数学需要的国情调查、探讨我国数学教育规律的著作、为数学教育提供决策依据的翔实分析，都需要加强和充实；整个数学教育界被"升学率"压得喘不过气来。总之，中国数学教育的现实，急需要有系统完整的数学教育理论。

　　数学教育一直是国际教育的热点之一。明天乃至 21 世纪的

---

①　数学教育学报，1992，1 (1).

数学教育，将成为当今世界各国共同关注的课题。作为教育大国的中国，理应在数学教育的理论与实践中做出自己应有的贡献！

面对国内外形势的挑战，30 余所高等师范院校、教育学院和中学，决定集资筹办我国 40 多年来第一份数学教育科学的学术性刊物。现经国家科委批准，《数学教育学报》正式创刊了。它将致力于团结全国数学教育界的同行，荟萃各方英才，同心协力，开展争鸣，为提高我国数学教育科学的学术水平而努力。

面向世界、面向未来，创造具有中国特色的数学教育学，这是时代的需要，国家的期望，也是我们为之奋斗的目标。愿海内外有志于此的同人，共同来办好我们自己的《数学教育学报》。

1992 年 10 月

《科学方法论研究：问题与进展》前言①

在哲学与科学的结合点上深入开拓②

继北京 1980 年第一届全国科学方法论学术讨论会之后，已经整整 10 年了，我国的科学方法论领域在理论研究、宣传教育和实际应用上都取得了长足的进步。这本文集所反映的只是其中偏于理论研究的一小部分。文集收入的近 40 个写作单元是从 86 名会议代表和部分未能到会的同志为会议提供的一百多篇论文和提要中选取的，主要涉及以下五个方面的新问题和新进展。

（一）一般科学方法论问题

龚育之的文章从四个方面论述了马克思主义与自然科学的结合：

1. 坚持和发展自然辩证法的研究，是马克思主义的传统。我们在这方面虽然有过曲折，但在吸引自然科学家和哲学社会科学家进行革命、建设和研究方面，取得了成果。这个传统不应当"淡化"，而应当深化、广化；

2. 这种结合有多方面的生长点。从社会各个方面来考察自然科学的发展，尤其是科学技术作为第一生产力这个现代概念，应当提到马克思主义理论研究极重要的位置上来，社会主义的优越性应当体现在比资本主义更能促进科学技术的发展上；

3. 科学方法论的研究是辩证唯物主义同自然科学结合的最

---

① 此文是和柳树滋合作为 1991 年在内蒙古召开的全国第二届科学方法论学术讨论会论文集《科学方法论研究：问题与进展》撰写的前言，该文集由中共中央党校出版社出版.

② 自然辩证法研究，1992，8（2）：1-5；复印报刊资料（自然辩证法），1992，（3）：83-87.

重要的生长点，应当吸取苏联批判摩尔根遗传学和批判所谓"物理学唯心主义"的教训，对于自然科学观点和方法上的不同意见，即使涉及唯心主义还是唯物主义的争论，也还是用学术讨论、百家争鸣的办法来解决为好；

4. 科学方法论的研究，一方面是社会科学从自然科学吸取研究方法，另一方面是自然科学从社会科学吸取研究方法。为此，作者对所谓"反对科学主义"提出了质疑。

李铁生的文章《软科学研究中的一个重要问题——软件"硬"化》，在指出软科学研究对于决策科学化的重要性的同时，强调了软件硬化即让规划成为计划、建议成为决议、方案成为方针、蓝白皮书变成红头文件的更为重要和迫切的意义。领导者在决策过程中要克服有硬无软和有软无硬这两种片面性，做到软硬结合、先软后硬、软件硬化。应当指出，作者的这种见解对于任何科学方法论问题都有意义，因为科学方法本身亦属软件之列，它有一个硬化即如何应用的问题。

柳树滋在近几年来潜心研究间隔性原理的基础上，阐述了这一原理对于构建科学方法论新体系的重要意义。作者认为，间隔性原理是人们对事物存在和认识的间隔性机制的理论把握，并据此对事物进行合理分解与合整的方法论原理。它限定人的"思维解剖刀"只能顺着事物可能存在的间隔去分解事物，剥离出一个一个客观存在的连断域，并通过思维和实践去重组或变革事物，选择或构造出种种新的具有特定性质和功能的间隔，以实现认识和实践所企求的价值目标。间隔性原则是实验操作和科学抽象的基本前提，并以此渗入和影响科学方法的一切环节。它又是哲学思维通向科学领域的中介和桥梁，哲学的各个范畴和规律可以通过这种机制得到深化和具体化。

此外，丘亮辉、孙小礼、张巨青、林可济、孙显曜等同志分别就科技进步与思维方式的变革问题、科学认识中已知和未知的关系问题、科学理论的发展与思维方式的演进问题、从抽象上升到具体的原则在科学认识中的应用问题、科学方法论的学科结构模式的问题，提出了很有价值的创见。

（二）模型方法问题

近年来，随着人的认识和实践活动日益深入复杂多变的对象领域，对作为合理简化原则的模型方法的研究和应用，引起人们日益增长的兴趣。

刘求实的论文《模型：通向实在的桥梁》首先对模型方法作了历史的考察，指出它经历了直观模仿（如鲁班仿照野菜叶的形状发明锯子）、抽象模型（如物理学中的原子模型）、模拟实验（如工程模拟）、数量模型与工程模拟（如现代化的自控系统）这四个阶段。然后阐述了模型方法产生的必要性和可能性及其客观根据，以及模型方法在各个领域中的应用，如物理模拟、数学模拟、生物模拟、功能模拟和社会科学研究中的数量模型方法等。

吴彤的论文《模型化：一种普遍有效的研究思路》指出，在科学研究的各个环节中都存在着模型化因素，例如在科研课题形成时期核心概念的提出，其形式结构都是"模型化"的，像华莱士的"适者生存"概念、爱因斯坦的"同时的相对性"概念、普朗克的"量子"概念都具有这种特点。此外，模型化对于假说的提出和理论的建构都有不可缺少的重要作用。随着科学研究的进展，模型化也有一个循序发展的过程。

于祺明、于小娟着重探讨了科学理论模型的评价即理论模型真理性程度的判定问题。作者认为，理论模型的建构过程中已经对模型进行着初步的评价，提供了理论模型进入检验阶段的基础。理论模型在进入检验阶段后，要经历先验评价阶段和后验评价阶段，前者主要考察理论模型的可检验性，内在完备性和逻辑简单性因素，后者是依据理论模型的确证证据对其真理性程度进行判定。这种评价（判定）既要考虑到确证证据的数量，又要考虑到确证证据的质量即证据的新颖程度和严密程度，尽可能将两者恰当地统一起来。

此外，杨见奎集中探讨了科学中的模型解释问题；何公占从"条件反射"的观点出发，对模型方法提出了一种独特的看法；卢冀宁强调了模拟方法的认识论功能和改造世界的模拟方法即模拟工程。这些文章各从一个特定的侧面揭示了模型方法的特点和功能。

（三）自然科学方法与社会科学方法的结合问题

汪馥郁的文章指出，实现自然科学与社会科学的高度综合，已成为当代科学发展的一股不可抗拒的潮流，而在当前要特别注意克服社会科学方法论研究比较落后的状况。作者认为，研究社会科学方法论，首先要正确界定"社会科学"这一概念。所谓社会科学，也就是指人们对人类自身行为所构成的社会活动及其结果作出认识，并从理论上加以重建的系统化知识体系。作者指出，自然主义的和反自然主义的社会科学方法论都有片面性。我们既要深入探讨社会科学的特殊性，又要认真汲取或借鉴自然科学研究中许多行之有效的方法。在当前，逐步建立起与自然科学方法论相通的、同时又充分体现社会科学特点的社会科学方法论体系，应当成为我们的重要任务。作者通过在社会科学研究中应用实验方法的特殊性、复杂性和重要性，对上述论点做了有说服力的分析论证。

伍铁平以翔实的资料论证了语言学是一门领先的学科。作者认为，语言学为其他社会科学相继提供过具有普遍意义的思想和方法，如进化观念、结构主义思想、转换生成理论等；语文是一种重要的信息载体，语言科学在当今信息社会中起着越来越重要的作用，特别是在人工智能和机器人学等领域中更为突出；语言学特别是语法学的抽象性质同数学十分相近，它对培养人的抽象逻辑思维能力起着很大的作用，是认识世界的重要手段；此外，语言学也是历史学、考古学、民族学、人类学等学科的重要基础。反之，语言学也受惠于与之相关的其他学科。弓鸿午的文章《简论科学语言》从术语、符号、公式和图表的角度，阐述了科学语言的特点及其与自然语言的区别，揭示了它们的认识论和方法论功能。

此外，倪大成就教育中智力的量化问题进行了一些新的有意义的探索；孙忠、钱立富论述了控制论模型在历史学研究中的作用，并以此证明对历史的科学解释是可能的；邢润川、李铁强从一个新的角度考察了作为科学社会学的重要方面的科学史学的方法论问题。

（四）各门学科中的方法论问题

徐利治、郑毓信的文章《数学抽象的定性分析》指出，数学是通过相对独立的模式的建构与研究来反映客观世界的量的规律的科学。数学对象和逻辑"构造"在一定意义上意味着与实体相脱离，从而为思维的创造活动提供了极大的自由度和无穷的可能模式。作者认为，虽然不存在进行数学创造的机械法则，但是数学的创造活动还是有一定规律的，由此可以总结出一些具有启发性意义的方法论原则。如弱抽象中的"特征分析一般化原则"、强抽象中的"关系定性特征化原则"、同向思维中运用的"结构关系对偶化原则"和"类比联想拓广性原则"，逆向思维中运用的"新元素添加完备化原则""公理更新和谐化原则"等。这些原则的概括标志着我国数学方法论研究的重要进展。刘晓力就彭加勒关于数学创造机制的论述作了有启发意义的分析和评价。刘华杰对现代科学前沿中的分形几何学作了方法论的分析。

梁国创的文章论及物理学前沿中超导研究突破的方法论启示。文章指出，1986 年全世界掀起了一轮"超导热"，科学家获得在液氮温区稳定地产生超导现象的多种材料。科学家的下一个目标是要找到室温超导体，在头一轮高潮过后下一轮高潮未到之际，从科学方法论的角度作一番冷静的思考是有益的。文章提出了五点经验教训：提出问题比解决问题更重要；要重视信息的收集、交流和识别；重视观察实验结果的可重复性；科学家要有一个辩证思维的头脑；合作是研究成功的一大法宝。

李靖炎的文章探讨了进化观点与生物进化的根本原则。作者认为，生命有机体具有自己特定的结构体制和与之密切相关的活动机理，这两者都是进化的产物。进化的观点对于生物学领域是普遍有效的，当然也适用于细胞生物学和分子生物学的研究。有机结构同其所承担的机能任务之间的矛盾是进化的动力和源泉。在这里，对生物进化真正起决定性作用的不是偶然的突变自身，而是在特定的具体情况下究竟哪些突变才能通过自然选择被保留下来。作者还认为，局部退化可能是整体进化的一种因素。所谓"不进化"现象则与"进化的焦点"的转移有关。

李建会的文章《功能解释和生物科学方法论》指出，生命有机体的复杂性同时削弱"自主论"和"分支论"的基础，在生物组织水平上发现的任何规律都是作用于较低组织水平上的规律相互作用的结果，然而还原又必须是整体性的，其目的并不在于用化学和物理学概念来代替生物学的概念，而是和它们并存，并服从于它们。

傅世侠的文章涉及左、右脑分工与创造性思维的问题。作者指出，在人类对大脑的结构和功能进行了一百多年的实验研究之后，到 20 世纪 80 年代初，左、右脑机能分工的理论得以确立。脑科学的这一重大进展使人们对自身的最重要的器官——具有左、右对分双结构的大脑，开始有了较全面的认识。左脑的优势功能是：言语表达、阅读书写、分析抽象、数学计算、逻辑程序等；右脑的优势功能是：空间知觉、形象识别、视觉趋合、模拟再认、直觉判断等。人的意识和行为协调统一的基础乃是左、右脑功能高度特化和有效整合的结果。创造性思维是左、右脑两种思维模式的交替使用和协作互补。鉴于目前的教育体制偏重左脑思维的训练，所以必须强调右脑思维的作用。每一个从事创造性活动的人必须按照自己不同时期任务的需要，适时调配或灵活运用自己的左脑思维和右脑思维。

严金海的文章对我国隋、唐时期著名医学家孙思邈的著作《千金方》，从方法论的角度作了很好的分析和评述。

（五）科学研究过程中的方法论问题

黄振志提出并简要论证了科学研究始于"从科学事实中引出科学问题"的见解，林定夷则把"科学问题"上升到"问题学探究"之高度作了深入的剖析。林定夷指出，所谓"问题"乃是指某个给定过程的当前状态与智能主体所要求的目标状态之间的差距，相应地，"问题求解"就是指设法消除这种差距，而"疑难"则是求解的理想与智能主体当前能力的差距。作者着重论述了开展"问题学"研究的重要性、迫切性和研究途径。

韩增录探讨了科学讨论和科学发展的关系问题。他指出，科学讨论是交流学术思想、进行学术争论，以探求科学真理的认识活动与科学方法，有助于科学繁荣与学术进步。科学讨论应无禁区。科学讨论作为一种高尚而又严肃的人际交往活动，应当遵循以下学术规则：尊重各自的争论对象；在真理面前人人平等；不必要求更不必强行求得一致性结论；实践是检验科学认识真理性的最后标准。

　　周守仁论述了"对称—整合"思维模式的含义及其作用。所谓"对称—整合"思维模式，是指以对称性、整合化思维为核心，运用对称性原理、统一性原则，结合"对称—对称破缺方法论"与"超耦合—内随机方法论"，并将它们统一或整合起来的思考路线和研究方式。这种思维方式在现代数学、理论物理学、化学、生物学、宇宙学、社会科学中已获得不同程度的应用，显示出巨大的生命力。对这种思维模式的逻辑结构、方法论特点、应用条件和范围等的研究，是很有价值的新课题。

　　张家治、邢卫平对传统的分析方法作了新的、深入的论述。作者认为，现代分析方法向着复杂、多样、微观化和渗透着综合思维等方面扩展和深化，为认识世界和改造世界提供了更强有力的工具；朝克的文章《谈谈非联系方法》指出，人们对事物从普遍联系的角度考虑较多，而忽视了从非联系的角度去认识，从而把对马克思主义哲学关于普遍联系的思想只是停留在理性抽象的层次上，而未能上升到理性具体的层次。应当把两者辩证地结合起来。

　　李培平和赵阳辉的文章从不同的角度探讨了系统科学的方法论问题。

　　应当承认，上述论文和摘要在选题、观点、深度、广度等方面都有或大或小的差别，但有一点是共同的，就是上述作者都力图运用马克思主义哲学观点分析科学方法问题，从具体的科学研究中作哲学的概括，又把提炼出来的哲学论点回输到科学研究中去，进行新的探索。他们都在马克思主义哲学与科学的结合点上做出了自己的贡献。今后，我们应当把这一工作不断地加深和拓展，并把这一工作同对中国传统哲学文化思想更好地结合起来。果能如此，我国科学方法论的研究必将出现一个活跃繁荣的新局面，形成具有中国特色的科学方法论新学派。

　　还应当指出，本文集中的选题多带有专题研究的性质，内容多带有作者个人的创见。这也是我们所应大力提倡的一种取向、一种学风。我们希望今后中国的科学方法论研究成果，将以一系列各具特色的专题研究成果为基础，覆盖科学方法论的各个层次、各个方面；我们的研究队伍将是一大批各在某一领域成为权威的方法论专家；彻底改变目前我国学术界中仍然存在着的在同一水平上重复编撰的不良风气，在多元一体、差异互补的基础上形成整体的优势。

《高等数学解题过程的分析和研究》序[①]

学习一门功课，一要掌握基本理论，二要培养工作能力。理论和能力是相辅相成的，理论可以帮助学生锻炼能力，但决不会自动转化为能力，因为能力需要亲自动手，通过本身的实践，才能逐步锻炼出来。学习数学也是如此，比较起来，培养能力更重要、也更困难。以高等数学而言，教科书成千上万，其中不乏佳作，只要循序渐进，便不难把基本理论学会。但培养能力却远非如此简单。怎样指导学生做好习题，同时在做题的过程中培养发现新定理、创造新理论的本领，怎样从实际中提炼数学问题，抽象成数学模型，并逐步求解，以满足实际的需要，这一整套联系实际的能力如何训练，至今似乎还没有成熟的经验，有关的书也不多。如果说有，也大半是习题集或习题解答。这类书是需要的，但还不够，因为它们大多限于列举一些题目，给出提示或解答就完事。至于为什么选这些题，解题前应如何思考，从何下手，解完后有哪些经验可以上升成为一般的思想方法、一般的解题原则，从而解决一大类问题，甚至提出新问题、创造新理论，则很少讨论。

国际上，关于数学教育的名著也寥若晨星，影响较大的，也许数美籍匈牙利数学家、教育家波利亚（G. Polya）的三部姐妹作《数学与猜想》《怎样解题》《数学的发现》，它们影响很大，确是名作。不过他熟悉的是西方的教育，对中国的教育、中国人思维的特点，并不太了解。因此，我们更需要切合我国

---

① 钱昌本. 高等数学解题过程的分析和研究. 北京：科学出版社，1999.

实际相应的著作。

这本《高等数学解题过程的分析和研究》可以称得上是符合上述要求的好书。作者钱昌本先生热爱教育，更热心于培养学生自学的能力，不满足于灌输式的教学方法。他的教学法宗旨是变学生的被动接受为主动进取，本着这种教学思想，他在西安交通大学教改试点班主讲 5 年，取得了显著效果，培养了许多优秀学生，从而三次获得优秀教学成果奖。他的经验引起了同行的兴趣，大家希望他能把他的教学思想和内容写成教材或讲义，这本书就是应此需要而写的教学参考书。本书大大不同于一般的习题解答，它突出智能培养而有别于"传授型"或"模式化"的书籍。全书以 120 个高等数学问题为主，来展开剖析，寻求解答的过程及反映这一过程的思维活动，以便开拓思路，培养解题和发现新事物的能力。这些题目主要是作者编制或积累的。本书第二部分另列了 120 个习题，以供读者自习，这些题先有提示，后有详细解答。

作者在本书中倾注了 20 余年长期的思考和实践经验，具有别开生面的独特风格。例如，有些难题的解答需要作辅助函数，一般书上只简单地引进这一函数，至于如何想到它，则语焉不详，甚至只字不提。本书则通过逐步分析、层层推理，最后引导到辅助函数的自然出现，使人决无天外飞来之感。由于这些特点，我们深信本书的出版，对高等数学的教师、学员和爱好者会有很大的启迪和帮助。

1993 年 9 月

《让你开窍的数学》丛书序①

　　如果我们打开科学史，研究一些卓越人物成功的经验，就会发现一个重要的事实：他们所研究的正是他们从小就喜欢的。少年时代的达尔文数学成绩不佳，但热爱生物，结果他成为最伟大的生物学家。反之，如果强迫他研究数学，他未必能成功。由此可见，兴趣与工作一致，两者形成良性循环，是成功的重要因素。然而兴趣又是怎样形成的呢？这固然与天赋有关，但后天的启发和培养更为重要。数学教师的职责之一就在于培养学生对数学的兴趣，这等于给了他们长久钻研数学的动力。优秀的数学教师之所以在学生心中永志不忘，就是由于他点燃了学生心灵中热爱数学的熊熊火焰。

　　讲一些名人逸事有助于启发兴趣，但这远远不够。如果在传授知识的同时，分析重要的数学思想，阐明发展概况，指出各种应用，使学生不仅知其然，而且知其所以然，不仅看到定理的结论，而且了解它的演变过程，不仅看到逻辑之美，而且欣赏到形象之美、直观之美，才是难能可贵的。在许多情况下，直观走在逻辑思维的前面，起了领路的作用。直觉思维大都是顿悟的，很难把握，却极富兴趣，正是精华所在。M. 克莱因写了一部大书《古今数学思想》，对数学发展的主导思想有精彩的论述，可惜篇幅太大，内容过深，不易为中学生所接受。

　　真正要对数学入迷，必须深入数学本身，不仅是学者，而且是作者；不仅是观众，而且是演员。他必须克服一个又一个

---

① 数学通报，1996，(11)：封2.
《让你开窍的数学》丛书. 郑州：河南科学技术出版社，1997.

的困难，不断地有新的发现、新的创造、其入也越深，所见也越奇，观前人所未观，发前人所未发，这才算是进入了登堂入室、四顾无峰的高级境界。为此，他应具备很强的研究能力，而这种能力，必须从中学时代起便开始锻炼，经过长期积累，方可成为巨匠。

于是我们看到"兴趣""思维"和"能力"三者在数学教学中的重要作用。近年来我国出版了多种数学课外读物，包括与中学教材配套的同步辅导读物和题解。这套《让你开窍的数学》丛书与众有所不同，其宗旨是"引起兴趣、启发思维、训练能力"，风格近似于美国数学教育家波利亚（G. Polya）的三部名著《怎样解题》《数学与猜想》《数学的发现》，但更切合我国实际。本丛书共 8 本，可从书名看到它们涉及的范围甚为宽广。作者都有丰富的教学经验和相当高的学术水平，而且大都出版过多种数学著作。因此，他们必能得心应手，写得趣味盎然，富于启发性。这套丛书的主要对象是中学、中专的教师和同学，我们希望它能收到宗旨中确定的效果，为中学数学教学做出较大的贡献。

1996 年 7 月

《中国民族师范高等教育》序[①]

　　教育为立国之本；师范为教育之本。这是许多先进国家的历史经验所证实的。日本第二次世界大战惨败，许多城市沦为废墟；但他们坚信，只有通过教育，留下好的后代，才能挽救日本。于是，战后第二年，在十分困难的条件下，便立即开始在全国认真普及义务教育。果然，不出 40 年，日本又成为经济大国。由此可见：教育提高人民的科技文化水平，从而有力地促进经济发展；反过来，经济发展增加对教育的投资，有利于教育的普及和提高。教育与经济形成了良性循环。

　　我国是幅员辽阔、人口众多的社会主义大国。各民族团结友爱、紧密合作，共同为建设伟大的祖国而奋斗。这是我国的显著特色和优势，是十分珍贵的。然而，由于所处地区不同，风俗习惯不同，各民族间存在一定的自然差异，从而办学条件也不完全一样。如果相互学习、取长补短，以便充分发挥本民族的优势，努力办好本地区的教育，便是一个非常有意义的重大的理论问题和实践问题。

　　1995 年 4 月，来自 7 个省（自治区）的 17 所民族地区师范专科学校的 47 名代表，在昆明师范专科学校举行了全国民族地区师范专科学校教育研讨会。会议的主题是：民族地区师范专科学校应如何主动适应本民族地区普及九年义务教育和经济发展的需要，办出民族特色，促进民族地区经济与社会发展。与会代表对此主题进行了深入的讨论，大家认为，民族地区师范

---

　　① 黄启后，主编. 中国民族师范高等教育. 贵阳：贵阳教育出版社，1996.

专科学校应有三大任务，即早日普及九年义务教育；培养民族干部和应用型专门人才；开展科学技术、民族文化的研究，为振兴民族经济、弘扬民族文化而服务。围绕这三项任务，代表们各抒己见，提出了许多极有意义的见解和建议，并写成论文，最后汇集成这本论文集。

　　本书的作者来自高等师范教育的第一线，有着充分的教学、科研和管理经验，因而每篇论文都有一定的实践基础，言之有物，不同于一般的泛泛空谈。我们深信，本书的出版将促进民族师范高等教育的发展，它对从事这方面工作的教师和管理干部会有很大的启发和借鉴作用。

1995 年 6 月 15 日

《两参数马尔可夫过程论》序①

马尔可夫过程最初由俄国数学家马尔可夫（A. A. Марков, 1856—1922）研究，至今已发展成为概率论中最富于理论意义和应用价值的重要分支。它与泛函分析、微分方程、微分几何、理论物理等学科密切相关，用到这些学科中的许多结果；反过来，它又从方法上、解释上丰富了这些学科。从应用方面看，许多具体的马尔可夫过程如布朗运动、泊松（Poisson）过程、扩散过程都来源于物理等自然科学和工程技术，因而马尔可夫过程的一般理论在这些学科以及后来兴起的诸如系统论、自组织理论、数理经济学等中得到不少应用，就不会使人感到意外了。

尽管马尔可夫过程论的内容非常丰富，而且还在蓬勃发展之中，但至今主要还只研究自变量为单参数的情形，直观上可把此参数看成时间。但在许多问题中需要考虑多个参数，例如，水文或气象中除时间外，要考虑地点，即经度、纬度和高度，这便要用 4 个参数来描述。从单参数过程到多参数过程，理论上也是很自然的，这正如同从一元函数发展到多元函数一样。众所周知，多元函数论比一元函数论困难得多；过程论也如此。这里，不仅是由于一些结果推广到多参数时往往会遇到本质性的困难，还因为多参数情况下会出现许多新的问题，需要新概念和新方法，而这正是多参数理论的精华所在。

就我们所知，迄今国内还没有一本系统论述多参数马尔可

---

① 杨向群，李应求. 两参数马尔可夫过程论. 长沙：湖南科技出版社，1996.

夫过程的书；前几年国外出了两三本关于马尔可夫随机场的论著，但内容与本书没有重复。因此，本书是第一部论述两参数马尔可夫过程论的专著（从两参数到多参数较为容易）。本书内容基本上是我国学者（主要是作者们自己）的研究成果，这些成果以前只发表在数学期刊上，这是第一次把它们总结在一本书内，使之逻辑完整、论证严谨，成为前所未有的新的理论体系，自然是很不容易的事。作者们为概率论谱写了新篇章。在多参数马尔可夫过程论的研究领域中，本书达到了国际领先水平。可以预期，本书将为推动马尔可夫过程论的研究起到积极的作用。

1994 年 9 月

《班主任工作月记》序 [①]

　　《班主任工作月记》是全国优秀班主任方仰群老师写的一本有关中学班主任工作的小册子，篇幅虽小，却有它独到之处。首先，它不是从学生的正面来写，而是从学生的负面，即从学生常见的心理、思想行为的毛病来写的。这种写法似乎不符合对学生应该坚持以正面教育为主的原则，其实不然。正与负、好与差、导与禁，既对立又统一。帮助学生克服毛病与指导学生发扬长处是相辅相成的，帮助学生改掉毛病，就是促使学生进步。这正是坚持以正面教育为主的重要内容。尤其是对于后进生和后进班来说，意义更为重大。所谓转化后进生和后进班，可以说，就是要纠正他们的错误，克服他们的缺点和陋习。其次，作者从20多年的班主任工作实践中，总结出学生的心理、思想行为的毛病在一学年中的各个月的表现，揭示了其中的月周期性，尽管这仅仅是一种尝试，还有待于完善，但它的思路无疑是正确的，可供同行们以及家长和学生们参考。尤其是青年班主任，若能从月周期性中得到启发，把学生的毛病禁于未发。就可以把班级工作做得更好。再次，月记中附录了多篇学生的短文。这些短文不仅仅是对正文的一种补充，更重要的是作为"教学相长"的有机部分，体现了学生是教育的主体的思想。

　　方仰群老师是一位中学数学特级教师，曾先后荣获全国优秀班主任和全国先进工作者称号。在长年的教育教学实践和试

---

　　① 　方仰群. 班主任工作月记. 汕头：汕头大学出版社，1997.

验中，他勤于学习、积累和思考，用业余时间写成的这本小册子是他的敬业精神和科研精神的结晶，是一本值得向青年班主任推荐的书。

1996 年 5 月 23 日

《马尔可夫过程和今日数学》序[①]

我以菲材，厕身数学行列，凡40年，用功甚勤，而所获无多。今承湖南科学技术出版社及胡海清先生鼎力促成，出此文集。掩卷自思，惶愧顿生。虽然，亦略有所感。

举凡科学研究，三分选题，三分勤毅，二分机遇，二分天赋。四者具备，必成上品。其实何止科研，一切大事，莫不如此。选题靠师友交流，靠信息通畅，靠个人胆识。勤奋与毅力则出乎自身之理想、兴趣、热情与自制。机遇存在于环境遭逢及人际关系之中，有驾而上者，有溺而沉者，全在有所准备，及时抓住或避免。天赋与生俱来，难以改变。但用我之长，避我之短，则可自择也。今我四者，皆居中游，无怪其斯为下矣。前车之鉴，不敢自秘，谨奉告以闻。

四十已去，来日几何。此集之完成，实为一科研段落，但仍不敢稍有疏怠。抚今思昔，启我数学之蒙者，为武汉大学数学系诸师长；而文集中主要工作，则完成于莫斯科大学、南开大学、北京师范大学与汕头大学。老师指教与同事间多年切磋互助，有益哉！有味哉！长在美好记忆之中矣。

为编此文集，杨向群教授独挑大梁，妙思增彩。文集中"编者的话"；全集疏通、导读及说明；内容提要；若干篇原用俄文、英文发表，今译成中文；以致最后定稿成书；皆出其手。导读有助于了解来龙去脉，有益于提高可读性，此所以本文集区别于一般文集者。创此新意，用心良苦，工作量之大，非片

---

① 王梓坤. 马尔可夫过程和今日数学. 长沙：湖南科学技术出版社，1999.

言感谢可尽也。吴荣、刘文、胡国定、邓汉英、刘泽华、李占柄、曾祥金诸教授，内子谭得伶教授，数十年如一日，相濡以沫，情谊长青，不知相轻相妒为何物，诚人生之大幸也。众多弟子，青出于蓝，教师清苦，以此足可自慰，常书"百年育人亦英雄"于座右，以为自勉。尤忆 20 世纪 50 年代初期，我国学界几不知概率论为何物；领我入门者为导师柯尔莫哥洛夫院士与杜布鲁申教授，中心藏之，何日忘之，惜乎仙去，报师无门矣。可喜者，近年来我国概率学界，成果灿然，人才辈出，数学大国强国，如旭日东升，辉辉煌煌，举头可望矣。

1997 年 9 月 1 日于南开园

《数学思想方法与中学数学》序[①]

　　这是一部论述数学教育和研究中的思想方法的书。做任何事情，如果想事半功倍，就必须讲究方法。其实何止事半功倍，有时方法甚至起决定性作用。缺乏有效的方法，不仅谈不上效率，而且问题不能解决，事情也就根本不能成功。数学是一门高度抽象而又计算精巧的学科，除了上计算机外，很少实验，主要依靠合理的思维。这样，便更加加重了方法的分量。在攻读数学时，必须讲究思想方法，学数学时如此，研究数学时更是如此。数学大师们的许多宝贵经验，值得去挖掘、去学习，并运用到自己的实践中去。但是要自己去总结前人的经验，真是谈何容易，时间、能力和资料都未必允许，对青年学者更是如此。因此，我们迫切希望有几部关于数学思想方法的好书。本书就是其中之一，而且富有特色。

　　本书作者主要是研究数学教育的。给大学生、研究生多次讲授数学思想方法的课程。每次开课，至少要讲一个学期，因此有足够充实的时间去收集、去思考、去整理，经过反复修改，最后成书。因此，本书不是急就篇，而是经过长期积累、长期研究的智慧的结晶。

　　本书的目标是双重的。一是讨论了数学活动的一般规律，剖析了解决数学问题的一般方法，诸如化归方法、抽象方法、合情推理、数学建模等。这些构成了本书上篇的内容，下篇更富有本书的特色：作者立足于近现代数学的高度，揭示了近现

---

①　钱珮玲，邵光华. 数学思想方法与中学数学，第 1 版. 北京：北京师范大学出版社，1999.

代数学对中学数学的指导意义以及两者间的有机联系。这部分内容使本书有别于其他关于数学思想方法的著作。例如，作者从"如何度量海岸线"这一具体问题出发，引出了分形几何的基本思想，从一维微分出发，将微分概念拓广到无穷维空间和微分流形上去，等等。

我们希望，本书将对大学和中学的老师和同学，对广大的数学爱好者，会有所启迪和助益。在数学教育中，也可考虑将本书用作大学生或硕士研究生的"数学思想方法"课程的教材或参考书。我们预祝本书获得成功，希望它成为数学教育方面的一部好书。

1998 年 12 月 23 日

《应用随机过程》序①

本书是为学习工程、物理及应用数学的学生编写的一本随机过程导论性的书，包括了应用随机过程的主要内容。给出了随机过程理论所需的有关概率论的基本概念，并用较大篇幅论述了科技工作者非常关心的随机过程的理论、方法及应用。使读者既能了解该理论的基本内容，又能学到解决问题的思路与技巧。由于目前国内应用概率研究正在发展阶段，本书的出版是必要的。

本书是作者近年来在应用随机过程、排队论等课程的教学实践和部分研究工作的基础上写成的，大部分材料在北方交通大学的有关专业研究生、本科生及进修教师的教学中多次使用过。可作为理工科大学有关专业本科生、研究生的应用随机过程、随机模型等课程的教科书或参考书。对有兴趣的实际工作者，也能从本书中获得所需要的知识。

一般地说，初等概率论研究随机现象的静态性质，而随机过程论是研究随机现象的动态特性，研究随机现象发展过程的数量关系。初等概率论是随机过程的基础，而随机过程则是初等概率论的自然延伸。目前，随机过程论已发展成为内容十分丰富、应用极为广泛的一门数学分支，成为广大自然科学工作者、工程技术人员和社会、经济学家乐于应用的数学工具之一，并显示出其越来越重要的作用。

---

① 柳金甫，李学伟. 应用随机过程. 北京：中国铁道出版社，2000.

虽然本书不可能全面详尽地介绍随机过程论的一切方面，但作者在编写时尽可能对随机过程的基本概念和一些应用作了较为详细的论述。希望本书的出版对读者有较大的帮助。

《中学数学教学导论》序 [①]

十多年来，国内外数学教育发展十分迅速。一批优秀的科研成果不断面世，内容遍及数学学习理论、数学思维、数学方法论、数学课程论与数学教育评价、数学习题理论等诸多方面。这些成果使得以课程论、学习论和教学论为基本框架的数学教育体系日臻完善，也使我国基础教育由"应试教育"转向素质教育这一重大改革在数学教育领域内获得长足进展。

本书是我国高师院校数学教育类课程改革的一次有益的尝试。书中对于素质教育下中学数学教育目的、教学原则、教学方法和现代学习理论、数学思维、数学思想方法在中学数学教学中的应用，作了相当精确的阐述和深入的探索；对于数学概念、命题与问题解决的教学和数学竞赛、数学教育与未来中学生数学能力的培养，进行了认真的研究；还特别对中学数学课外活动、教育学习与教育的实验等问题，作了富有启发性的探讨。本书的几位作者大多是数学教育硕士研究生毕业后在高师院校任教的中青年教师，又一直跟踪着国内外数学教育研究的前沿工作并从事研究，从而本书能够做到以新的教育理论为指导，结合数学教育研究的最新成果，并紧密联系中学数学教育的实际。数学教育理论工作者可以从书中获得新的研究课题，数学教师则可从书中寻找到适当的方法和可行性实验方案。

愿有更多类似于本书的数学教育论著出版，为新的世纪培养更多的、高水平的数学教育工作者。

1997 年 7 月 2 日

---

① 朱水根，王延文. 中学数学教学导论. 北京：教育科学出版社，2001.

《初中数学创新教育课时目标实验手册》序①

人类社会的发展过程，是在继承前人优秀传统的基础上不断创新，不断前进的过程。继承和创新，是进步的两大要素，而创新则具有更积极的前导意义。创新，大而言之，是人类集体的创造；局部而言，则依靠每个成员的努力。集体是由许多个体有机地组织起来的，所以培养年轻人的创新意识和能力，实是关系到国家强盛、社会进步的大事。而这种能力，是需要从小就开始培养的，而且要结合每门课程长时间地、耐心地坚持下去。

有感于此，江苏省教育厅开展了下列重点课题的研究："创新教育与初中数学课时目标研究"，以致力于结合数学教学培养学生的创新能力。此课题的一项成果，便是本丛书《初中数学创新教育课时目标实验手册》（以下简称《手册》）的出版。这套书共六册，由孙彪和周建勋两位先生总策划，无锡市内外60余位数学教师执笔。他们有着丰富的教学经验，大多是骨干教师和学科带头人。此外，还有好几位数学特级教师把关。

《手册》区别于一般的复习参考书，作者将基本知识和基本技能融为一体。在每一课中，都要顺序进行"复习巩固练习""本课知识要点""MM及创新思维""典型例题解析""难点、误点点拨"，以及"当堂课内练习""本课课外作业""做一做""本课学习体会"诸环节，以求逐步达到理论与实际结合、培养创新思维和创新能力的目的。本书中例题和习题循序渐进、周

---

① 《初中数学创新教育课时目标实验手册》编写组. 初中数学创新教育课时目标实验手册. 北京：首都师范大学出版社，2006.

密谨慎，可谓用心良苦，寓意深矣。

　　早在 20 世纪 90 年代初，我有幸接触到由徐沥泉先生领题的无锡市的 MM（Mathematical method）实验。这项实验，至今已在许多地区推广、应用，取得很好效果。这部《手册》，既是对 MM 实验的深化和细化，也是我国在实施素质教育中的一项创举。我深信如能很好地使用这套《手册》，必能使青少年打下良好的数学基础，有利于将他们培养成优秀的创新型人才。

2001 年

《师范大学图书馆教育丛书》总序[①]

北京师范大学校长助理、图书馆馆长姜璐教授，提出要组织教育部直属重点师范大学图书馆专家合作编写一套《师范大学图书馆教育丛书》。在仔细看了这套丛书的纲要，并与他讨论以后，我欣然同意。之后，我们经过协商，成立了编写委员会，由我任总主编，李晓明（教育部高等教育司教学条件处处长）、姜璐为副总主编，编委有于天池（北京师范大学图书馆原馆长）、王琼林（华中师范大学图书馆馆长）、余海宪（华东师范大学图书馆副馆长）、徐克谦（南京师范大学图书馆馆长）、曹廷华（西南师范大学图书馆原馆长）、康万武（陕西师范大学图书馆副馆长）、傅永生（东北师范大学图书馆常务副馆长）。这套丛书可作为高等学校图书信息专业必修教材，非图书信息专业公共选修课教材，也可供各级、各类图书馆在岗职工的岗位培训使用。

现在的学习更多地要依靠自己，依靠自己在信息的海洋里寻找、猎取对自己有用的知识。这套丛书将会使你深入了解图书馆，充分利用图书馆，以便更好地适应当前信息社会，为你成才和进一步发展服务，从而更好地为人民服务。

我自小在农村长大，书籍对于我来说十分珍贵。我从书中了解世界、了解科学，进而决定了我一生的追求。我也把自己的读书体会写成书，再去启发他人。例如，我学习数学、研究数学，便将我的成果写成数学书；国家需要克服地震灾害，我

---

① 王梓坤，总主编. 师范大学图书馆教育丛书. 北京：人民教育出版社，2002.

又去研究地震规律，总结经验，又写了有关地震的书；年纪大了，不少青年朋友向我讨教做人之理、成才之路，我便写了《科学发现纵横谈》等书，与青年们交流。总之，我的一生离不开书，我看书、写书，我与书有不解之缘。为了看书，我离不开图书馆；上学期间我到图书馆学习，利用图书馆的丰富藏书，加深对教师所教知识的理解；同时我广泛涉猎人类文化遗产，从文学到历史，从哲学到科学，没有我不看的书。书是我最好的朋友。毕业了，我留在大学里工作，我的研究、我的教学都离不开图书馆；查资料、抄笔记、做索引都是我的作业；就是休息，我也是到期刊阅览室去翻翻杂志、看看报纸。做过一段时间校长，从行政岗位上退下来以后，我依旧每天到图书馆，坐在阅览室里学习。在图书馆里，同年轻人在一起，我有一种充实感。我每天要了解新的东西，我喜欢那里的环境，喜欢那里的气氛。

今天时代变了，信息化、网络化飞速发展，人们得到信息更多了、更快了，有时我也感到有些落伍了。这套丛书告诉你如何利用图书馆，特别是如何利用现代化的图书馆。通过这套丛书你会看到在现代条件下，图书馆不仅不会取消，相反会更加发展。它舒适的阅览环境、方便的查阅条件，会令你真正体会到现代化图书馆的乐趣。在图书馆内，偶尔你还可以约几个志同道合的朋友到一间小室，进行讨论。这些都是在家中无法享受到的。

师范院校是培养教师的，是培养人类灵魂工程师的摇篮。学校重视对人的培养，为培养人创造更好的条件，也使培养出来的人具有更好的人文素质和科学素质。因此，师范院校的图书馆更应该重视对人的学习能力的培养。师范院校图书馆是培养教师的第二课堂，这次由师范院校图书馆专业人员编写的这套丛书也充分体现了这一点。

我是教师，我得益于图书馆，我也愿意更多的青年人能依靠图书馆的条件尽快成长。青年人要了解图书馆，更好地利用图书馆。随着科技的进步和图书馆现代化、数字化的建设，我这样一个老读者也需要再学习、再了解，以便在新的条件下，更好地利用图书馆。

青年朋友们，请到图书馆来吧！这里有无穷的乐趣，这里可以成为你一辈子都不想离开的地方。这是一位科技工作者的体会，这是一位老教师的忠告。

2001 年 5 月

《中学数学思维方法丛书》序①

　　早在 1995 年 8 月，大象出版社（原河南人民教育出版社）在扬州举办了一个座谈会，邀请十余位教学水平很高的数学教师参加，商讨出版一套《中学数学思维方法》丛书。与会同人认为，这是一个富有创见的倡议，因而得到大家热烈的赞许。提供一套既有较深厚的理论基础，又富有文采和启发性、可读性的关于数学思维的参考书，对中学数学教学，无疑会是非常有益的。而更主要的，广大的中学生们，将在形象思维、逻辑推理和严密计算等方面，学到很多的东西。这对将来无论做什么工作，都会受益无穷。

　　回想我们青少年时期学习数学的情景，总会有几分乐趣、几分惊异。做出了几道难题是乐趣，而惊异则来自方法的进步。记得小学算鸡兔同笼，必须东拼西凑，多一头兔便比鸡多了两只脚，好不容易才能做出一题。而学过代数，这类问题便变得极为简单。做几何题也一样，必须具体问题具体解决，而学过解析几何便有一般的程序可循。至于计算圆的面积，如果不用积分便会相当麻烦。由此可见，方法的进步对科学的发展是何等重要。以上是对学习现成的东西而言。如果要进行科研，从事创新、发现或发明，那就更应重视方法，特别是思维方法。没有新思想，没有新方法，要超过前人是很困难的。有鉴于此，一些优秀的数学家便谆谆告诫学生们，要非常重视学习方法和研究方法。美国著名数学家波利亚写过好几种关于数学思想方

---

① 王梓坤，张乃达，主编. 中学数学思维方法丛书. 郑州：大象出版社，1999；中学数学，2002，（2）：封底.

法的书，如《怎样解题》《数学的发现》《数学与猜想》，后来都成为世界名著，很受欢迎。

学习任何一门科学，都有掌握知识和培养能力两方面。一般说来，前者比较容易。因为知识已经成熟，而且大都已经过前人整理，成为循序渐进的教材。但能力则不然，那是捉摸不定，视之无形的东西，主要靠自己去思考，去探索，去总结，去刻苦锻炼。老师的培养固然重要，但只能起辅导作用。只可意会，不可言传，而有时甚至连意会都做不到。正如游泳，只靠言传是绝对学不会的。这是对受业人而说的。

至于老师，则应无保留地传授自己的经验和体会，尽量缩短学生学习的时间。中国有句古诗："鸳鸯绣出凭君看，不把金针度与人。"意思是说知识可以输出，但能力不可传授。前一句话意思很好，后一句应改为"急把金针度与人"。这套丛书，正是专门传授金针的。

一般的科学研究方法，可分为演绎与归纳两大类。在数学中，演绎极为重要，而归纳则基本上用不上，除了高斯等人偶尔通过观察数列以提出一些数论中的猜想而外。不过自从计算机发明后，这种情况已大为改观。混沌学主要靠计算机而发展起来，数学模拟也主要靠计算机。再者，以往数学中极少实验。还是由于计算机的广泛使用，现在不少数学系已有了实验室，特别是统计实验室。可以期望，计算机对改变数学的面貌，对改善数学的思维方法，都会起到越来越大的作用。

在此之前，我国已经出版了几本关于数学方法的书，它们都各有特色。如就规模之大，选题之广，论述之精而言，这套丛书也许是盛况空前、蔚为大观的。我们希望它在振兴我国的科学事业和培养数学人才中，会起到令人鼓舞的作用。

1999 年 7 月 5 日

《教学·研究·发现：MM 方式演绎》序^①

　　世上各行各业都有自己的方法。学习数学与研究数学也不例外。我一直期待着能看到在数学教育方面有一本一以贯之，把初等、高等数学当作一个整体，从学习、教学一直讲到研究和发现的数学教育书籍。当然，写这样的书并非易事。今天我感到欣慰的是，由徐沥泉同志撰写的专著《教学·研究·发现：MM 方式演绎》已经向这个方向迈出了一大步。

　　事实上，"天下本无无为事，世上更有有为人"。著名数学家华罗庚、陈省身、苏步青先生等，他们虽然没有写过这方面的专著，但是在这方面给我们做出了榜样，起了很好的教育作用。美籍匈牙利数学家波利亚是把科学方法论应用于数学教学的第一人，他的名著《怎样解题》《数学与猜想》和《数学的发现》不仅切实提高了第二次世界大战之后美国的数学教育水平，而且对国际数学教育界也产生了重要影响。早在 1982～1984年，正是在我国改革开放之初，科学出版社编译出版了波利亚这一经典著作的 5 本姐妹篇。几乎同时，徐利治教授率先倡导用波利亚的数学教育思想指导数学教学，并于 1983 年出版了他的专著《数学方法论选讲》。通过学习，人们越来越认识到科学方法论对数学教学的作用。

　　"MM 方式"正是在这样的大背景下应运而生的。这就是1989 年 5 月在无锡市高中阶段首开的《贯彻数学方法论的教育方式，全面提高学生素质》的数学教育实验。众所周知，如果

---

　　①　徐沥泉．教学·研究·发现：MM 方式演绎．北京：科学出版社，2003.

某一门学科本身被作为研究对象时便产生了该门学科的科学方法论。数学方法论（Mathematical methodology）就是专门研究数学的发展规律、研究数学的发现、发明和创新机制的一门科学，数学方法论的数学教育方式（简称 MM 方式）就是运用数学本身的思想方法指导数学教学改革的一种教学方式。

该课题曾被立为全国教育科学"八五"规划项目和江苏省"八五"和"九五"期间教育科学的重点项目。在中国自然辩证法研究会全国数学哲学委员会的指导下，在我国天津市特级教师杨世明先生等人的积极倡导和身体力行下，十多年来边实验边推广，其实验点和实验研究合作单位已扩展到我国包括台湾地区在内的几乎所有省、市、自治区，实验学校也从原来的普通高中、职业学校扩展到小学、大学和成人教育等各级各类学校。实验结果表明，学生的整体素质明显提高，同时也培养了一批又一批既能胜任教学又能从事科研的数学教师。

MM 方式是由徐沥泉同志在认真学习国内外数学科学方法论、总结他人的优秀教学方法、并结合他自己多年来的教学和科研工作经验的基础上设计而成的。MM 方式的实验，更是少不了一线的实验教师辛勤的创造性劳动。在此意义上说 MM 方式也是我国数学教育界许多人集体智慧的结晶。从 MM 方式的组织实施到推广应用，至今已有整整 13 个年头。现在有必要对它进行一番认真的总结，使它能够进一步发扬光大。

本书《教学·研究·发现：MM 方式演绎》，是继波利亚的上述三本译著在我国出版之后的又一本诠释数学方法论及其应用的重要著作。本书作者把数学方法论用于数学教学，是数学教育思想上的一个创举。读者从书中不仅可以看到，当人类进入 21 世纪之际，一种新的数学教育方式即 MM 方式是如何产生的，有什么优越性，怎样操作，效果如何等；也可以看到在

MM 方式下数学创造性工作的一些实例，作者以数学小品的形式把它们展示出来，使不同层次的读者各有所得、雅俗共赏。本书是一部诠释 MM 方式的学术著作，它的内容翔实而丰富，语言平实近人。书中谈古论今、旁征博引、有助于人们领略数学的美与真谛。

　　本书可供中等学校数学教师、大学数学系师生，数学教学研究人员及具有高中以上文化程度的数学爱好者阅读。也可用作开设数学方法论课程的教材、参考资料，或培训班的参考书。

　　希望读者在阅读过程中，对 MM 方式提出宝贵意见，使之不断完善。

2002 年 10 月

《人民画报》寄语

20 世纪是科技辉煌的世纪，21 世纪必定更辉煌。我们希望科技造福于人民，而不是用于战争。希望我国能迅速地赶超世界先进水平。为此必须优先发展教育。国力的强大依靠高素质的人民和先进的科技，而这只有办好教育才能做到。

在 21 世纪的开端，祝愿世界和平，人民幸福，没有战争，没有恐怖，人人都能温饱，儿童都能上学。祝愿我们祖国更加昌盛，更加强大，像我们的祖先一样，继续为世界进步做出新的更大的贡献。

2003 年 1 月 12 日

《数学分析的思想与方法》序[①]

数学方法论是研究数学的发展规律、数学的思想方法以及数学中的发现、发明与创新法则的一门学问。关于数学发展规律的研究属于宏观数学方法论的研究范畴，关于数学思想方法以及数学发现、发明与创新的研究则属于微观数学方法论的研究范畴。

微观的数学方法论，对数学的研究、教学和学习，都有重要的指导意义。对研究来说，数学方法论对各种方法进行分析、比较、评论，从而引导人们做出更深刻、更重要的发现和发明；对教学而言，数学方法论的意义在于将思想、方法与具体的内容有机地结合起来，使学生不只停留在形式上的推演，而且能深入地理解数学的本质和意义，知其然，而且知其所以然。用数学方法论来指导学习，不仅学习知识、理论，而且可以学习前人进行科学创造的思想方法，领会前人是怎样工作的，这对培养独立创新能力至关重要。

研究数学思想方法的书籍并不多见，明清河同志撰写的专著《数学分析的思想与方法》是对数学学科思想方法所做的积极的、有意义的探索，是将数学方法论应用于高等数学的研究、教学与学习的创新性成果。

明清河同志从事数学分析的教学工作已 20 年，对数学方法论的研究也近 15 年。在这期间，一直致力于数学教育的教学改革、课程改革研究，曾在北京师范大学系统地学习和研究"数

---

① 明清河. 数学分析的思想与方法. 济南：山东大学出版社，2004.

学方法论"，参加过教育部"师范教育发展"项目、"高等教育面向 21 世纪教学内容和课程体系改革计划"等多项课题的研究。在数学教育的教学、改革和科学研究诸方面，都有着丰富的经验。为了更好地进行本学科的教学改革，他精心地撰写了本书。

本书是作者在认真学习国内外数学科学方法论的基础上，结合自己多年的数学教学和科学研究的实践，经过长时间探讨的辛勤劳动的成果。其显著特点是系统性、深刻性与思辨性，它的内容翔实丰富，结构清新独特，笔调简洁流畅，叙述通俗易懂有启发性。将数学分析的本质、内容、思想、方法以及发展历史有机地融合在一起，既有对数学分析重要思想方法本质的深层次探讨，又有对有关哲学思想的深入分析，还有对美学思想、发展过程中数学家思想过程等的详细论述。

我认为《数学分析的思想与方法》是一本难得的好书，它不仅适用于数学分析的教学研究人员和理工科专业的学生，而且对从事数学史、数学哲学、数学方法论的研究人员来说也有很好的参考价值。希望通过这本书的出版，能对数学学习、数学教育、数学研究、数学发现与发明起到应有的推动作用。

2004 年 3 月 2 日

《站在大学讲台上》寄语[①]

人们在回忆老师时，大多是敬仰他们的人品学识，这无疑是正确的，但不全面。老师和学问家不同，老师不仅要自己优秀，而且要善于传授知识和技能，并且以身作则，影响学生的人格发展，使学生也优秀。这样就必须讲究教学方法，尤其是课堂教学基本功。

我听过许多老师的讲课，体会到要讲好一堂课，必须想方设法，极大限度地调动听众的思维积极性，让学生不仅被动地听，而且听得津津有味，全心投入。所以讲课是师生相互配合，共同探索，彼此默契，会心而笑的思维发展过程。能否调动学生主动参与是讲好一堂课的关键。为此，讲课有两个层次，一是目标明确，内容准确精练，逻辑性和科学性强，表达清晰，书写端正，由易而难，循序渐进，时或有幽默、诙谐和趣味。更高一层是讲课有感情，有体会，有惊奇，有赞叹，能调动学生的好奇心和探索愿望；如能有自己的新观点、新发现，或提出启发性的新问题，那就更好了。讲演与讲课不全一样，但好的讲演也有借鉴作用，如梁实秋写的《记梁任公先生的一次演讲》和鲁迅的《魏晋风度及文章与药及酒的关系》等。

1991年起，北京师范大学举办青年教师教学基本功比赛，收到很好效果。在此基础上，北京市教育工会于1995年起每两年在全市开展这一活动，并把第四届比赛的获奖作品汇编成为本书，这是一件大好事。我们深信，这不仅对北京市，甚至对

---

① 张振民，赵显利，主编. 站在大学讲台上：北京高校第四届青年教师教学基本功比赛教案选编. 北京：北京理工大学出版社，2004.

全国的青年教师，都会起到很好的示范或启迪作用。我们也希望这一比赛能在全国更多的省市更好地开展，大面积地提高教学基本功。

2004 年 11 月 5 日

《北京数学会　北京数学培训学校教学丛书》序[①]

　　北京数学培训学校是由北京数学会主办的一所课外培养中学生的数学学校（前身是北京数学奥林匹克学校）。1985 年开始建校，是我国成立最早的一所数学奥林匹克学校。二十多年来，该校为北京市培养了一大批数学优秀学生，不仅在全国和国际中学生数学竞赛中获奖，而且在高等学校的"数学建模竞赛"中（和大学生一起参加，评奖标准也完全一致），该校学生也曾多次获得全国（新苗）奖和北京市奖。

　　在该校学习的学生，即使没有获得竞赛奖，也获得了不少课外数学知识，提高了数学能力（包括解决实际问题的能力），增强了数学素质；这对于参加高考时解决难题和应用题也有不少帮助，从而使很多学生提高了自己的高考分数，考上了理想的大学。因此，该校一直受到学生和家长的欢迎。

　　二十多年来该校在高中数学教学中积累了丰富的教学经验和教学资料，一直希望能够很好地整理一下，以供教师和学生参考使用（特别是对于新课标的部分选课也将很有参考价值）。本套丛书就是在此基础上由该校任教的部分教师编写，由北京师范大学出版社出版的，目前陆续出版的有高中基础分卷Ⅰ、高中基础分卷Ⅱ、高中应用分卷Ⅰ、高中应用分卷Ⅱ、高中提高分卷和高中建模分卷等。

王梓坤　赵　桢

2007 年 9 月 27 日

---

　　① 赵桢，主编. 北京数学会　北京数学培训学校教学丛书. 北京：北京师范大学出版社，2007.

《兴趣是最好的老师》序①

　　青少年时代往往是梦想的时代，他们可能多次想象着自己的未来：成为科学家还是文学家？政治家还是艺术家？或许可以当个医生？当然，做个发明家也很好。

　　面对成才这一最普通最重要的人生课题，我们首先会联想到那些杰出人物的成才经验。他们是人类的精英，是社会文明和进步的先觉者、开拓者，每位杰出人物都是一部让我们读解不尽、获益无穷的"宝书"，他们的人生旅程和奋斗经历，是许多年轻人极感兴趣的话题。

　　因此，很多人都爱读名人传记。的确，人生需要阅历。而当你披览名人传记时，你就经历着不止一个人的，而是很多人的生活阅历。这样，在自己的生活经验之上又添加了别人的经验，从而能打破时空的局限，在未来的人生道路上如鱼得水、左右逢源。尤其重要的是，别人的生活经历对你很可能有着极大的启示呢！

　　当然，由于各人所处的时代不同，社会制度不同，成功的内在因素和外部条件也不同。在他们之中，除少数天才外，大多是靠着勤奋取得成功的。达尔文为写《物种起源》，付出了二十多年的艰苦劳动和思考；道尔顿连续50年，坚持每天记录天气情况，直至他心脏停止跳动之前几小时；居里夫人为了提炼元素镭，与丈夫在一间破棚里连续工作了4年；李时珍为了研

　　① 缪进鸿，主编，李辉，执行主编. 中外杰出人物主题阅读丛书.

　　李辉，钱伟刚，卓勇，缪德民. 兴趣是最好的老师. 北京：商务印书馆，2009.

究某些植物的药性，广泛地向老农、渔夫、樵夫、铃医请教，足迹遍及太和山、大别山、茅山、伏牛山等地，积累了丰富的第一手资料。

也有一些成功人物，先天条件并不好，但他们克服了重重艰难险阻，最终登上了辉煌的峰顶。爱因斯坦小时候智力平平；安徒生是一个鞋匠与洗衣妇的儿子；狄更斯出身贫寒，儿时当过童工；法拉第是铁匠的儿子，自己曾是学徒；马克·吐温生来体弱；开普勒终生被病魔缠身；范仲淹自幼失怙；杜甫终生贫苦；契诃夫一生不幸。然而，他们最终成为事业上的"大家"，这正好印证了孟子的话："天将降大任于斯人也，必先苦其心志，劳其筋骨，饿其体肤，空乏其身，行拂乱其所为。所以动心忍性，增益其所不能。"

事实上，多数成功人士也曾和我们一样默默无闻，但真正使他们走向成功的是远大的志向、不懈的努力、坚毅的品性、过人的胆略与执著的勇气，这使他们熬过了人生的严冬，迎来了生命的春天。

本丛书既是高级科普作品，又是人才学研究的力作。丛书主编缪进鸿先生十余载研究比较人才学，他和他的合作者以惊人的毅力和多年的辛勤，从世界范围内筛选出最优秀的政治领袖、军事统帅、思想宗师、科学英杰、发明大家、文学泰斗、艺坛巨擘、名家名流160余名，把他们的成长经历，写成一个个"小传"。本丛书选取成才的各重要因素作为不同阅读主题。在写作过程中，作者既要重点显示与每本书的阅读主题有关的因素，又要给人以"饱满"的人物形象，这就很容易把人物的"小传"写成一篇篇枯燥乏味的故事梗概。但我们眼前的这套书所涉及的人物，既有一般性的介绍，也截取一些精彩的特写镜头，来勾画人物一生的轮廓及思想、成就。多数人物故事情节生动、语言精练，有新思想、新观点，令人读来兴趣盎然，大都能留下完整而深刻的印象。

希望读者能从中看到每一杰出人物的成才轨迹，看到他们如何一步步走向成功，从中感受到他们百折不回的顽强奋斗精神，探求他们成才的"秘诀"，并从中获得激励和启示。

2009 年 4 月 1 日

《北京师范大学名人志》序^①

在人类社会发展的长河中，教师是人类文化最重要的继承者和传播者。教师通过教书育人，将人类文明的火炬代代相传发扬光大。教师的影响是深远的，教师的功绩是永存的。因此，自古以来，人们就把教师看成一种最神圣的职业。欧洲文艺复兴时期的捷克教育家夸美纽斯，把教师誉为"太阳底下最光辉的职业"。我国称教师是辛勤的"园丁"，是奉献自己照亮别人的"红烛"，是塑造有知识、有道德公民的"人类灵魂的工程师"。作为以培养教师为己任的北京师范大学，被誉为"人类灵魂工程师的摇篮"。

一百多年前，中华民族面临内忧外患。志士仁人大声疾呼变法图强，强调"维新之本在人才，人才之本在教育，教育之本在教师"。在"教育是立国之本""办理学堂，首重师范"的理念下，北京师范大学的前身——京师大学堂师范馆应运而生，开启了中国高等师范教育的先河。1908 年，京师大学堂师范馆独立设校发展为师范大学。在以后的百余年中，北京师范大学经过几代人的艰苦努力，现已成为国内一流、世界知名的大学，成为全国师范大学的排头兵。

邓小平曾说："我们国家，国力的强弱，经济发展后劲的大小，越来越取决于劳动者的素质，取决于知识分子的数量和质量。"提高劳动者的素质的希望在教育，教育的希望在教师，而培养教师主要责任在师范院校。为中华民族的伟大复兴，北京

---

① 顾明远，主编. 北京师范大学名人志. 北京：北京师范大学出版社，2010.

师范大学任重而道远！

北京师范大学在长期的办学历程中，铸就了"爱国进步，诚实勤勉，勇敢质朴，为人师表，博爱奉献"的优良校风和"学为人师，行为世范"的校训。这和北京师范大学校长们为国家兴旺、为民族复兴办好师范教育的办学思想有直接关系。多次出任教育总长的范源廉校长曾说："国家的兴衰、经济的发达、国民素质的提高、外交的强弱等，均与教育有关。"李蒸校长曾说："民族之托命在教育，教育之本源在师范学生。"而对师范生的教育，校长们十分强调敬业与奉献。李建勋校长说："教育是一种艰苦的事业。从事于此业者，必须有敬业、勤业、乐业的专业精神，即对教育有崇高的信仰，对所学有勤奋的努力，对教学有不倦的态度。"在办学思想上，他们强调开放求真，兼容并包，正如陈宝泉校长所说："不墨守唯我独尊的谬见，对于中外学问事功，其爱憎取舍，论其实不论其名。"

北京师范大学的校长们刚毅坚韧、远见卓识，坚持思想开放、学术自由、兼容并包的办学方针。因此，学校凝聚了一批著名学者和有志青年：教师中有鲁迅、钱玄同等思想深刻充满改革精神的战士；有杨树达、余嘉锡、高步瀛等博古通今的名家；也有胡先骕、董守义、黄国璋、张宗燧、武兆发等学贯中西的学者。学子中有成千上万如匡互生、陆士嘉这样慕名而来的优秀青年。北京师范大学的校长与诸多大师和学子是中国知识分子的精英、杰出代表。

百余年中，在这些教育家嘉言懿行的引领下，北京师范大学有20余万优秀学子先后走出校门。他们奋斗在祖国的教育以及其他各条战线上，为中华民族的独立、解放、发展做出了卓越贡献。北京师范大学学子中涌现出许多著名的教育家、科学家、革命家。如为改革教育无私奉献一切、被称为"苦行僧"

的匡互生；有中国共产党创始人之一、杰出教育家、哲学家李达；有著名教育家吴富恒、徐英超、侯外庐、陆润林、董渭川等；有著名物理学家汪德昭、陆士嘉；生物学家汪堃仁、俞德浚；有兼学者、作家、教育家于一身的公木、苏雪林、彭慧、冯沅君等；有学者出身的国家领导人杨秀峰、楚图南、周谷城；有坚持真理、直言谏诤的"铁书生"周小舟……北京师范大学学子中的佼佼者不计其数，他们只是俊彦中的杰出代表。

北京师范大学的百年历史，是中国现代高等师范教育发展史的缩影，也是近代以来中华民族寻求教育兴国之路的生动记录。

在悠悠百年中，北京师范大学由小到大、由弱到强，不仅有学科、学术发展历程，有学校对国家、民族贡献的光荣史，还应有学校历史上卓越人物的传记。因为历史是人创造的，任何历史，都离不开在历史舞台上的各类人物，特别是对国家贡献卓著的优秀才俊。因此，人物传记应是校史的重要组成部分。

顾明远、王淑芳两位先生主编了《北京师范大学名人志》丛书（含校长篇、大师篇、学子篇三本），从北京师范大学百余年历史丰碑上采撷的七八十位杰出者著传，弥补了校史方面的名人传略的空缺。限于篇幅，难以求多；入选者，事迹亦未必齐全。虽然遗珠累累，主编亦已尽心竭力了。希望读者能从名人志书中得到启迪和激励，以推动北京师范大学和中国的教育事业不断进步！

2010 年 2 月

《追求科学家的足迹：生物学简史》序[①]

科学史是科学文化的重要组成部分，是对科学家的成长经历和研究活动的回顾、反思和总结。具有丰厚的文化底蕴的科学史是非常重要的教育资源。从个体发育来看，人类的个体发育简单而迅速地重演了人类的系统发育；从精神发育来看，个体的认识活动的逻辑过程与人类认识发展的历史过程，在总体上具有一致性。所以，学习科学史，不仅可以对科学的发展历程进行梳理、总结和提炼，对科学活动进行探讨、追问、反思和展望；还能使我们迅速获得前人在科学探索中的经验教训，在以后的成长中少走弯路，加快个体成长的速度。

前几天，席老师和我联系，说自己最近要在北京大学出版社出版科普书籍《追求科学家的足迹：生物学简史》。阅读了书稿，我非常高兴。我认为，这是一本很好的中学生课外读物，它不但可以作为通识教育和素质教育的教材，还可以作为中学生物学教师的参考资料，而且对生物学爱好者了解生物科学的发展脉络也大有裨益。

该书将生物学发展的历史分门别类地进行了介绍。虽说是一本科学史的图书，但呈现在读者面前的并不是一部枯燥的历史，作者通过一个个鲜活的故事让历史上的一个个科学巨人在我们眼前一一走过，他们的成长经历、探究过程被生动地再现出来，有很好的可读性。不刻板，不说教，将科普融入到生动的故事当中，这是本书的一大亮点。

[①] 席德强. 追求科学家的足迹：生物学简史. 北京：北京师范大学出版社，2012.

　　我想，如果有一些青少年朋友因为阅读本书而对探索自然、研究自然产生浓厚的兴趣，以后在科学探索中对社会进步有所贡献，则作者创作本书的目的就基本上达到了。

2012 年 9 月

《木铎金声：北师大先生记》序①

> 他们宛若星辰一般，永远散发着光辉，普照着暂时的黑夜。——茨威格

文化是一个民族的标志和灵魂，孕育了一个民族气质品格的精神基因。文化对于一所大学而言，意义亦如此。

百年北京师范大学，木铎金声，风雨砥砺，蕴积和沉淀了丰厚和宝贵的文化遗产，它不仅是大学的根基所在、尊严所在，更体现出北京师范大学人独特的品格修养、精神境界和文化自觉，折射出北京师范大学独有的人文情怀和社会担当。

点燃了五四运动第一把火的北京师范大学人，兴时代风气之先，担民族强盛之责，百余年来，一代又一代学人刚毅坚卓，远见卓识。虽学校命运多舛，但他们临危不乱，处变不惊，视艰难为历练，以坎坷为机遇，坚持思想开放、学术自由、兼容并包的办学方针，造就了北京师范大学"爱国进步、诚实勤勉、勇敢质朴、为人师表、博爱奉献"的北京师范大学校风和"学为人师，行为世范"的校训。

东汉郭林宗说："经师易得，人师难求。"北京师范大学人文底蕴丰厚，学脉渊源，学风纯正。师长们以身作则，为人师表，德操高尚，笃学敬业。他们的学养均为学界楷模。其意就

---

① 顾明远，王淑芳，主编. 木铎金声：北师大先生记. 北京：北京师范大学出版社，2013.

书序的题目为《少年强则国强》。

在于此。在大师们嘉言懿行的引领下，数十万优秀学子陆续走出北京师范大学校门，谱写民族发展的篇章……

百余年来，北京师范大学启迪陶冶了很多国家栋梁、教坛巨匠。北京师范大学的诸位校长与大师、学子本身就是中国知识分子的精英、杰出代表。北京师范大学莘莘学子以母校为骄傲；同时，北京师范大学又以学子们的成就而自豪。两者相辅而行，相得益彰。北京师范大学的百年历史，见证了中国现代高等师范教育发展史，也是近代以来中华民族寻求教育兴国之路的难忘记录。

特别是在基础教育方面，北京师范大学的学子贡献尤其卓越。祖国神州大地上，各级各类名校，都有北京师范大学学子在辛勤耕耘、教坛执鞭。有多少国家、民族的精英是踩着北京师范大学学子搭起的阶梯，才登上成功的殿堂！

梁启超在《少年中国说》中写道："少年强则国强，少年独立则国独立……少年雄于地球，则国雄于地球。"对未来的中国寄予热切的期盼。因为他相信，有着数千年辉煌文明和优秀文化传统的中国，一旦觉醒过来，定会崛起于世界的东方。

这本关于北京师范大学文化的简明小册子，仅从北京师范大学成千上万的先生中选取20多位，用一个个故事阐释诸位先生的人格操守、独立精神和自由思想，他们是北京师范大学独特文化的代表，希望读者从中了解诸位先生和北京师范大学的另一面，并得到启迪和激励。

顾明远先生编此书，可见其良苦用心。

2013 年 3 月

《梁之舜先生论文集》序①

　　梁之舜先生，1920 年 5 月出生于广东省佛山市。他在佛山华英中学读书期间，受到数学老师的影响，对数学产生了浓厚的兴趣，并初步显露出他的数学才华。1941 年，梁先生考入中山大学数学天文系。当时，中山大学教学设施不全，图书资料匮乏，生活和学习条件都很艰苦。但在学业上，他有幸得到黄际遇、胡金昌、胡世华、叶述武等名师的教导，从而打下了扎实的数学基础。1945 年，梁先生大学毕业，进入佛山市华英中学任教，一年后回到中山大学任助教。1948 年 9 月赴法国留学，1950 年在巴黎大学统计学院毕业后继续在巴黎大学修习概率论一年。1951 年 9 月，他回国在中山大学数学系任副教授。1978 年晋升为教授。

　　20 世纪 50 年代初，我国在概率统计领域专门从事研究和教学工作的人很少。梁先生回国后即在中山大学开设数理统计课。随后，为了配合当时国内经济文化建设和刚刚开始的随机过程理论的学习和研究，他翻译了苏联数学家雅格龙的《平稳随机函数导论》，这对于帮助国内同行开展学术研究以及培养人才方面起了重要的作用。1956 年，国家科学规划将概率统计列为重点发展学科。为了培养这方面的专门人才，国家从国内几所大学抽调集中了一些教师和学生在北京大学举办"概率论进修班"，同时又由中国科学院数学研究所聘请外国专家来华讲学。梁先生应召到北京参加这一战略性工作并具体担任苏联、

---

　　① 中山大学数学学院，主编. 梁之舜先生论文集. 广州：中山大学出版社，2016.

波兰专家的俄文翻译。1958～1960 年，梁先生又被派往苏联，先后在列宁格勒大学和莫斯科大学进修。在苏联期间，他主要跟随国际知名数学家邓肯教授学习和研究马尔可夫过程理论，分别在苏联的《西伯利亚数学杂志》《概率论及其应用》《莫斯科大学学报》上发表了"关于条件马尔可夫过程""在邓肯变换下强马尔可夫性的不变性"和"一类过分随机变量的积分表示"三篇学术论文。

1960 年，梁先生从苏联回到中山大学。同年，教育部决定在中山大学建立全国第一个统计数学专业（后因专业调整撤销）并招收学生。1961 年起，梁之舜先生和郑曾同先生接连招收了两届人数较多的概率论专业研究生，重点研究马尔可夫过程和极限理论。随后教育部又决定在中山大学成立概率统计研究室，由此在中山大学形成了以郑曾同先生和梁先生为带头人的我国南方的一个概率统计研究和教学中心。同时，由梁先生领导和组织的、有研究生和青年教师参加的马尔可夫过程讨论班，与北方的南开大学相呼应，成为国内研究马尔可夫过程的中心之一。

梁先生认为，概率统计是一门直接来源于实际应用，但理论性又很强的学科，若理论不联系实际将失去它存在的意义；反过来，若应用不从理论上提高则不可能深入和有效；随着应用的深入和应用层次的提高，必须注意学科发展的新动向，不断引入和掌握新的数学工具。基于这一认识，他一贯注意理论和应用的相互促进和结合。从 20 世纪 50 年代末开始，在理论方面除了以上提到的马尔可夫过程外，随着形势的发展和需要，他还先后研究过随机点过程、随机分析和概率结构理论。梁先生和他的同事、学生在这些分支做了不少在国内外有较大影响和有特色的工作，其中他亲自参与的主要工作有论文"随机点过程的物理背景和数学模型""随机点过程的重要分支及其发展概况""随机测度与点过程的收敛""Delphic 半群与随机点过程""随机分析的若干问题""Hungarian semigroups, the arithmetic of generalized renewal sequences and semi-p-functions"（匈牙利半群，广义更新序列和半 p 函数的算术性质）。合作的译著和专著有《随机点过程》《随机点过程及其应用》，后者是中国科学院科学出版基金资助出版项目。在应用方面，他先后从事过信息传输、水库调度、石油地震勘探、优选法和统筹法的应用推广工作。后来，梁先生通过调查研究认为，概率统计在神经生理学的研究中有广泛的应用前景。尽管他年事已高，但还是毅然转向到神经电生理的数学理论与脑科学的研究，并培养出第一位该方向的博士。1990 年，梁先生获得国家教委颁发的"从事高校科技工作 40 年成绩显著荣誉证明"，这是对他 40 年辛勤劳动的高度评价。

梁先生 1960 年从苏联回国后，先后出任中山大学数学系（数学力学系）的副主任、主任；1984 年退居二线后仍任概率统计研究室主任。他数十年如一日，孜孜不倦地奋斗在科研和教学工作的第一线。

梁先生既是位视野开阔、治学严谨的科学家，又是位认真负责、精益求精的好老师。他能急国家所需，为我国概率统计队伍的成长和壮大付出了许多心血和精力，做出了贡献；多年来培养了一批又一批的研究生。早在 1961 年，他就招收了中山大学首批概率论专业研究生。1978 年后，他又和其他教师一道培养了数量众多的硕士研究生。1981 年，梁先生主持的概率论与数理统计专业成为我国第一批可授予博士学位的专业点，梁先生成为我国第一批博士生导师。他在几位教师的配合下培养了多届博士研究生，其中 7 人已取得博士学位，1 人在 1986 年获得英国的戴维森（Davidson）奖。

梁先生连续三届担任中国数学会概率统计分会的副理事长，1962～1989 年他还是广东省数学会理事长。在学会活动中，他十分重视科学知识，特别是数学知识的普及工作。他亲力亲为，每年都对大学本科学生和中学师生作多次科普性的学术报告或讲座。他与别人合写了带有科普性质的著作《概率统计入门》和《数学古今纵横谈》，还在《广东教育》等杂志报纸上发表了"数学是思维的体操""活化右脑和数学思维"等十多篇科普文章。这一切对广东省的数学教育和人才培养起了很好的作用。

梁先生性格开朗，豁达乐观，业余爱好文学和音乐，他将唱歌视为一种自我检查身体的有效方法。他还认为，数学是思维的体操，身体锻炼和思维训练能相互促进，因而他十分注意通过参加各种体育活动达到增强体质和提高思维能力的目的。

梁先生目前年事已高，业已 96 岁高龄，值中山大学校庆之际，特出版《梁之舜先生论文集》，谨祝梁先生身体安康，山高水长！

王梓坤　于北京

2016 年 6 月 18 日

《训诂学研究》序

我国古籍，浩如烟海，仅一套二十五史，便可消磨一生，故人们只能满足于了解其大意。欲深究之，则非通于训诂不可。按辞源，"训诂"也作"训故"，乃解释古书字义之学。今人治训诂学者，为数甚少，而精通此学，则寥若晨星。邓志瑗教授实其中之杰出者。

邓先生于 20 世纪 80 年代，在江西师范大学中文系为研究生讲授训诂学，并著有《训诂学研究》，作为讲义。2000 年起，为正式出版，邓先生将其中第二章《训诂学发展史》，加以充实完善，上自先秦，下迄民国，上下求索，评其得失。先生文思如潮，下笔不能自休。为此一章，竟历时四年有余。其用功之勤、求真之切、取材之广、构思之深，于此可窥其一二矣。

先生于前人之学，既有继承，又有创新。王勃《滕王阁诗序》中，"临帝子之长洲，得仙人之旧馆"，人皆轻易诵之，不以为意，独邓先生于常人忽略处，发明新意，对"得"字引经据典，作出新解，斯亦奇矣。类似创新，随处可见。

邓先生自大学毕业起，70 年来，未离学校一日，教学则桃李满园，科研则潜心音韵、训诂、辞章，论著丰硕。先生远离嚣市，心无旁骛，长年累月，闭户自精，可谓用志不分，乃凝于神矣。其情操学识，非常人所能望其项背。本书《训诂学研究》，乃先生倾多年心血，铸成伟作。希能早日出版，则必能推动学术，造福后人，成为训诂学发展史上一盛事。

2004 年 11 月 15 日

四、评　论

关于青少年成才问题：兼谈《少年百科丛书》^①

　　青少年的教育，大家都认为是个大问题。有什么办法，能把他们的思想引导到崇高的理想上来？有什么办法，能使他们选中一条正确的前进之路？有什么办法，能帮助他们迅速掌握现代科学文化的基本知识、锻炼为人民服务的本领？最简单的方法，就是把他们送进学校，由小学、而中学、而大学，一层层升上去。然而，人们对此不是毫无异议的，许多人都发表过不同的意见，其中包括一些最有成就的科学家。让我们听听爱因斯坦是怎样说的吧！

　　爱因斯坦认为：不启发学生的兴趣，一味按照既定的计划，强制他们死记硬背，这种教学方法是不好的。他回忆自己上学的情形时说："这种强制的结果，使我如此畏缩不前，以致在我通过最后的考试以后，整整有一年对科学问题的任何思考都感到扫兴。"那么，该怎么办呢？他回答说，人们研究问题的好奇心，"除了需要鼓励以外，主要需要自由；要是没有自由，它不可避免地会夭折"（《爱因斯坦文集》第1卷第8页）。

　　所谓自由，是指应该让学生有机会充分发挥学习的主动性，让他们能根据自己的爱好来选择研究方向。为此，就必须给青少年提供足够多的课外读物。爱因斯坦就因读了伯恩斯坦写的《自然科学通俗读本》而深受启发，他认为能读到一本好书是一件幸运的事。同样幸运的还有达尔文和爱迪生，他们分别读过《世界奇观》和《法拉第全集》，这对他们选择科研方向起了重

---

　　① 读书，1980，（8）：71-74.

大的作用。在学校教学以外还辅之以充分的课外读物，可以开阔眼界，丰富思想、提高兴趣，同时也有利于加深对教科书的理解。这样，青少年的知识结构，就会像金字塔一样，在宽广的基础上层层上升，而不至于像电线杆那样容易折断或倾倒。

感谢中国少年儿童出版社和有关作者们，给广大青少年送来一份珍贵的礼物——《少年百科丛书》（以下简称《丛书》）。这套书从1978年开始，到1980年上半年已出版46种，发行总数在3 000万册左右，还有一百余种将陆续编写出版。它相当全面地介绍了文理各学科（包括语言、文学、历史、数学、物理、化学、生物、天文、星际航行、地理、生理卫生以及科学史等）的基础知识和一些现代成就。全书是一整体，其中包括若干小套丛书，例如《今天的科学》（已出三册）自成一体系。每册皆独立成书，因而可供单独阅读，并不相互牵连。每本书篇幅不大，一般在4万~8万字，但内容却相当充实，甚少虚话连篇、空洞无物之恶风。文字也生动活泼、通俗易懂，而且大多附有插图，图文并茂，富于形象。有些书采用讲故事的形式，更能抓住青少年的心理特点，把他们逐步引入佳境。无怪乎读者在看了《太阳元素的发现》后说："这本书我看得非常有兴趣，层层深入，一环扣一环，看了一个故事，就想看第二个。"看来，《丛书》对青少年已经起到"启发思想、丰富知识、开阔眼界、引起兴趣"的作用，而且这种作用，随着更多的新书问世，必然会越来越大。

编写科普读物时，有两对矛盾必须注意。一是思想性与趣味性的矛盾，缺乏思想而追求趣味易沦于低级庸俗，反之则必呆板教条。正确的做法是寓思想于趣味之中，潜移默化，循循善诱。另一对矛盾是科学性与通俗性。科普书当然不能、也不必像教科书那样周密严谨，但在力求通俗的同时，应对科学概念给予正确的解释，至少不能有原则性的错误。《丛书》在处理这些矛盾时采取了严肃认真的态度，尽量使矛盾的两方面有机地结合起来，相互依存，彼此补充。例如，在《浮力的故事》一书里，通过阿基米德检验王冠、曹冲称象以及怀丙、任昭材等人的一系列有趣的故事，准确地介绍了比重的概念和浮力定律，同时还进行了"理论来源于实践""劳动人民最聪明"等思想教育。

大凡人才的成长，除了需要适当的时机外，本人还必须具备四个条件：远大的理想、正确的道路、长期艰苦奋斗的精神以及高效率的工作方法。在帮助青少年创造上述四个条件上，《丛书》起到了很好的作用。这些作用，甚至连老师和家长也起不到。因为通过自学和独立思考所得的知识，才是最为珍贵、最难丢失的收获。

在《中国历史故事》和关于中外文学家、科学家的几本书中，人们可以读到"大禹治水""王景开渠""班超投笔从戎""吕蒙发愤攻书""霍去病为国忘家""司马迁忍辱修史"以及"孙思邈救死扶伤""哥白尼坚持真理""嵇康不畏强权""雨果同情弱者"等。这许多故事，融思想性与趣味性于一体，青少年读后，必将终生难忘。正如有些小读者所反映的："我们读了《外国科学家的故事》后，认识到应该学习哥白尼、高斯、达尔文、爱迪生、居里夫人那种热爱科学、刻苦钻研、不怕困难、勇于实践、甚至献出生命的崇高精神。这些科学家的事迹，鼓励我们广大少年儿童从小树雄心立壮志，为探索自然界的秘密、为实现四个现代化而勤奋学习。"

《丛书》还介绍了前人学习和科研的许多方法。五岁的爱迪生，学着母鸡那样蹲在鸡窝里孵小鸡，尽管幼稚得可笑，幼稚得可爱，但正因为他有这样的好奇心和实践精神，才使他成为发明之王。爱迪生幼年失学，生活艰苦，卖过报纸，当过报务员，却有那么大的成就，这是怎么回事呢？他的经验和方法，不是值得广大青少年（特别是学习条件较差的青少年）很好地学习吗？

这里需要解决一个思想问题：课外阅读会不会影响正课学习？实践证明，在合理安排下，两者不仅不矛盾，而且可以相互促进。有位初二同学，起初被抛物线、双曲线搞得晕头转向，不想再学下去。看了《奇妙的曲线》以后，懂得了这些曲线在实际中有许多应用，从而大大地提高了学习解析几何的兴趣。又一个例子，高考有一道题是：袁绍、曹操之间进行了一次什么有名的战争？许多同学错答为赤壁之战，但有些看过《中国古代战争故事》的人却答对了：官渡之战。

《丛书》所涉及的知识面非常广阔，仅就已出的书中举出若干，以见一斑。《今天的科学》对现代科技作了总的介绍。接着按专题出书：数学如《数学万花筒》，物理如《生活在电波之中》，化学如《金属的世界》，生物如《叶绿花红》，天文如《年月日的来历》，宇宙航行如《飞向星星》，地理如《神秘的南极大陆》，生理卫生如《祝你身体好》，语文如《作文知识讲话》，文学如《唐宋诗选讲》，历史如《人民的节日纪念日》等。这些书给青少年打开了许多新世界的大门。我们希望老师和家长全面安排，让孩子们有充分的时间去观赏这些新世界。同时也希望《丛书》越出越好，越出越快，越出越得到更多读者的欢迎和热爱。

别开生面①

松鹰著的《电子科学发明家》，是一本别开生面值得细读的科普好书。我从它学到不少东西，感到它至少有下列特点：

一是把电子科学思想发展史、发明史与十位科学技术巨人的传记结合起来，通过传记来叙述科学技术史，使后者内容生动充实；同时在历史发展的长河中来观察每个巨人，又可以更清楚更深刻地理解他们的思想渊源、他们的工作的意义以及彼此间有机的联系。这样，就让读者不仅看到了森林，也见到了树木，有些科学史具体内容甚少，流于空洞的议论；另一些传记则把创造归诸单个人的天才或勤奋，都是不全面的，本书则避免了这一重大缺陷。所以本书在叙述方式和写作思想上是有创造性的。

二是内容充实细致，把一件事的来龙去脉、前后经过写得尽可能清楚，以思想性为主，注意趣味性而不一味追求趣味，例如关于开尔文（威廉·汤姆生）铺设三条海底电缆的经过，写得很仔细，从其他书中很难找到这许多材料，本书很注意资料的准确性，所引用的数字比较可靠。例如 99 页上谈到汤姆生提出关于海底电缆信号传递衰减理论时刚 31 岁，后来麦克斯韦提出电磁理论是 31 岁，赫兹证实电磁波的存在也是 31 岁，这三件事连在一起给人以深刻的印象。

三是结合具体事实，书中讲了不少前人的思想方法，工作

---

① 读书，1983，（4）：74.

经验以及他们为科学事业艰苦奋斗甚至献身的精神。例如富兰克林的风筝实验、他对待罗勒的诋毁的态度；又如法拉第晚年虚怀若谷、不计较个人的名利。这些都是很值得我们学习的。

无史则已，有史其谁：写于科学小品征文之后①

早在两千多年前，庄周就有过"吾生也有涯，而知也无涯"之叹。如果他有幸生活在今天，面临着知识大爆炸，更不知会作何感想。他老夫子大概不会下决心去通读《战争与和平》或者《静静的顿河》那样大部头的书吧！尽管书写得极好，无奈他要上班，要给孩子补课，自己要学的东西又非常多，说不定还要考外语，于是乎，只好望洋兴叹，掉头而去。所以我想，书不宜太长，再好的小说，有个上下册也就可以了，不必写到第5卷的中册。

至于科学书，那特别长的，固然可怕，就是短的，也未必可亲。问题出在一个"深"字，其实自然界许多事物的最后结论是简单的，深只深在发现它的推理过程上，而且往往是人为地把它搞复杂了。不过，不管怎么说，反正有点"深"。于是在科学和群众之间，需要一位红娘；这红娘，就是科普作品。

科学小品之为物，一是小，千把字，十几分钟保证读完；二是通俗易懂，平易近人，还有一点趣味、文采和新意；三是科学性，有事实、有根据，不能像某些报道那样瞎吹。要做到这三件事，可不简单呢！谓予不信，何妨一试。有些人瞧不起科普，低估它的作用，其实是一种偏见和浅见。大科豪爱因斯坦就不这样，他亲自动手，写了不少科普作品，这大大有助于相对论的传播。由此可见，重视科普工作，尊重科普作者的劳动，把他们当作科学事业的一个方面军，对于科学技术的繁荣，

---

① 北京晚报，1984-08-01.

实在是很重要的事情。

不久前，全国 13 家晚报举办了一次科学小品的征文和评选，赞助的单位有 29 家，应征的文章达 9 078 篇。在短短的六个半月里，发动了这么多的作者，写出了这么多的作品，真是盛况空前。我有幸列席评选，学到了不少东西。应征的作品，从内容看，涉及天、地、生、医等许多学科，知识面非常广泛，从作者看，有教授、工程师、工人、边防战士……尤其难得的是，有工作在科学第一线的研究人员，有些文章是作者本人的研究成果，例如《我在北极光下》，系作者到北极圈亲自观察北极光后写成的。许多作品富有文采，像是科学散文。选出的文章共 150 篇，其中 102 篇由天津科技出版社编辑出版。人们可以把它当作一本科苑小百科而置于案头。每当皓月穿云，清风徐引，随兴翻去，自有渊明忘食的乐趣。此中滋味，不必为外人道也。

评选会后，我深感这次征文，对促进我国科学小品的繁荣，起到了巨大的推动作用。秦牧同志称它为我国科学小品发展史上的一个里程碑。夫无史则已，有史其谁？我觉得言之有理。不过，事物的发展需要多次获得动力，我们相信，更多的晚报编辑和作者会显出更大的神通，把以后的工作做得更好！

数学与社会进步：从《纯粹数学与
应用数学专著》丛书说起①

　　在反映科研成果方面，科学出版社做了许多有益的工作，其中尤以 1978 年开始出版的《纯粹数学与应用数学专著》丛书最为显著。这套丛书的宗旨主要是：反映和总结我国数学科学研究的一些成果，介绍有关方面的进展，促进数学的发展，加强国际间的学术交流。迄今该丛书已出版 13 本专著，还有一些选题正在准备出版。丛书以自己的学术水平引起了国际数学界的重视。美国格罗斯瓦尔德教授在评论这套丛书的第一本时说："华罗庚与王元的书是对数值积分、微分方程与积分方程求解法的一个最有价值的贡献。本书的很多材料都是属于作者自己的，而且在很多情况下，本书建议的方法都导致最精密的结果并使计算量达到极小""就抽象的纯数学的实际用处而言，这本书本身就是一个光彩夺目的例证。"

　　数学发展到今天，已成为许多科学技术的基础，连一些社会科学如经济学、管理学，也完全离不开数学。数学不仅在一些日常的科技问题中得到了广泛的应用，而且为一些重大发现提供有力的武器，有时甚至还会走在发现之前，作为先行的指导思想引导人们进行探索和研究。圆锥曲线理论之于天体运动、黎曼几何与张量分析之于相对论、群论之于基本粒子，都是很好的先例。在人类社会发展的长河中，数学和数学家做出了卓越的贡献。这是一方面。另一方面，由于数学的高度抽象和计

---

　　① 人民日报，1984-08-16；许力以，主编. 中国图书评论选集 1979～1985（下）. 上海：书海出版社，1987；1 428-1 430.

算的复杂性，现代的数学内容和数学家的工作很难为一般人所了解。人们往往不理解某些数学研究工作的意义，因而大都采取敬而远之的态度；甚至误认为数学家只要一支笔、一张纸、几本书就行了。这样，在制订科学发展规划时，就很可能把数学放在一个小角落里，对它缺乏应有的热情和扶持。这就是目前数学发展中的一个矛盾。

的确，相对于一些学科来说，数学是索价最低的，社会对它的投资很少，而它的报答却很大。不过，事物在不断发展，那种一支笔、一张纸的研究方式已成为过去。正如研究计算机的人需要面对计算机一样，今天绝大多数的数学家需要面对实际，面向经济建设。他们必须与生产部门及其他学科协作，从实际中提炼数学模型，使用先进的计算工具和图书资料，进行国内外的学术交流，这样才能解决实际中的数学问题。现代数学的发展需要聪明才智，需要勤奋和毅力，更需要整个社会的关心和支持。这就要鼓励优秀青少年攻读数学，使我国数学界人才辈出；改善数学工作者的研究条件；及时反映和应用所取得的科研成果，争取社会的了解；在科学发展规划中把数学放在应有的位置上，这些都是值得高度重视的事项。

除了上述的专著丛书之外，科学出版社还出版了《现代数学基础丛书》和《计算方法丛书》，它们在培养数学人才方面起了很大的作用。今年是科学出版社成立30周年，作为读者，我预祝科学出版社在今后的工作中，为祖国的科学事业做出更大的贡献。

（《纯粹数学与应用数学专著》丛书，科学出版社出版）

《师大周报》二百期庆[①]

《师大周报》出版 200 期了，这是个不小的数字。它凝聚着编辑部、作者和印刷工人等四年多长时间的心血，在相当大的程度上记录了北京师范大学人为振兴中华所作的努力和取得的成绩。世界形势瞬息万变，风云人物来去匆匆，然而北京师范大学将一如既往，巍然屹立，不浊污泥，不扬恶波，继续乘风破浪，向前迈进。作为反映学校面貌的周报，必将长久地向前发展。我们期待着新的 200 期的出现，其中必将记载我校群众更多、更大的业绩。

周报既是学校的镜子，又是群众的喉舌。它作为重要的信息通道，反映了大家的要求，加强了校内各部门间的谅解和合作；它宣传了好人好事，使先进思想得以传播；它刊登了教职工特别是同学的一些好作品，使人们受到启迪和激励；它报道了各项工作的进展和存在的问题，使社会对我校的现状有所了解、支持和帮助；它同时也对全国教育界起了一定作用，例如本报曾建议设教师节，"尊师重教"四个字也最早出现在这份报纸上。

前天《师大周报》开了一个座谈会，我也有幸参加了。大家深信，《师大周报》必会在现有成绩的基础上，更上一层楼。希望今后信息量更大些；联系群众面更广些；正确的舆论引导更有力些；版面与内容更生动、活泼和深刻些。学无止境，办报无止境，各项工作精益求精，都无止境。众心拳拳，爱之深而望之厚也。

1989 年 2 月 24 日

---

① 北京师范大学周报，1989-03-03.

读《人与自然精品文库》①

人是自然的明珠，自然是人的母亲。自然创造了人类，哺育了人类。人也在实践中不断适应和改造自然。人和自然是不可分的有机整体，我们应该感谢自然，敬畏它，爱护它。可惜，有些人并不如此，他们为了个人眼前的利益，肆意破坏自然，污染环境，而且随着科学技术的进步，破坏的程度也越来越大。长久下去，人类必会遭到自然无情的报复，从而走上毁灭的道路。因此，我们迫切需要一部庞大的著作，来提醒人们对自然的热爱。

黎先耀教授主编的《人与自然精品文库》已由四川人民出版社出版，这正是能满足这一要求的皇皇大著。全库共有五卷：动物卷、植物卷、环境卷、旅游卷与审美卷，总共 200 余万字，选文近千篇，绝大多数出自名家之手，如鲁迅、茅盾、巴金、老舍、布丰、达尔文、爱因斯坦、卡逊、李四光、海明威、大仲马、马克·吐温、马可波罗、哥伦布等。本文库既是知识丰富的科普作品选，又是文采飞扬的优美散文集，因而是以人与自然为主题的知识美文精粹。文库的可读性极强，读者可以从中学到有关动物、植物、环境和旅游的许多知识、奇闻、趣事和心得体会，同时还可提高自己的文学修养和写作能力。我深信，凡是具有初中以上文化水平的读者都可以从中受到敬畏自然、保护环境的教益。该文库对可持续发展的研究，也是一部很好的参考文献。

---

① 博览群书，1997，(1)：45.

关心编辑人员　重视学报工作[①]

由于长期在高校从事科研和教育工作，我对高校自然科学学报的感情一直比较深厚。几十年来，我既当它的作者，又当它的读者，保持了亲密的关系。我始终认为，学报工作很重要，这一工作做得好，有利于提高学校的科研教学水平，有利于发现和培养优秀人才，有利于促进国内外学术交流，提高学校的声誉，有利于社会主义四化建设。因此，办好学报是高等学校，特别是科研教学力量都比较强的高等学校的一项不可缺少的重要工作。

随着我国高等教育和科技事业的发展，不少高校自然科学学报办得很有成绩，受到国内外学术界的重视。据我所知，反映我国最高科学水平的英文版《中国科学文摘》（Chinese Science Abstracts），就把6所高校的学报列为它的固定收录对象。为了更全面地反映高校的科研成果，《中国科学文摘》又扩大了高校学报的收录范围。国外是很注意收集我国高校学报的。例如，美国的权威性文摘杂志《数学评论》，经常摘录我国高校学报上发表的数学论文。

对于如何办好学报，我是没有什么发言权的。但是，我从工作的切身体会觉得，学校领导一定要重视并支持学报工作，提高学报在学校中的地位，充分发挥编辑部的主动性和积极性。为了办好学报，我们学校也做了一些努力。例如：确定一位副校长分管自然科学学报工作；向理科系所的负责人宣传办好学

---

① 菏泽师范专科学校学报，1998，（2）.

报的重要性，希望大家都来关心和支持学报工作；将自然科学学报编辑部列为系所一级的学术机构；充实编辑部的力量，确定较为合理的编制，解决好编辑人员的职务聘任问题；在办刊经费上给以足够的保证；我们还明确提出，在评定教学科研人员的各级职务时，对在学校学报上发表的论文，同在国内外专业性学术刊物上发表的论文一视同仁。这样做了以后，对于提高本校学报的学术水平和编辑质量，确实收到了一定的效果。

学报编辑工作是一种专业性很强的工作，里面有许多学问。通过全国性的高校学报研究会，大家组织起来，加强横向联系，共同研究编辑学问，交流学报改革的经验，集思广益，就一定会提高高校学报的学术水平和编辑质量。

对于学报编辑，我一向是很敬佩的，我和编辑有过不少交往，深感当好一名学报编辑确实很不容易。自然科学学报的编辑，既要懂得专业科学知识，又要懂得语法、修辞，还要懂得外文；既要能坐得下来，精雕细刻地编辑修改文章，又要能走得出去，同作者、审稿者接触，进行社会活动；尤其是校对工作，连一个字、一个符号的差错都不能放过，这没有较高的编辑业务水平和高度的责任感，是做不到的。编辑同志一不为名，二不为利，默默无闻地"为他人做嫁衣"，对学校、对国家做出了很大的贡献，确实是一批值得尊敬的无名英雄。

《模糊几何规划》评介[①]

汕头大学曹炳元教授的专著《Fuzzy Geometric Programming》（《模糊几何规划》），于 2002 年 10 月，由国际著名的克鲁维尔学术出版集团（Kluwer Academic Publishers）作为国际应用优化（APOP）系列丛书第 76 卷正式出版发行。

模糊（Fuzzy）几何规划是在扎德（Zadeh）模糊集合思想的启示下，将模糊集理论与几何规划结合，在不分明环境下建立的一类特殊的非线性数学规划模型。1987 年，作者在 IFSA 第 2 届年会（东京）上，发表了该方向的第 1 篇论文。16 年来，特别是 1996 年以来，该研究在国家自然科学基金和李嘉诚科学发展基金等多项基金资助下，已有了长足的发展。现有多个国家 10 余名学者加入了研究行列。

该书全面总结了作者 10 余年来在模糊几何规划方面研究的成果，是在 26 篇论文（已发表 22 篇）的基础上形成的，包括：模糊正项几何规划模型、模糊反向几何规划初步。截至 1997 年，已有 4 篇论文在国际 SCI 收录的杂志上发表，4 篇被 EI 检索，并有 10 余篇被引用后再被 SCI 索引。

该书从思想与概念、理论与方法、推广与应用 3 个方面介绍了这一新学科分支。论述了目标函数和约束条件为模糊的；系数和变量为各类模糊数；以及多目标模糊几何规划问题，创建并完善了这一理论体系，论证了模糊几何规划存在模糊最优解，模糊满意解的条件等，提出了一些求解的有效算法。全书

---

① 科学通报，2003，48（11）：1 175.

共9章：第1章介绍了数学的预备知识；第2章和第3章提出了模糊正项几何规划及其强对偶理论；第4章对模糊反向正项几何规划作了初步探讨；第5章和第6章研究了含模糊系数的几何规划与含模糊变量的规划问题；第7章论述了模糊多目标规划；第8章讨论了模糊几何规划在电力系统、邮政等方面的一些应用；第9章阐述了几何规划和模糊几何规划的"悖论"问题，并指出了模糊几何规划今后研究的一些新方向。

本专著对于国内外广大模糊数学、应用数学、运筹学、系统科学、最优化、经济和工程管理等方面的硕士生和博士生，不失为一本很好的教材。对于从事上述研究的科技工作者和教师，亦是一本有很高学术价值的参考书。同时，它也是各图书馆（所）具有很高收藏价值的珍藏品。本专著的出版，无疑地会对这一模糊数学的新学科分支的完善和发展，产生极其深刻的影响。

智慧的宝库[①]

在武汉大学读书时（1948～1952），就听说过朱君允教授的大名；毕业后到南开大学工作，也知道熊性美先生。但没有想到，他们是母子关系。这是从《北京珞嘉》上熊性淑先生写的《回忆母亲朱君允教授》才知道的。这使我更尊敬朱先生，同时也帮助我想起许多往事。

每当我看到《北京珞嘉》，就像回到了阳光灿烂的学生时代，这是充满了喜悦、追求和希望的幸福时代。一幅幅美丽的图画，一个个青春的身影，立刻呈现在眼前。多么亲切！多么美好！

今天，我把收藏的《北京珞嘉》集中起来，喜事出现了：我居然有一套完整的"珞嘉"。至今为止，足足9本，从1996年起，每年两本，一本不少。这里蕴藏着多少曲折的历史，多少动人的故事，还有多少先进的事迹和对人生的品味。真是一笔无价的财富，一座智慧的宝库。

感谢编辑部的校友和同志们，是他们的认真精神赐给我一套完整的书。内容一期比一期充实，装帧一期比一期美观，真是卷卷精品，美不胜收。

时代在前进，新人辈辈出。许多年轻的校友，正在各条战线上崭露头角，做出了突出的成绩；有的成为科教专家，有的成为创业新秀，行行都有珞嘉健将。希望以后能更多地报道青年校友的活动，特别是一些老校友们所不太熟悉的在法治、金融、实业等方面的先进事迹。

2000 年

---

① 北京珞嘉，2002，（2）：11-12.

编辑出版《科学的道路》功德无量

由中国科学院院士工作局编，上海教育出版社出版的《科学的道路》及其青少年版《科学梦与成才路：院士的故事》，是对教育界、科技界和文化界做了一件很好的事情，是功德无量的。

我认为，这本书是我近年来读到的最优秀的科普作品，非常有特色，水平很高，可读性极强，又富有趣味性。我是在院士大会时读到的，开院士大会很紧张，但许多院士还挤时间读。院士们谈起这本书都说：上海教育出版社选了一个好题目，很有创新眼光。

下面，我从书的作者、内容和特点三个方面简单谈谈我的看法。

（一）本书的作者

这本书是由中国科学院 600 多位院士的自述文稿构成的。关于院士的情况，在本书"编者的话"第二节已叙述了："中国科学院院士无疑是我国科学队伍中出类拔萃的人才。"我同意这样一种提法。

这 600 多位院士分布在各个学科领域：数学、物理、化学、生物、农林、医学、地学和技术科学。从年龄来说，有德高望重的老一辈科学家，像我们尊敬的学界泰斗苏步青先生、朱物华先生、钱三强先生、钱学森先生、钱伟长先生、华罗庚先生、赵忠尧先生等，他们都是我们的老师辈、太老师辈，这些老先生大多从欧美学成回国，当然也有自学成才的；第二部分是中华人民共和国成立以后成长起来的，像中国科学院院长周光召先生、国家科委主任宋健先生、复旦大学校长杨福家先生、中国科学技术大学原校长谷超豪先生及陈景润先生等，我本人也属于这一代，这一代大多是留苏的，当然也有自学成才的；第三部分是年纪较轻的，像杨乐教授、赵玉芬教授等。说明这本书所收录文稿的院士是包括各年龄段的，分布在各个学科。

从 600 多篇文稿可见，院士们不仅在学科上是专家，而且文采也都很好，能把深奥的科学道理浅显地表达出来，不仅传播科学知识，更重在弘扬科学思想、科学精神和科学方法，这种编撰手法上的创新在书市上是很少见的。院士的文采还反映在有些先生还作了古体诗和词。因此，我认为这本书不仅在学术上很强，可读性也很强，而且每篇自述文稿前还带有一段作者的业务小传，编辑想得真周到。

（二）本书的内容

本书的内容五彩缤纷，可分为好多方面。有的院士叙述自己成才的经历，如黄荣辉院士写自己怎样从放牛娃成长为院士的，高小霞院士写漫长的求学历程，张香桐院士写叩击脑科学殿堂之门，钱伟长院士写恩师助他择专业等，都从切身经历叙述了成长的坎坷道路，对年轻人会很有启发。还有院士写科研中的艰辛、体会、乐趣和成果等，如苏步青先生的治学之道，潘菽先生的心理学之路，著名物理学前辈赵忠尧先生写自己如何兢兢业业为祖国工作，卢鹤绂先生写的是称原子质量的中国人，钱三强先生说祖国再穷也是自己的，等等。还有很多院士倾诉对祖国的爱，体现了科学家的人文情怀，像王志均先生写的《祖国，亲爱的母亲》，陈荣悌先生写自己是怎样回到祖国的，林兰英院士写为祖国争气，黄昆先生写《科学家的人文基础很重要》等。

我在这里特别推荐两篇自述文稿，一篇是华罗庚先生写的

《克三劫 攀高峰》。

华老的最高学历是初中，连高中也没上过，更谈不上上大学，但他靠自学成长，成为我国最著名的、成就卓著的大数学家，并被列为美国芝加哥科技博物馆中88位数学伟人之一。华老是江苏金坛人，是一个很有传奇色彩的科学家。我认为，他一生有三奇：一是他学历浅，但成就大；二是他研究的数学领域特别宽，多个分支都有很大建树，培养了大量人才，王元、陆启铿院士等都是他的学生；三是他的研究是理论联系实际，提出适合中国国情的"统筹法""优选法"并开展了广泛的应用。但不幸的是，1985年6月12日，他在日本东京讲坛上演讲完毕后，心脏病突发而去世。

收录在《科学的道路》中的这篇自述文稿是他1980年第三次回金坛母校对中学生作的演讲。他讲了"三劫"：第一劫是他15岁时，家里穷，母亲去世了，自己又生病，腿也坏了，但他凭着毅力，自学和钻研，从初中毕业后用了6年时间当上了清华大学教师，这多么不易啊！清华大学是开了特别校委会通过他的教师资格的；第二劫是在抗日战争时，西南联合大学的条件这么艰苦，吃不好，睡不着，还遭敌机轰炸，他照样在油灯下写出了著名的《堆垒素数论》，很不简单；第三劫是"文化大革命"中受"四人帮"攻击，环境恶劣，他仍在全国奔波，推广统筹和优选，还要防止"四人帮"的暗箭。

"攀高峰"是指改革开放后，华老去国外讲学。我自己也到国外去讲过学，但只能讲自己研究的领域，因为毕竟是"文化大革命"中"臭老九"不许搞理论研究的年代刚过。但是，华老一下子准备了十个方面的题目，让外国人去挑，抱着"弄斧必到班门"的信念。他跑了好多国家，作了很好的学术报告，得到世界各国数学理论界的好评，外国数学家惊叹，没料到在这样的环境下，华罗庚还能做出这么了不起的成果。

华老在文稿最后，讲了一句很有哲理的话——"树老怕空，人老怕松。不空不松，从严以终。"华老的这种精神永远值得我们学习。

我要特别推荐的第二篇文稿是钱学森先生的《回顾与展望》。

"回顾"是指钱老当年在美国麻省理工学院，后又转到加州理工学院，在冯·卡门教授指导下，研究应用力学、航天理论，研究火箭和导弹，成就很大。中华人民共和国成立后，他要回国却受到美国军方刁难，过了五年好容易才回来。钱老的这一段经历大家都知道了。我要谈的是他的"展望"。钱老已高龄，思维仍十分活跃，他深情地展望了第五、第六、第七次产业革命。第五次产业革命是指我们当前正在进行的信息革命。第六次产业革命是指人类利用太阳光为能源，利用生物、水和大气，建立农、林、草、海、沙五种综合种植，畜、禽、菌、药、渔加上工、贸的知识密集型产业。这第六次产业革命将发生在农村，达到消灭工农差别和城乡差别。钱老所展望的第七次产业革命，主要是指改造人体本身，把人体作为一个对环境开放的复杂系统，并提出一套科学的、全面的医学——治病的第一医学，防病的第二医学，补残的第三医学和提高人体功能的第四医学。这种展望和预测，充分显示了钱老深邃的思想、通透的思考和独到的见地。

（三）本书的特点

本书的最大特点是"真"，院士们亲自撰稿，真人、真事、真思想。第二个特点是"深"，院士们说出史实，说出思想，说出境界，谈知识，论方法，析思想，现精神，确实很深刻。第三个特点是"有个性"，每位院士都写出了自己的特色，有的写一件事，有的写几件事；有的谈学科，有的议人生；有的展示科学史实，有的展望学科前景……最值得称道的是，不少院士留下了鲜为人知的科学研究过程中的史料，还历史的本来面目；第四个特点是自述文稿容量大，600多位院士队伍庞大，层次高，观点高，集成一书，别说中国以前没有，就是国际上至今也没见到，也许是空前的。中国科学院和出版社完成这样一项"抢救"工程，其难度可想而知，功德是无量的。

　　我相信，这本书对科技创新和进步的推动，对中国乃至世界科技发展史的研究，对年轻学子和科技工作者的启示，对科学思想和科学方法的普及，作用一定是很大的，在科学文化史上会留下中国科学家深深的脚印。

2009 年 12 月 12 日

大力的支持　深情的感谢①

北京师范大学出版社（简称北师大出版社）出版了许许多多关于科学、文学、教育、心理以及大中小学课本、儿童读物等优秀专著或著作，为我国的文化建设作出了卓越的贡献。

长时间来，北师大出版社给予了我大力的支持和帮助。

早在1965年，科学出版社出版了我的处女作《随机过程论》。这也许是我国国人自己写的第一部关于概率论的理论著作。随后，科学出版社又先后出版了我写的《生灭过程与马尔可夫链》（德国施普林格（Springer）出版社有英译本）、《布朗运动与位势》，这三者本来是独立的。1996年，承北师大出版社领导慧眼，建议将它们合并成一部书，改正了一些笔误后，取名为《随机过程通论》（简称《通论》）上下卷，在北师大出版社出版。2010年重印了一次。

1996年，北师大出版社又出版了我的《概率论基础及其应用》（简称《基础》）。此书及《通论》承一些高校及科研单位用作教材或参考书，对推动我国的概率论的发展起了一定的作用。

1978年，上海人民出版社出版了我的《科学发现纵横谈》。这是"文化大革命"后冲破"四人帮"八股文风的第一本书，引起了很大的反响。读者寄来鼓励信千余件，印数超过42万册。1993年，北师大出版社建议补充一些文章后，扩充成为《科学发现纵横谈》（新编）（简称《纵横谈》）；2006年及2010年又重印了两次。每次不尽相同，选文有所增减，都在北师大

---

① 本文是北京师范大学出版社成立30周年征文.

出版社出版。

2005 年，北京师范大学数学科学学院五位教授的文集在北师大出版社出版。我的文集《随机过程论与今日数学》（简称《文集》）也忝居其中。我们除感激出版社外，还深深感谢数学科学学院的领导，正是他们睿智的眼光领导和组织了这次很有意义的工作。李仲来教授为此付出了巨大的辛劳。

以上四部书：《通论》《基础》《纵横谈》《文集》卷帙浩繁，字数近 200 万。数学书不如小说，读来费力费时。能出版这些书，没有出版社的大力支持，是难以想象的。我再次对出版社致以深深的谢意和敬意！并在热烈祝贺建社 30 周年、建团 3 周年之际，祝北师大出版社、北师大出版集团更加兴旺发达，更加朝气蓬勃，再创新业，再立新功。

2010 年 9 月 28 日

五、题　词

为武汉大学图书馆《大学图书馆通讯》杂志题词（1984-11-21）

欧阳修有书万卷，便成大家。

今图书馆藏书以百万计，若能为座上常客，可望驾欧公而上之。

今我碌碌，其攻书之不勤乎？其临馆之不频乎？

1984 年 11 月 21 日

在南开大学研究生会上赋诗一首（1984-12-28 夜）

岁暮冬寒又如何？

且听明年奏凯歌。

张鲁标格今犹在，

四化何妨新秀多。

注. 张：张衡，鲁：鲁迅.

为北京师范大学题词（1985-07-16）

我爱真理，

我更爱传播真理和坚持真理的老师。

1985 年 7 月 16 日

为赣南师范学院题词

喜看新鹰出春林，

百年树人亦英雄。

为北京师范大学中文系函授刊题词（1986）

莫嗟天高路难问，

邮传笔授亦吾师。

为北京师范大学马列研究所宣干班题词（1986-05-28）

> 已与今朝风云会，
>
> 且吟他年龙虎诗。

北京师大马列所八四级宣干班毕业留念

1986 年 5 月 28 日

为北京师范大学北国剧社题词

> 他年摘星客，
>
> 定是社中人。

去福建省崇安县三港国家自然保护区旅游临别题词（1986-09 下旬）

> 山中方七日，
>
> 增寿定十年。
>
> 众生欣有托，
>
> 造福永绵绵。

为《初中生》题词（1986-10-21）

> 建立远大的奋斗目标，
>
> 培养勤奋好学的习惯，
>
> 应当从初中就开始。
>
> 这是许多卓越人物的共同经验，
>
> 值得我们好好学习。

祝贺《初中生》杂志创刊

1986 年 10 月 21 日

注. 见：初中生（江西教育初中生版），1987，(1)：1.

为北京师范大学学报（自然科学版）创刊三十周年题词
(1986-05-25)

> 文载道素，刊载文章；
>
> 文以刊传，刊以文扬；
>
> 手此一卷，神游太荒；
>
> 蜚声中外，求索方长。

北京师范大学学报（自然科学版）创刊三十周年纪念

王梓坤敬题

1986 年 5 月 25 日

注. 2006 年 11 月 6 日，为北京师范大学学报（自然科学版）创刊 50 周年题词，又将 20 年前的题词重写一遍：见，北京师范大学校报，2006 年 11 月 20 日第 142 期第 3 版。

为北京师范大学 1985 级台籍班毕业题词 (1986-11)

> 兄弟对河居，
>
> 舟渡仰斯人。

北京师范大学 1985 级台籍班毕业纪念

王梓坤题

1986 年 11 月

为北京师范大学历史系地方志专修科学员题词 (1987-06-24)

> 学习先贤，
>
> 建设家园。

王梓坤题

1987 年 6 月 24 日

注. 该专修科学员来自 21 省市共 80 余人。

为北京十一学校三十五周年校庆题词（1987-08）

发展教育事业，

培植祖国英才。

祝贺北京十一学校三十五周年校庆

王梓坤

1987 年 8 月

为中国高等学校自然科学学报研究会成立题词（1987-08）

润物细无声，

笔耕有高情。

祝贺中国高等学校自然科学学报研究会成立

王梓坤

1987 年 8 月

为吉安师范专科学校集邮协会成立题词（1987-12-29）

吉安师专集邮协会成立纪念

涓涓不息，

将成江河。

王梓坤

1987 年 12 月 29 日

为《当代中学生丛书》新书首发式题词（1988-05-18）

始于精于一，

返于精于博。

此为读书治学之大要。

王梓坤

1988 年 5 月 18 日

为《高考·环境·心理：一个新闻记者的采访手记》题词
（1987）

> 为发展教育事业
>
> 培植四化人才
>
> 而共同努力

王梓坤

注. 见，罗万雄，高考·环境·心理：一个新闻记者的采访手记，贵
阳：贵州人民出版社，1988.

在北京师范大学学生举行《飞向未来》晚会的节目单上题
词（1988-12-28）

> 现在是实际，未来是希望。
>
> 现在是暂时，未来是永恒。
>
> 现在是母亲，未来是骄子。
>
> 未来虽然更美好，但必须从现在开始。
>
> 年轻的朋友们，紧紧地拥抱现在。
>
> 让我们尽情歌唱，歌唱我们的祖国，
>
> 歌唱人类幸福的未来。

王梓坤

1988 年 12 月 28 日

为北京师范大学《研究生学刊》1992 年创刊号题词（1991-
12-28）

> 珍惜您的第一篇

请特别珍惜您的第一篇论文，它是您学术生涯的起点，也
许还是您一生科研工作中的一个高峰。对成功的尝试的美好回
忆会终生鼓励着您。许多大学者都得力于早期的工作，您可以

从科学史中找到例证并深受启发。

1991 年 12 月 28 日

朱智贤教授纪念（1991-03）

文章道德千古重

荣辱得失一毫轻

朱智贤教授千古

王梓坤

1991 年 3 月

为北京师范大学研究生院编《繁荣学术，培养人才：北师大建校九十周年纪念》题词（1992-01-18）

理想与奉献是成功之路的两端，

而勤奋与机遇是大路两边的路标。

人生的价值在于对人类的有益奉献。

王梓坤

1992 年 1 月 18 日

为孙文先先生题词（1992-09）

精数学，善理财，

众口皆碑，斯亦奇矣。

重教育，展宏图，

前程似锦，此何人哉？

孙文先先生雅正

1992 年 9 月

黄药眠教授纪念（1992）

时读宏文惊高论

独有光辉照后人

王梓坤

为全国知名中学科研联合体成立题词（1994-01-25）

集思广益

众志成城

改善教学

造福人民

祝贺全国知名中学科研联合体成立

王梓坤

1994 年 1 月 25 日

为千岛湖所在的浙江省淳安县总工会题词（1996-05-11）

一湖千岛，

天下独绝。

王梓坤

1996 年 5 月 11 日

为浙江师范大学题词（1996-05-12）

为人之师，

为众之范，

品学高标，

自强自勉。

王梓坤

1996 年 5 月 12 日

为吉首大学题词（1998-05-21）

英雄故里，

新鹰春林。

王梓坤

1998 年 5 月 21 日

为湖南省凤凰县沱江镇手工蜡染者熊承早题词（1998-05-22）

美术之家，

如临仙境。

王梓坤

1998 年 5 月 22 日

为山东《滨州教育学院学报》公开发行题词（1999-09）

学林添新秀，

文章建精神。

王梓坤

1999 年 9 月

为《青春潮》（《福建青年》革新版）题词（1999-10-18）

祝中国繁荣昌盛；

祝全人类幸福进步。

王梓坤

1999 年 10 月 18 日

注．见：青春潮，2000，（5）：1：世纪献辞

为井冈山师范学院成立题词（2000-03-28）

祝贺井冈山师范学院成立：

发扬井冈山精神，

育国家栋梁。

寄语大学生：

治学之道，

德识才学，

世事多歧，

德居其首。

王梓坤

2000 年 3 月 28 日

注．见：吉安师专报，2000-10；井冈山报，2000-05-21；杜九香，管理理论与实践（2000～2007），第 2 卷：86.

为全国第四届初等数学研究学术交流会题词（2000-07-15）

初等数学是一切数学的基础；发展初等数学，是提高数学研究水平和数学教育质量的重要环节。

王梓坤

2000 年 7 月 15 日

为徐州师范大学题词（2000-11）

观新鹰之高翔，

乃英雄之壮志。

王梓坤敬题

2000 年 11 月

贺新婚词（2002-01）①

闲时相扶，

_____

① 忘记姓名.

忙时相助，

山川辉映，

美景无数。

王梓坤

2002 年 1 月

请郭预衡先生给人民医院寇伯龙大夫写一幅字（2001-05）

杏林春雨，

万象更新。

仰之弥高，

华佗低眉。

为兰州大学榆中校区题词（2002-05-17）

此中有佳味，

良师耕耘深。

王梓坤敬题

2002 年 5 月 17 日

为西北师范大学博物馆题词（2002-05-18）

源远流长，

国之瑰宝。

王梓坤敬题

2002 年 5 月 18 日

为姐夫张俊迈写的挽联（2002-06）

是国家功臣，五十年从事革命，贡献当上凌烟阁。

念团队兄长，遍海内铭心亲友，音容激动后来人。

王梓坤

2002 年 6 月

为北京师范大学百年华诞题词（2002-07）

珠峰之巅，

再造高峰。

王梓坤敬题

2002 年 7 月

为山西《学习报》（数学专版创刊版）题词（2002-08）

理想、勤奋、坚持、方法和机遇，

是成功的五要素。

王梓坤

2002 年 8 月

为北京师范大学图书馆百年馆庆题词（2002-09）

一、知识海洋 智慧渊薮

共沐春风 不计其数

二、上图书馆 坐冷板凳

登大舞台 唱压轴戏

王梓坤

2002 年 9 月

为江西南昌十中百年校庆题词（2002-09）

弘扬天地正气，

培养世纪英豪。

王梓坤

2002 年 9 月

为《院士书情》题词（2003-03-26）

丰富我文采

澡雪我精神

王梓坤

2003 年 3 月 26 日

见，侯艺兵编著：院士书情，上海：上海教育出版社，2004：12～13.

为《科学时报》题治学格言（2003-09）

朝观舞剑，

夕临秋水。

十年小成，

百年大举。

王梓坤

2003 年 9 月

见，科学时报社编：中国院士治学格言手迹，北京：世界知识出版社，2004：231

为白鹭洲中学百年校庆题词（2003-09-20）

白鹭洲中学百年庆典

天祥明珠

光耀中华

校友王梓坤敬题

2003 年 9 月 20 日

注. 见：杨辑光，杨洛，白鹭洲内外，天津：百花文艺出版社，2009：141；江西吉安白鹭洲

为南昌理工学院（原江西航天科技主修学院）题词（2004-01-09）

发展教育

报效祖国

远见卓训

令人敬佩

王梓坤

2004 年 1 月 9 日

为纪念郭申元博士题词（2004-02）

纪念郭申元博士

求真精神

报国情怀

永系人心

王梓坤

2004 年 2 月

注．见，复旦大学生命科学学院，上海市科普作家协会，上海市科学与艺术学会，哈佛大学医学院理查森实验室，编：感动人类 感动天地：郭申元科学人生．上海：上海教育出版社，2006.

为《高等数学研究》杂志五十周年刊庆题词（2004-04-15）

《高等数学研究》五十周年刊庆

传播交流

良师益友

王梓坤敬书

2004 年 4 月 15 日

为《中国教师》祝贺教师节题词（2004-08-20）

喜看新鹰出春林，

百年树人亦英雄。

热烈祝贺第 20 届教师节。

敬祝老师们工作顺利，幸福健康。

王梓坤

2004 年 8 月 20 日

注. 见，中国教师，2004，(9)：9.4.

前两句与为赣南师范学院题词相同。

为江西财经大学祝贺教师节题词（2004-09-06）

在第 20 个教师节即将来临之际，敬向江西财经大学全体老师祝贺节日，向全体师生员工问好。祝大家工作顺利，学习进步，身体健康。祝江西财大更加兴旺发达，为祖国作出更大贡献。

新鹰凌云出春林，

百年树人亦英雄。

王梓坤敬贺

2004 年 9 月 6 日

为北京师范大学珠海分校学生题词（2004-10-10）

开拓进取，

创造辉煌。

王梓坤

2004 年 10 月 10 日

为商洛师范专科学校题词（2005-06-03）

热爱数学，研究数学

应用数学，发展数学

为提高全民数学文化而努力

王梓坤

2005 年 6 月 3 日

为江西临川一中五十华诞题词（2005-09-15）

临川一中五十华诞

德智体美劳

全面发展；

人才胜出，

再创辉煌。

王梓坤敬贺

2005 年 9 月 15 日

为淮阴师范学院题词（2005-11-16）

英雄故里，

新鹰春林。

一品大学，

一品人才。

王梓坤

2005 年 11 月 16 日

为淮阴工学院题词（2005-11-18）

文化名城，

英雄故里。

一品大学，

新鹰奋起。

王梓坤

2005 年 11 月 18 日

为北京师范大学数学科学学院九十华诞题词（2006-01-07）

长夜惊风雨

高木出春林

慷慨今胜昔

天籁有雷音

王梓坤

2006 年 1 月 7 日

注. 该题词在 2015 年 1 月重写后发表。见，李仲来，主编. 北京师范大学数学科学学院史（1915～2015），第 3 版，北京：北京师范大学出版社，2015.

参观北京十一学校题词（2006-11-22）

春松华茂

大器早成

王梓坤

2006 年 11 月 22 日

为北京师范大学出版社出版《科学发现纵横谈》题词（2006-12-25）

十年磨一剑，

不敢试锋芒，

再磨十年后，

泰山不敢当。

王梓坤

2006 年 12 月 25 日

为郑州《寻根》杂志题词（2007-04-04）

处处风光

处处栋梁

寻根追源

强国富邦

王梓坤

2007 年 4 月 4 日

注. 该杂志社副主编郑强胜为我校 1986 年毕业生。

为李心灿著《微积分的创立者及其先驱》（第 3 版）题词
（2007-05-10）

超级的数学大师

震撼的极限思想

学习它　研究它

心灵飞越

智慧无穷

王梓坤

2007 年 5 月 10 日

注. 该书为"普通高等教育'十一五'国家级规划教材"，北京：高等教育出版社，2007。

贺江西师范大学许靓静、熊文鹏新婚（2007-10-25）

思凡仙子太白郎，

有缘一见便张狂。

最是春江花月夜，

三千桂子意扬扬。

王梓坤

2007 年 10 月 25 日于南昌江西师范大学

为江西省高安中学百年校庆题词（2007-12-12）

高安中学百年华诞

英才遍九州

松柏颂气节

王梓坤敬贺

2007 年 12 月 12 日

为吉安县将军公园题词（2008-03）

将军公园惠存

开天辟地　顶天立地

人民英雄　光耀天地

王梓坤敬题

2008 年 3 月

为赣南师范学院题词（2008-03）

赣南师范学院

五十华诞

高水平　大爱心

美校园　育劲鹰

江西明珠

自强日新

王梓坤

2008 年 3 月

为北京师范大学校友、韩国成均馆大学学生杨卫磊题词
（2008-04-03）

杨卫磊先生雅正

朝观舞剑

夕临秋水

王梓坤题

2008 年春

为杭州师范大学校庆题词（2008-04-24）

　　杭州师范大学百年华诞

　　阳光事业

　　育人英雄

王梓坤敬题

2008 年 4 月 24 日

为三位江西吉安学生题词（2008-04-28）

　　曾旗同学（吉安电视台工作人员曾小文之子）

　　　　世上无难事

　　　　只要肯专心

　　　　年轻人精力旺盛

　　　　长期努力奋斗

　　　　一定会有光辉前程

　　　　祝你早日成才

　　　　为祖国作出卓越贡献

王梓坤

2008 年 4 月 28 日

　　龚昀同学（吉安电视台工作人员龚建斌之子）

　　　　艰苦奋斗

　　　　长期坚持

　　　　目标远大

　　　　早日成才

王梓坤

2008 年 4 月 28 日

王浩光同学（吉安驻京办事处负责人王定淼之子）
　　在已取得成绩的基础上
　　树立高尚而远大的目标
　　继续努力
　　长期奋斗
　　一定会成为有益于人民的优秀人才

王梓坤

2008 年 4 月 28 日

为江苏盐城师范学院数学系《章士藻数学教育文集》题词（2008-04-30）

　　《章士藻数学教育文集》出版志贺
　　开展数学教育，
　　提高数学素养，
　　包括数学知识，
　　精确计算，
　　几何直觉，
　　逻辑推理以及严谨求是的科学精神。

王梓坤

2008 年 4 月 30 日

贺桂伟珍、杨帆订婚（2008-05-25）

　　闲时相扶
　　忙时相助
　　比翼双飞
　　神仙羡慕

王梓坤　谭得伶

2008 年 5 月 25 日

为苏获题词（2008-06-02）

> 苏获大师雅正
>
> 运斤成风
>
> 山河震动
>
> 大美不言
>
> 巧夺天工

王梓坤敬书

2008 年 6 月 2 日

注．苏获：湖南省工艺美术大师，湖南省刺绣工艺师。2005 年 10 月，在第 6 届中国美术大师作品暨工艺美术精品博览会上，他的作品"安南"和"松林的早晨"分别夺得"百花杯"中国工艺美术精品金奖和优秀奖。2008 年，王梓坤的学生杨向群等请苏大师为王梓坤绣一幅像作为生日礼物并送给他。

为赣南师范学院美术学院展览题词（2008-10-30）

> 美丽辉煌
>
> 不忍离去

王梓坤

2008 年 10 月 30 日

为赣南师范学院客家文物博物馆题词（2008-10-30）

> 国之珍宝
>
> 天下无双
>
> 大开眼界
>
> 大饱眼福

王梓坤

2008 年 10 月 30 日

为赣南师范学院科技学院题词（2008-11-02）

> 科技先行，
>
> 教育为本。
>
> 青年学子，
>
> 国运之魂。

王梓坤

2008 年 11 月 2 日

为赣南师范学院数学与计算机科学学院高淑京博士题词（2008-11-02）

> 闲时携手，
>
> 忙时帮手。
>
> 风和日丽，
>
> 山清水秀。

王梓坤

2008 年 11 月 2 日

为赣南师范学院数学与计算机科学学院黄贤通老师之子题词（2008-11-02）

> 后生可嘉
>
> 大器早成
>
> 与黄嘉天同学勉之

王梓坤

2008 年 11 月 2 日

为赣南师范学院数学与计算机科学学院何显文老师之子题词（2008-11-02）

> 国之希望

家之珍宝

与何　同学勉之

王梓坤

2008 年 11 月 2 日

为江西吉安一中校庆九十周年题词（2008-11-15）

吉安市一中九十华诞

大功不居，

大器早成，

名校之花，

与时俱新。

王梓坤敬题

2008 年 11 月 15 日

为"MM 实验 20 周年纪念丛书"《源于教学·高于教学：MM 方式演绎》题词（2008-02-16）

MM 数学研究和教学方法，由国内首创，是数学界的重要创新。它不仅有充足的理论依据，而且在相当广泛的范围内取得了很好的实际效果。通过 20 周年纪念，MM 课题一定会更加完善，水平更加提高，并将取得更大的成绩，为我国的数学教育和研究做出更多的新贡献。

王梓坤

2009 年 2 月 16 日

为《书摘》一百期题词（2009-03）

最少的时间，

最小的精力，

最大的乐趣，

最好的书友。

王梓坤

为江西师范大学附属中学题词（2009-04-05）

祝贺 2009 年全国数学"东南杯"在江西师大附中举办

弘扬数学文化

提高科技水平

为振兴祖国而努力奋斗

王梓坤

2009 年 4 月 5 日

为《南阳理工学院学报》题词（2009-04-13）

《南阳理工学院学报》创刊志庆

坚持特色，提高水平，开拓创新，

立足中原，放眼世界，勇创一流。

王梓坤敬书

2009 年 4 月 13 日

为枣庄学院题词（2009-05-15）

枣庄学院惠存

求知重能求新重实求精重质

为建成强校名校而共同努力

王梓坤敬书

2009 年 5 月 14 日

为《娄平纪念文集》题词（2009-06-25）
　　　　向娄平同志学习
　　钢铁意志　孺牛精神
　　勤于职守　廉洁奉公

　　　　　　　　　　　　王梓坤敬题

　　　　　　　　　　　2009 年 6 月 25 日

注. 见，陶江，主编：娄平纪念文集. 天津：南开大学出版社，2010。

为《北京师范大学校报》题词（2009-09）
　　　以优异的教育与科研成绩，
　　祝贺伟大祖国六十周年华诞。

　　　　　　　　　　　　王梓坤敬题

　　　　　　　　　　　2009 年 9 月

为《科学时报》题词（2009-09）
　　敬贺中国科学院六十周年华诞
　　　　科教兴国
　　　　科技先行

　　　　　　　　　　　　王梓坤敬题

　　　　　　　　　　　2009 年 9 月 9 日

为江西吉安十三中题词（2010-03-01）
　　　吉安十三中七十华诞
　　　　青原精神
　　　　奋发图强
　　　　爱国爱乡
　　　　山高水长

　　　　　　　　　　　校友王梓坤敬题

　　　　　　　　　　　2010 年 3 月 1 日

为汕头大学理学院数学系题词（2010-05-07）

汕头大学理学院

数学系留念

国际化之英

现代化之灵

英灵结合

举国飞声

今日汕大学子

明朝数坛争鸣

汕大末席王梓坤敬题

2010 年 5 月 7 日

为李宣霆题词（2010-05-10）

涓涓不息

将成江河

与宣霆共勉，祝早日成功

王梓坤

2010 年 5 月 10 日

郭预衡教授纪念（2010-08-05）

郭预衡教授千古

文章气节

光耀后世

王梓坤　谭得伶敬挽

2010 年 8 月 5 日

为赤峰市田家炳中学题词（2010-08-25）

赤峰市田家炳中学教师

圣贤气象

仁者情怀

学者风范

读书——最好的教育

书籍——真正的大学

王梓坤

2010 年 8 月 25 日

书籍是知识的宝库、智慧的海洋，

是培养高尚品德的良师益友。

勤读书，用好书，早日成为优秀人才。

王梓坤

2010 年 8 月 25 日

为庆祝《中国科学》创刊六十周年题词（2010-10-18）

民富国强

科技先行

王梓坤敬题

2010 年 10 月 18 日

为北京师范大学亚太实验学校题词（2010-11-04）

北京师范大学

亚太实验学校惠存

学习为本，推陈创新；

兴趣、爱好和好奇心是创新的原动力。

王梓坤敬题

2010 年 11 月 4 日

为沈阳数学会题词（2010-11-30）

沈阳数学会惠存

学习、研究、应用、传播与发展，

数学必将为全人类进步做出更大新贡献。

王梓坤敬题

2010 年 11 月 30 日

为江西师范大学科技学院题词（2011-05-22）

科学技术

教育工程

强国之本

生活之师

王梓坤

2011 年 5 月 22 日

为江西吉安一中题词（2011-05-23）

教育科技，强国之本。

发扬名校精神，

为提高教育水平共同努力。

王梓坤

2011 年 5 月 23 日

为江西吉安石阳小学题词（2011-05-24）

努力学习，

奋发图强。

王梓坤

2011 年 5 月 24 日

五、题　词

为江西吉安县城市展览馆题词（2011-05-24）

美丽家园，

大好河山。

王梓坤敬书

2011 年 5 月 24 日

为江西玉山一中题词（2011-08-05）

玉经磨琢成鼎器

山倚灵秀育英才

祝贺玉山一中成功举办

第十一届中国西部数学奥赛

王梓坤

2011 年 8 月 5 日

为北京师范大学第十二届未来教师素质大赛"教育奠基未来"题词（2011-11-29）

理想、勤奋、坚持、方法和机遇，是成功的五大要素。

王梓坤敬题

2011 年 11 月 29 日

为周毓麟院士祝寿题词（2011-12-06）

周毓麟学长九十华诞志贺

才华长青

王梓坤敬贺

2011 年 12 月 6 日

为北京师范大学数学科学学院亓振华、教育学部任雅才题
贺词（2012-12-06）

亓振华　任雅才同学

情定师大

百年好合

王梓坤敬题

2012 年 12 月 6 日

为青岛的科普园地题词（2013-09-11）

为祖国作贡献

为人民立新功

王梓坤

2013 年 9 月 11 日

为科学出版社成立六十周年题词（2014-03-20）

祝贺科学出版社成立六十周年

科学之光

出版殿堂

王梓坤敬贺

2014 年 3 月 20 日

为马山初中第二届同学联谊会题词（2015-01）

可贵的志气

可贵的精神

为马山初中第二届同学联谊会题

王梓坤

2015 年 1 月

为江西吉安广播电视台题词（2016-12-11）

祝家乡人民

生活幸福安康

王梓坤于北京

2016 年 12 月 11 日

为江西吉安广播电视台"骄傲吉安人"节目题词（2016-12-11）

祝"骄傲吉安人"

越办越好

收视长红

王梓坤于北京

2016 年 12 月 11 日

为清华大学数学科学系建系九十周年题词（2017-04）

庆祝清华大学数学科学系建系九十周年

耕耘九十载

桃李满天下

王梓坤

2017 年 4 月敬贺

为北京师范大学数学科学学院郑祥祺、复旦大学徐日题词
（2017-04-15）

郑祥棋

徐　日　同志

结婚志喜

百年好合

健康幸福

谭得伶　王梓坤　敬贺

2017 年 4 月 15 日 于北京

为北京师范大学出版社谭徐锋博士题词（2017-09-10）

业精于勤，荒于嬉；

行成于思，毁于随。

王梓坤

2017 年 9 月 10 日

六、信 件

致习近平

（2014-05-10）

尊敬的习总书记：

您好！

我是北京师范大学一名从教 60 余年的老教师，曾于 20 世纪 80 年代担任北京师范大学校长。当时党和政府对教育和知识分子越来越重视。为进一步提高教师的地位和待遇，1984 年 12 月 9 日，我有了给教师设立节日的想法，并通过《北京晚报》发出了建议；12 月 15 日，我和北京师范大学著名教授钟敬文、启功、陶大镛等人，联合发出了设立教师节的倡议，得到了党中央的高度重视。仅仅一个多月的时间，在 1985 年 1 月 21 日，第六届全国人大常委会第九次会议就通过了决议，将每年的 9 月 10 日定为"教师节"。这使我们倍感鼓舞和振奋！在北京师范大学第一届教师节庆祝大会上，学生们打出了"教师万岁"的横幅，那激动人心的场景让我一生难忘！尊师重教正逐渐成为时代的最强音。

今年将是我国的第 30 个教师节。30 多年来，我欣喜地见证了改革开放以来教育日新月异的变化，教育的基础性、先导性、全局性地位更加凸显。党的十八大以来，您对我国教育综合改革作出了一系列重大部署。5 月 4 日，您在考察北京大学时强调，广大青年要勤学、修德、明辨、笃实，使社会主义核心价值观成为自己的基本遵循，与祖国和人民同行，努力创造精彩人生。作为一名老教师，我很受感动、很受教育。我始终认为，教育要把"立德"摆在首要位置。立德树人，无论什么时候，做人都是安身立命、为人处世、建功立业的基础。一个人的成功需要具备方方面面因素，但最重要的始终是品德。学生良好的品德从哪里来？主要是受教师的影响。所谓立德先立师，树人先正己，教师要把师德内化为自觉价值追求。北京师范大学高度重视师德的养成，要求广大教师践行"学为人师、行为世范"的校训精神，潜下心来教书，静下心来育人。教书育人是个不断积累的长期过程，百年才能大举，需要广大教师坚持不懈地坚持和努力，潜移默化地影响和教育一代又一代的青年学生。

教师是立教之本、兴教之源。"国将兴，必贵师而重傅"。您在北京大学与师生座谈时强调，教师承担着最庄严、最神圣的使命，既是学问之师，又是品行之师。教师要时刻铭记教书育人的使命，甘当人梯，甘当铺路石，以人格魅力引导学生心灵，以学术造诣开启学生的智慧之门。北京师范大学是人民教师的摇篮，是中国教师教育的旗帜，也是教育创新的策源地、教育国际交流的重要基地。在110多年的办学过程中，北京师范大学形成了脚踏实地的学风、以身作则的教风和勤勉踏实的校风，培养了30多万工作在教育战线的优秀校友，他们默默耕耘，无私奉献，为我国的教育事业和经济社会发展做出了重要的贡献。曾被周恩来总理誉为"国宝"的著名教育家霍懋征老师就是其中的杰出代表。时光荏苒，党和政府对北京师范大学关怀备至，赋予了我们不断前进的动力，也增强了我们实现教育梦、中国梦的信念。

我谨代表北京师范大学老教师，诚挚邀请您在下学期开学初的教师节30周年之际莅临我校，共襄中华师范教育之盛举，再谱尊师重教之华章！

不情之请，恳赐钧复。

王梓坤敬禀

2014 年 5 月 10 日

致张良贻

（1986-08-28）

良贻校长：

　　上期末收到来信，因恐假期中学校无人，故未及时回复，请谅。你及老师们尽心办学，并取得显著成绩，至为欣慰。

　　关于改善学校事不知有无进展，领导有无新的指示，甚念。如有进展，请告知。如政府有决心改善学校，实是大好事。我也希望能再助绵薄之力。校训可请你们自定，我的建议是：

　　勤奋学习，坚持上进。八个字。

　　此致

敬礼

　　并问全校老师好！

王梓坤　1986年8月28日

致张良贻，等

（1986-09-04）

良贻校长及

各位老师：

　　值兹教师节即将来临之际，特向你们祝贺佳节。

　　不久前得良贻同志来信，得知各位老师非常勤劳，并且教学效果优良，不胜欣慰。预祝你们必将取得更大成绩。

　　此致

敬礼

王梓坤　1986 年 9 月 4 日

　　约十天前我曾寄良贻同志一信，想已收到。希望地区支持办学事会有进展。

致罗厥兴，等

（1986-12-05）

枫江小学校长罗厥兴同志及老师们：

收到来信及座谈纪要，非常高兴。你们为家乡的教育付出了巨大劳动，而工作及生活条件又很艰苦，你们的精神值得学习。

吉安行署副专员谢华强及地区教育局局长郭永勤等来京出差，我和他两人长谈了两次，他们一口答应改建枫江小学经费无问题。地区专员王固本及地委书记段家林都赞成此事。郭局长说，他临出差时曾嘱咐会计把款拨到县文教局去，但这两天他与吉安电话联系时，得知该会计出差了。郭局长说他回吉安（10日回）后即把款拨去。

待他们把款拨来后，请告诉我，我也会接着寄2 000元到地区教育局，由他们转交给你们。

谢与郭两位都很热心此事，地区决心已下，还需要县、镇及乡村的大力配合支持。特别需要劳力，要请家乡父老兄弟齐心合力，多辛苦一些，百年大计，为子孙造福，是值得的。

做一件事，开头总是有困难。但希望你们不要把困难看得太重，经费是少了一些，但先做起来再说，要赶快动手，一拖就会凉，失掉了机会，就再也无法。总之，要迅速开工，越快越好。

郭局长10日回来后，他先要汇报忙一阵。你们在15日左右可积极和他联系。

经费少，更要精打细算，不要浪费一分钱，旧的砖瓦木料要充分利用。

　　我希望在明年暑假前能看到你们的新校舍。此外还希望你们加强管理，如管理得好，我可以逐步寄些书刊来，帮助建一图书室。

　　祝

　　工作顺利

王梓坤　1986 年 12 月 5 日

　　数月前我收到你校退居二线的老师（赛塘人，我小学同学）寄来的信，不慎找不到此信，又忘了他的名字，很对不起，特向他问好。

致枫江小学校长，等

（1986-12-10）

枫江小学校长及老师们：

五天前我曾写一信来，希望能早些动工改建小学，并请你们15日后与郭永勤局长联系。刚才我与郭局长通电话，他和谢华强副专员今日乘飞机回南昌，在南昌开会三日，大约十四日才能回吉安。所以你们可在十七八日与他们联系，或去吉安看望他们。一般你们可与郭局长联系，如实在有必要时，也可请谢华强副专员帮助。

我已对郭说，希望他早日拨款来，早些动工，他已答应。谢华强也说毫无问题。工作开始时必有困难，但不要太强调困难，以免失去时机。早动手为好。

等政府拨款后，你们速来信告我。那时我再寄款给郭局长，请他转给你们。

此致

敬礼

王梓坤　1986 年 12 月 10 日

致罗厥兴，等

（1987-01-01）

罗校长及老师们：

你们好！新年幸福！

寄来的图纸，我大略看过，提不出什么意见。总的想法是百年大计，质量第一，质量要在可能条件下尽可能好一些。地区教育局郭局长答应以后还可增加一点经费，这是政府的关怀，应努力工作，以报答政府。

希望尽可能早些动工，切勿失去时机。经费已拨到县教育局，不知你们拿到没有，何时开工？听说地址划界还有些问题，希望家乡父老多开导一些，年轻人眼光放远一些，多为儿孙造福。（图纸寄还）

等下学期初，你们收到政府的经费开工后，我即把答应的捐款寄出。绝不会有问题。

我希望今年暑假前能看到你们的新校舍。

此致

敬礼

王梓坤　1987 年 1 月 1 日

致顾端

（1987-04-21）

顾端同志：

　　您好！非常高兴收到来信。承您告知当年许多我所不知的情况，顾校长和高老师的形象在我脑海中更高大起来。抗日战争时期，一般人民的困难是可想而知的，更何况令尊令堂都在艰苦的教界工作，而且孩子又多。两位老人的困难处境是必然的。虽然如此，我从未感到他们两位对工作有任何不周之处，相反，总是勤勤恳恳、满腔热情地工作。遗憾的是我 1945 年初中毕业后再无缘见两位老人一次。顾诚上武大时，我已四年级，给高老师写过一信。顾诚转告过高老师对我的勉励。顾诚在本校历史系任教，他研究明史很有成绩，已升为教授。我去南昌时，曾见过顾青。1973 年开党的十大时，见过你大哥。但顾瑞未见过。

　　高老师在我的历史上起着关键的作用。没有她的帮助，我初中都无法念完。不仅如此，她老人家严格的治学态度和崇高的师德时时激励着我，永远是我们学习的榜样。

　　寄上小文三篇，作为对两位师长的怀念。请向令兄弟姐妹转告我的问候。

　　此致

敬礼

王梓坤上　1987 年 4 月 21 日

此信见顾端汇编《从顾家巷走来：家庭史料集成》，2009年冬于南京颐和路旧居。

信中提到的三篇文章是《百年树人亦英雄：祝"班主任"创刊》《师生情高春江水：天道无穷，师道无限》《白鹭洲求学记：缅怀顾祖荫校长、高克正老师》，见1985年《班主任》创刊号。

致罗厥兴，等

（1987-06-21）

罗校长并转全校老师同学们：

我非常高兴收到罗校长两次来信，一次是六一儿童节写的，另一封是 6 月 14 日寄来的"红枫奖学金"证明书等。

学校奖学金的设立及校舍的改建，对学校的发展有很大帮助，我祝愿学校兴旺，老师们身体健康、工作顺利，同学们在三好方面好上加好。

老师们对家乡的教育事业尽了最大努力，我向你们深表敬意；我敬佩你们为人民服务的好精神。

由于我事情较多，给你们很少写信，请原谅。如可能，我争取下半年回家乡看看。希望校舍那时能改建成功。

祝健康进步！

请代问汤镇长及中心小学校长等同志好！

王梓坤　1987 年 6 月 21 日

致罗厥兴，等

（1987-08-24）

罗校长及全校老师、同志们：

收到罗校长的两次来信，得知教学楼将于九月竣工，又见到红枫奖学金的证书，非常高兴。在你们努力下，学校的教学成绩优异，毕业统考全镇第一，尤其使我兴奋。第三届教师节即将来临，我谨向你们祝贺佳节，并感谢你们在建校和教学的辛勤工作中所付出的劳动。

我更要感谢罗厥兴校长，谢谢您为建校所做的巨大努力。枫江父老和孩子永不会忘记您和为建校而做出贡献的同志们。

有机会还请代我感谢谢副专员、地教育局郭局长、徐局长、刘兴隆县长、县教育局负责同志、汤镇长、中心小学校长等许多领导同志。

我争取 10 月或 11 月间回家乡来看望大家。

此致

敬礼

王梓坤　1987 年 8 月 24 日

致罗厥兴

（1987-11-21）

罗校长：

你好！

多次来信收到，很感谢。特别是您为枫江小学建校付出了辛勤劳动，家乡父老一定会记住你及同志们、老师们的努力。

我大约 12 月 9 日会来吉安，那时将回家看看枫江小学。

此致

敬礼！

问全校老师好！

王梓坤

1987 年 11 月 21 日

致姜文彬①

（1988-01-15）

敬爱的姜老师：

新年好，别后又有月余，想必身体健康，万事如意，全家健康。

在吉安时，听说姜老师放弃申请教授，不胜敬仰，老师不随世俗，视名利为粪土，诚为知识界之楷模。

我返校后，又念及此事，感到姜老师似有重新考虑此事之必要。政府所以评定职称，乃是为充分调动知识界之积极性，并表示政府和人民对知识分子之尊重，如人人皆置之不顾，诚有负政府的厚望，此其一；姜老终生从事教育，桃李满天下，为江西教育做出宝贵贡献，姜老诚当申请教授职称，受之无愧，此其二；如姜老申请，并不影响别人，此其三；江西教委领导非常重视对中学教育做出宝贵贡献的老知识分子，听说，黄贤汶老师起初亦未申请，经动员申请后，江西教委一致立即通过，并说像这忠心耿耿终生以事教育，并为培养人才做出宝贵贡献的人，应首先通过，今姜老也如此，此其四；最后，如姜老不申请，对长期安心教学的同志，亦必产生一定副作用，反之，则必大大鼓舞这些同志，此其五。

有此五端，我敬劝姜老师屈尊申请，如蒙俯允，不胜喜悦，同时也可减师专领导做此项工作中一些困难。

天寒，望老师及师母多保重，此请安康。

学生：王梓坤上　1988 年 1 月 15 日

---

① 中国人民政治协商会议金坛市委员会文史资料研究委员会编：金坛文史资料第 14 辑，1996：135.

致罗厥兴

（1988-09-16）

罗校长：

　　寄来的几包杂志，虽然已过期，但都很干净，是我校苏联文学研究所所保存的。因保存过多而处理。请你们保存好。我想，这对老师和学生都有好处。

　　有些杂志可合订起来，以免单本遗失，同时要防止有人撕页，把一些插画撕去。每本书要盖公章，登记，有专人保管。寒暑假要收回封锁好，以免遗失。

　　我希望小图书室能办好。

　　　　祝

　　顺利！

王梓坤　1988 年 9 月 16 日

致罗厥兴

（1990）

罗校长：

　　多次来信收到。小学图书室管理很好，我也感到高兴。并感谢裴秋风老师的努力，请代致意。

　　祝

　　好！

王梓坤

　　又及：可能还会寄些书来，但不多了。

致罗厥兴，等

（1992）

罗校长：

收到来信。小学为四所获胜学校之一，很高兴。希望争取到贷款，兴建综合楼。寄上 300 元，一半与利息一起奖励学生，一半可买一些教学用书。感谢您对王荣明的帮助。学校图书室的照片很好，望暑假有人看管，勿再丢失。请回信。（该信写在汇款条的附言上）

王梓坤

致巴特尔

（1992-05-28）

巴特尔同志：

您好！收到您托人赠送的大作《教育随想录》。拜读之后，深为震惊与感佩。您对教育事业的高度评价，说明对教育的热爱，诗一般的语句，增添了思想的色彩。我们虽未见面，但我深信您必是教育事业的一位卓越领导人。

谨祝您

事业顺利，一切安好！

王梓坤上

1992 年 5 月 28 日

致罗厥兴

（1994-07-22）

罗校长：您好！

张校长寄往汕头的快件，已由汕头同志在电话中念给我听。您能去固江小学工作，这说明您有才干可以胜任，我自然应支持您。

上次您打电话来时，我已告诉您：我已给吉安教育学院周金才老师打电话，请他替我向县教育局转达我对您的推荐。次日，我又打电话给郭永勤局长，是他本人接的电话，我向他推荐了您，告诉他您很能干，可以胜任固江小学校长，同时也希望他给枫江小学找一好校长，并做好交接（上次就因未交接好而书被偷）。他都答应，并说会对县教育局讲。

如枫江小学有好校长，我以后还可支持和帮助枫江小学。

此致

敬礼

王梓坤

1994 年 7 月 22 日

附：谭得伶致罗厥兴（05-01）[1]

罗老师：你好！

来信收到有几天了。我四处为校长们联系住宿的地方，直

---

[1] 未标注年份.

到今天才有了着落。在北京师范大学的学生宿舍和进修教师公寓可以为校长们安排住宿，价格是最低廉的，约 7 元一天。六人一个房间，有被褥和水壶。但招待所要求确定来京和离京的时间，男女各多少人。5 月 3 日我打算给你打电话，把上述情况明确下来，一旦定下后就不能变动，而且越早定越好。如果晚了，就可能没有床位了。

另外，我同王梓坤老师通过电话。他现在在汕头大学。他建议你们派两位同志（最好是来过北京的）比大队伍早两日来京，负责与北京的小学先进行联系，并多带几张介绍信。因我腿伤未好，行动不便，而且没有时间，不可能为你们联系。这两位打前站的同志来京后先替你们联系好，等大队伍到达后就能不失时机地进行参观考察。我也赞成这样做。我的电话是 01-2012288-2847．若有事可与我联系。

　祝

　好！

北京师范大学中文系谭得伶　5 月 1 日

致杨辑光，等

（2003-09-20）

杨辑光校长并请转

全校老师、同学、员工同志们：

母校的百年校庆即将来临，这是我们共同盼望的大好日子。在热烈祝贺的同时，我衷心感谢母校对我的教育和培养，这种感激心情，是无法用笔墨所能形容的。

我于1942～1945在本校上初中。当时正值抗日战争时期，为了预防日寇轰炸，学校先迁到遂川枣林，一年后搬到吉水平湖，又一年迁回白鹭洲。这样迁来迁去，条件之艰苦，是可想而知的。虽然如此，但师生员工同仇敌忾，奋发图强，仍然取得了优异的教学成绩。当时许多老师的光辉形象，如顾祖荫校长、高克正老师，永远活跃在我们心中。

母校有三大优势：

一是历史悠久，可以追溯到1241年创办的白鹭洲书院；

二是名人辈出，是民族英雄文天祥的母校；

三是环境特秀，为国内甚至国际所罕见。

像这样好的中学，全国能找到几所？我们以有这样优越的母校为荣、为豪。要像珍视眼睛一样爱护它，用最好的教学成绩，培养更多更好的人才，为母校增光添彩。

敬祝白鹭洲中学在下一个百年中，取得更大的进展，在珠穆朗玛峰上再筑高峰。

校友　王梓坤　敬上

2003年9月20日于北京

致郭永勤和张泰城

（2004-09-08）

郭永勤书记、张泰城院长：

在第 20 个教师节即将来临之际，谨向老师们祝贺节日。向全院师生员工问好，祝大家工作顺利，学习进步，身体健康，家庭幸福。

祝井冈山学院更加兴旺发达，在人才培养、科学研究、科学管理等各方面取得更好的成绩，创造新的更大的辉煌。

王梓坤敬贺

2004 年 9 月 8 日

致邓志瑗

（2004-12-09）

志瑗老师：

您好！想必身体健康，万事如意。

关于大作《训诂学研究》，我又联系到汕头大学文学院教授王富仁教授。他们获得了一笔基金，可以出版学术著作。我已将您寄给我的四篇序言、自传等转寄给他，并且我也应他之邀，也写了一简短序言，以便他好说话。昨天我又与他通电话，他说可以出版。

因此，我想如江西师范大学可以出版，当然最好，就不必麻烦汕头大学了。否则，可请汕头大学出，将全部稿件寄去。王富仁是著名教授，汕头大学以 100 万元的高薪聘他，他原在北京师范大学工作。王富仁电话：（略）；通信处：515063，广东，汕头市，汕头大学文学院。您可与他联系。

冬寒岁暮，请多保重。敬祝

健康安好！

受业　王梓坤上

2004 年 12 月 9 日

致杨向群

（2009-09-01）

向群：

今天是您 70 大寿喜庆的日子，我向您致以衷心的祝贺。祝您健康长寿，家庭幸福，工作顺利。

您是我最好的学友和同事，相交半个世纪，相敬相助，五十年如一日，真是人生佳话，难遇难求。记得我们初次相见，是在南开园胜利楼。1961 年，数学系已从胜利楼迁到主楼。我曾在阶梯教室向数学系同学和青年教师做过一次关于学习和科研方法的报告，谈到学习应是扶摇直上而不要平面徘徊，也许您也去听了。您在学习期间，很快就展现才华，脱颖而出，给我留下深刻的印象。遗憾的是遇到"文化大革命"，没能把您留校。后来您虽遭遇坎坷，但仍不屈不挠，奋发图强，终于事业有成，在学术上取得优异的成绩。

长期以来，您给了我很多、很大的帮助。早在"文化大革命"前，您仔细核对了我的第一本书《随机过程论》，并且做完了全部习题，这使我对这部书稿的出版坚定了信心。随后，我们合作在施普林格（Springer）和科学出版社出版了《生灭过程与马尔可夫链》的英文版和这一版的中文版，工作量很大，定稿和校对都是您独立完成。更让我感动的是：您利用一个暑假，和外界隔离，全心专注编辑我的文集《马尔可夫过程与今日数学》，而且对每篇文章都做了详细的注释。如果没有您的努力，出版这部文集是根本不可能的。总之，您对我的帮助是长期的、系统的、巨大的，我非常感激您。

古人说：人生七十古来稀。但现在社会稳定，生活幸福，加之科学技术发展迅速，这句话早已过时了。未来的日子还很长。只要自己注意养生，就有可能活到九十、一百或更多。我送您十六个字作为参考：

　　　　心静身动，上下畅通；
　　　　两管糖癌，小心意外。

（上下，指人体的输入和输出；两管：指心、脑血管；糖癌：指糖尿病）

这样，就一定会身心健康，继续为教育事业做出新贡献。

最后，再一次祝生日快乐，全家幸福。

祝出席祝寿的全体嘉宾、同事、同学欢乐、安好、进步。

王梓坤

2009 年 9 月 1 日

七、科 普

在中学增设概率论与数理统计的可能性[①]

为了使数学更好地为我国的社会主义建设服务，目前的迫切问题是要求数学教材联系实际和现代化。数学中的现代内容，一般地说，与现代的社会实践联系较紧，因而具有较广泛的发展前途。只有抓住数学中新生的进步的东西，才能迅速攀登世界数学的高峰。

人们在实际中，经常碰到的现象大致可分为两类：必然现象与偶然现象，亦即在一定条件下，必然出现（或不出现）的现象与可能出现（也可能不出现）的现象。如果说，微分方程是研究必然现象的有力工具，那么，研究偶然现象的有力武器便是概率论与数理统计（以下简称概率统计）。正是由于在实际中存在大量的偶然现象，所以必须在中学讲授它，使它为广大群众所掌握，为我国的建设服务。也只有这样，才能使这门学科在我国迅速发展。

这里一个基本问题是可能性问题，就是说，中学同学是否可能学好这门课程。现在我们从下列三方面，较仔细地考察一下。

（一）党的教育方针的坚决贯彻与群众的革命干劲，是在中学讲好与学好这门课程的根本保证。为了坚决贯彻党的"教育为无产阶级政治服务，教育与生产劳动相结合的教育方针"，1958 年以来，我国数学界批判了理论脱离实际的资产阶级观点，开展了一个以理论联系实际为中心的群众运动。这不仅解决了大量实际问题，直接推动了生产，而且在实际中锻炼了我

---

① 数学通报，1960，（5）：21-22.

们自己。同学们看到了许多关于概率统计的实际问题。即使是完全没有学过这门课程的同学，也逐步自发地体验到诸如平均值、抽样等许多概率统计中的基本概念的含义，他们已经具备了朴素生动的概率思维与直觉能力。因此，只要教师善于把理论与他们已有的知识结合起来，同学就会很快地掌握问题的实质，而不会与理论格格不入，难以消化。

由于党的长期教育，师生的政治觉悟不断提高，同时在实际中他们已深深体会到概率统计的重要性，他们就一定会鼓足革命干劲，克服一切困难，来掌握这一学科。

由此可见，正是党的领导、教育方针的贯彻与群众的革命干劲，保证了这门课程在中学讲授的可行性。

（二）从学科的内容求看，也是完全可行的。目前大纲尚未颁布，我们暂时以稍高于北京师范大学九年一贯制大纲所应有的内容为准。内容大致可分为三部分：

第一部分：概率论中的基本概念，如随机事件、概率、独立性、条件概率等，以及计算概率的初等方法。

第二部分：随机变数、分布函数（特别重要的是正态分布）。大数定理和中心极限定理（对独立同分布情形可考虑不证明）。

第三部分：数理统计初步。包括抽样知识、定值估计与区间估计（用大子样）、假设的统计检验（小子样、正态分布）。

在讲授上述内容时，一般会出现下面四个问题：

（1）如何使上述的许多新概念稳固地为同学所掌握？概率统计与其他数学分支不同就在于它研究的对象是偶然现象，这是在以前同学学过的内容中从未有过的。为了研究偶然现象，必须有一套足以刻画它的概念，这就是为什么在这门课程中概念名词相当多的基本原因。的确，如果同学毫无感性知识，教师又不从实际而只从定义、公理出发，那么，同学是会有不少困难的，因为他们只习惯于必然现象，对这许多新概念就会感到难以捉摸，把握不住。然而，如上所述，由于理论联系交际原则的贯彻，同学思想中早已自发地酝酿着这些概念的产生，因此，只要教师善于把理论与同学的感性知识结合起来，他们就会稳固地掌握事物的本质。

（2）在课程中要贯彻辩证唯物主义教育，因为在这门课程中，存在不少的唯心主义观点与解释，例如，对随机性、概率、大数定理等的唯心主义理解，对概率统计的发展泉源和应用范围的唯心主义观点。此外还必须对独立性等观念作正确的唯物主义的说明等。关于这些观点的详细讨论，请参考格涅坚科（Б. В. Гнеденко）的《概率论教程》及他登载在《科学通报》1卷8期上的文章。还可参看《数学——它的内容、方法和意义》一书第2卷概率论部分等。

问题在于，资产阶级及其学者坚持唯心主义的认识论，他们不仅无力正确解释偶然现象，反而利用这种现象来为资本主义制度辩护，把社会看成是一堆混乱的偶然现象，并企图利用概率统计作为他们进行阶级斗争的理论武器。概率统计中存在许多唯心观点的主要原因就在于此。由此可见，像其他自然科学一样，并不是这门课程中的定理内容本身不正确，而是当它掌握在资产阶级手中时，便不可避免地受到唯心主义的歪曲。我们必须肃清这些唯心主义观点，使这门学科为无产阶级政治服务。目前，由于党的教育，我们的马列主义水平不断提高，这一任务是一定可以完成的。

（3）关于培养同学的概率思维与直觉能力。由于这门课程与实际联系较紧，而实际总是丰富多彩、各种各样的，因此，必须使同学有具体分析事物的能力。要使他们多从实际出发，从实际中列出数学式子。这样，他们对实际的想象力就会越来越强，事物的本质也会越来越容易掌握。要避免的是只从定义、定理出发，这样势必会使同学思想呆板，思源枯竭。以前，这个问题的解决需要相当长的时间，现在，由于同学与实际的接触，这问题一定会较容易地解决。

（4）同学掌握了足够的数学工具，完全可以学好这门稞程。我们来分析一下这门课程需要哪些数学准备知识。第一部分中除"排列、组合"外，不要求其他的知识（当然，学过微分、积分更好），而这已经学过；第二部分，只需要一些基本的级数与积分理论。一些基本的级数在新中学课程中已经学过。这里重要的是说明大数定理与中心极限定理的含义与应用；第三部分则完全建立在前两部分的理论基础上，不需要其他东西。

（三）从学科的发展情况来看，也是可行的。概率统计的研究起始于 16～17 世纪，以后便不断地向前发展。然而真正改变这门学科的面貌，使它获得强大的生命力，还是 20 世纪初的事。原因是以前的研究，虽然不断如缕，但只停留在少数人手中，而且由于生产水平较低，这种研究没有也不可能紧密联系实际。20 世纪以来，由于生产中存在大量的偶然现象，也由于物理、天文等自然科学的突飞猛进，这门学科才有了丰富的实际泉源，内容大大地发展起来，这一方面补充说明了必须在中学讲授这门课程的基础部分，以便同学到大学后能更多地学习近代知识，另一方面也说明了，由于我国社会制度的无比优越，生产力的迅速发展，自然科学的普及与提高，不仅使学生处处有可能接触概率统计的发展泉源，从而掌握这门学科，而且会使它在我国找到肥沃的土壤，在我国生根，高速度地发展起来。

根据以上三方面的分析，我们完全有把握地说，在中学讲授概率统计，不仅为我国建设所必须，而且是完全可行的。我们深信，在不久的将来，这门课程不仅普及到中学，而且会为广大的劳动人民所掌握，更直接地为我国的社会主义建设服务。

数学趣话①

（一）杨损的妙法

我国古代，数学非常发达，出了不少在当时世界上领先的成果，诸如商高定理、圆周率的计算等。下面的故事，不仅饶有趣味，而且富于现实意义，颇能发人深思。

唐朝的杨损，是一位不畏权门的官员，平日办事能干，颇有清名。《唐阙史》中讲了一个关于他的故事：杨损提拔下级，总要倾听大家的意见。一次，有两人需要升级。人们认为他俩功绩相当，办事年限相同，工作也都尽职，因而不知该先提谁，只好请教杨损。杨损考虑了很久，终于想出了一个好方法，他说："办事所最需要的，莫过于计算了。有人晚间在树林里散步，无意中听到一伙小偷在议论分布，说是每人分 6 匹就多 5 匹，每人分 7 匹就少 8 匹。试问有多少小偷？有多少匹布？谁先算出，先提拔谁。"不久，一人算对了（小偷 13 人，布 83 匹），杨损便立即提拔他。老百姓知道后，都很佩服，觉得这样办避免了私情和臆断。看来，杨损的确很懂得德才兼备的原则呢！

（二）胸中有数

两人乘车，甲忽发奇问："如果我们这样不停地朝前走，多久才能走完地球一周？"乙想了一下，说："不妨算算看。地球赤道的直径 $d=12\ 756$ km，为简单起见，就算是 12 000 km 吧！圆周率 $\pi\approx3.141\ 6$，就算作 3 吧！这样，地球的周长 πd 约为

---

① 科学与生活，1980，（1）：24-30.

36 000 km。由于我们把 d 和 π 都缩小了，所以应该把周长放大一些：为 40 000 km。假定每天走 400 km，那么绕地球一圈就需要 100 天。"

乙所以能很快就得出基本上正确的结论，是由于他胸中有两个数：地球直径和圆周率。由此可见，"胸中有数"确是很重要的事。

那么，还有哪些数值得记住呢？

光的速度约为 30 万千米/秒；

绝对零度为 -273.16℃；

地球距太阳约为 15 000 万千米；

月亮距地球 384 400 千米；

公元元年是汉平帝元始元年；

东汉开始于公元 25 年；

……

每个人的工作岗位不同，该记住的数也自然不同，他应记住本行业、本单位的一些基本数字，这样才能脚踏实地、心里有底。大数学家欧拉（L. Euler，1707—1783）有着惊人的记忆力，他不仅熟悉数学公式，而且还能背诵前 100 个素数的前 6 次幂。难怪他双目失明以后，还能写出 400 篇研究论文和一些优秀的书本。

（三）身上有尺

要量一段布，得先取一把尺来，然而且慢，我们每个人身上都有好几把现成的尺，就看你用不用它们。

首先记住自己的身长，这是第一把尺。也许有人说它用起来不方便，那么我们换一把。意大利的艺术家和学者达·芬奇（1452—1519）发现：普通人的身长，大约等于他两手平举左右分开时从左中指尖到右中指尖的距离（如图 1）。这就是说，如果身长 1.7 m，这个距离也是 1.7 m。不过这只是一般而言，具体到每个人便稍有出入，例如，有些人的身长恰等于上述距离加上他的中指长度。

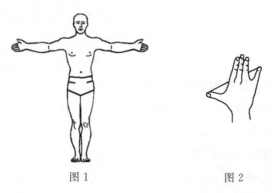

图 1　　　　　　　　　　　　图 2

也许这把尺太长了，换几把短的：成年人手指自然叉开时，拇指尖到小指尖的距离约为 18 cm（如图 2）；拇指尖到食指尖相距约 14 cm；食指长约 7 cm……有了这许多尺，往往就用不着其他的了。

还有一件有趣的事：根据许多人多次的实验，成年人的步长，大约等于他的眼睛高度的一半。比如说，某人眼高 1.4 m，那么平均地说，他每步长大约为 0.7 m。这件事对测量距离很有帮助。

（四）聪明的猴

有人要抓 10 000 只猴，最后剩下的一只猴获奖（一种猴爱吃的食品）。他把猴排成一行，先抓第一只，然后隔一只抓一只；抓完第一遍后，不打乱猴的队伍，又用同样的方法抓第二遍；如此继续下去，直到剩下一只时，他才不抓。这时有一只聪明的猴，它很快找到一个获奖的地方。试问它应排在第几才能获奖？

答：8 192。

为了分析这个问题，我们把数字减少些，假定原来只有 10 只猴，看看会怎么样。请注意表 1：

表 1

初排	1	2	3	4	5	6	7	8	9	10
抓完第一遍后留下		2		4		6		8		10
抓完第二遍后留下				4				8		
抓完第三遍后留下								8		

由表 1 可见：第一遍抓的是奇数号的猴，剩下的是偶数号的，即 2 的倍数号；同样道理，抓完第二遍后，残存的是 $4=2^2$ 的倍数号；抓过第三遍，只剩下 $8=2^3$ 的倍数号。但不超过 10 的 8 的倍数只有 8，故第 8 号猴可获奖。注意 $8=2^3$，而满足 $2^x \leqslant 10$ 的最大整数是

$$x=3。$$

现在回到 10 000 只猴的情形。根据完全一样的道理，我们先求出满足

$$2^x \leqslant 10\ 000$$

的最大整数 $x=13$，而 $2^{13}=8\ 192$，因此，只要站在第 8 192 号位置上，就能获奖。

这个问题，还由于涉及二进位而增加它的意义。大家知道，在电子计算机中，用的正是二进位制。

（五）极值问题

距离要最短，建筑要最省，射程要最远……诸如此类的"最"的问题，在数学上便抽象成极值（极大或极小）问题。

我们来看历史上三个有名的极值问题。

1. 海伦（Heron）问题

有人从 P 点出发，要到河 l 中打水，然后回到家里 Q，问

他应在哪里打水，才能使走的路最短。

这个问题的数学提法是：设 P，Q 是直线 l 外两定点，要在 l 上找一点 A，使 $PA+AQ$ 达到极小（如图 3）。

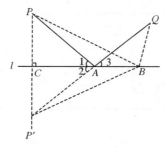

图 3

换句话说，如果 B 是 l 上另一点，必有

$$PB+BQ>PA+AQ。 \tag{1}$$

我们来证明：A 应是满足下列条件的唯一的点：PA 与 l 的交角 $\angle 1=AQ$ 与 l 的交角 $\angle 3$。

为了证明这件事，过 P 作 l 的垂线，垂足为 C，并延长到 P'，使 $PC=CP'$，于是

$$\angle 2=\angle 1=\angle 3。$$

这说明 QAP' 是一直线，$QP'B$ 是三角形，故

$$P'B+BQ>P'Q=P'A+AQ。$$

但 $P'B=PB$，$P'A=PA$，代入上式，就得证（1）式。

这个问题也可用光线来说明：一束光从 P 射到平面镜 l 上的 A 点，那么它一定朝 Q 的方向射出，使入射角 $\angle 1$ 等于反射角 $\angle 3$，光线走的是最短线。这件事是 1 世纪希腊科学家 Heron 发现的。

2. 施瓦茨［Schwarz（1843—1921）］三角形问题

求锐角 $\triangle ABC$ 中周长最短的内接三角形。所谓"内接"是指三顶点分别在 $\triangle ABC$ 的三边上。

答案：垂足△$A'B'C'$的周长最短（如图4）。这里

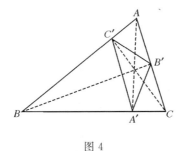

图 4

$$AA' \perp BC，BB' \perp AC，CC' \perp AB。$$

3. 施泰纳［Steiner（19 世纪柏林大学的几何学家）］问题

平面上有三点 A，B，C，求一点 P，使 $PA+PB+PC$ 最短，

例如，若 A，B，C 为三个村庄，我们要建一所邮局 P，自然希望 P 到三村庄的总路程 $PA+PB+PC$ 最短。

答案：如果△ABC 的三内角都小于120°，那么应选 P 点使 $\angle APB = \angle BPC = \angle CPA = 120°$，如图 5。

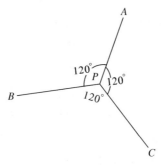

图 5

概率论今昔[①]

（一）研究对象

自然界有些现象是必然的，它们在一定条件下必然出现。例如，"在标准大气压下，水受热到 100℃会沸腾""异性电互相吸引""氢在氧中燃烧生成水"等。但另有许多现象却具有偶然性，即使在一组相同的条件下，它们可能出现，也可能不出现。例如，"掷硬币得正面""夜间见到流星"，就是如此。偶然事件很多，几乎随时都可遇上。我们一早上班，沿途会碰到多少人？他们是谁？在车站排队，队有多长？工作中是否会出现特殊事故？机器会不会发生故障，等等。正因为存在偶然性，客观世界才丰富多彩，新鲜事物才层出不穷。不过，严格说来，绝大多数现象都同时兼有必然性与偶然性，只是有主有从罢了。例如，人生的生命有限，这是必然的；但每个人的寿命有多长，何时逝世，却是偶然的。又如炮弹的轨道基本上由初速及发射角决定，但由于受风向等次要因素的影响，实际的弹着点是偶然的，不过大致范围仍是预定的。因之在这个问题里，决定性占主导地位。但另一面，如果猜测新婚夫妇未来婴儿的性别，那么偶然性是主要的。

在同一次试验中，某些偶然事件的可能性大些，而另一些则小些。例如，"某人的寿命不超过 100 岁"比"超过 100 岁"的可能性要大性，因为绝大多数人活不到 100 岁。标志某事件出现可能性大小的数，称为该事件的概率。

---

① 百科知识，1980，（7）：46-48.

尽管在一次试验里，我们事先不能断定某偶然事件是否发生，但如在同样条件下把这试验独立地重复多次，就会发现一些必然的规律。可见，必然性寓于偶然性之中。比如，无偏倚地掷硬币 10 万次，结果将约有 5 万次出现正面，约占总次数的一半。因此，我们自然说出现正面的概率为 $\frac{1}{2}$。

概率论做为数学的一个分支，它研究的对象，正是偶然事件的数量关系。20 世纪以来，科学技术日益精确化，以前被忽略的偶然因素，现在必须充分考虑到。实践的这种需要，概率论工作者的共同努力，以及科学技术间的相互渗透，大大地推动了概率论的迅速发展。

（二）简短的历史回顾

概率论的历史相当悠久，它的发展，大致可分为三段：19世纪以前、19 世纪和现代。

概率论的早期研究不会晚于文艺复兴时期。当时意大利的一些城市已开展了商业保险，这自然需要研究偶然事故。16～17 世纪，著名的科学家伽利略（Galileo）、巴斯卡（Pascal）、费马（Fermat）以及伯努利（J. Bernoulli）等人，都在概率论方面做过工作。英国的哈雷（Halley），他是预言哈雷彗星回转周期的著名天文学家，曾于 1693 年，研究如何根据死亡率表来计算寿命的保险费。

推动科学发展的强大动力是社会实践的需要，概率论也不例外。有人认为，概率论起源于对赌博的研究，这至少是不全面的。赌博绝不是推动概率论发展的重要因素。不错，在概率论早期文献中，有过一些著名的赌博问题。例如，17 世纪梅耳（Méré）根据自己长期的经验，认为掷一粒骰子 4 次中至少出现一个 6 的机会，要比掷两粒骰子 24 次中至少出现一对 6 的机会更大一些。他向数学家巴斯卡请教，问这是否正确。今天我们知道，前者的概率为 $1-\left(\dfrac{5}{6}\right)^4=0.517\,7$，后者的概率为 $1-\left(\dfrac{35}{36}\right)^{24}=0.491\,4$。故梅耳的猜想是对的。但前者比后者只大一点点，不用计算，光靠经验，要判断谁大谁小，确不容易。由此可见此人赌史之长与赌道之精了。尽管如此，赌博只是少数人的灰暗行为，决不会成为推动概率论发展的动力。

1700 年前后，出现了两本重要的著作。一是 1713 年出版的瑞士的 J. 伯努利写的《猜测的艺术》。书中第一次陈述了一个带普遍性的定理（即频率收敛于概率的定理），使概率论开始从"单个问题、具体解决"的局面下解脱出来，而成为一般理论。另一本叫《机遇原理》，于 1718 年、1738 年、1756 年出了 3 版，作者是法国人棣莫弗（DeMoirve）。书中叙述了一般的概率乘法公式，并提出了正态分布。此后，概率论在人口统计和保险事业中得到了更多的应用。

1777 年，法国布丰（Buffon）在他的论文《偶然性的算术尝试》中，把概率与几何结合起来，开始了几何概率的研究。著名的布丰问题至今仍在教科书中出现，此题如下：

平面上画有等距离为 $a\,(a>0)$ 的一些平行线，向平面任意投一长为 $l\,(l<a)$ 的针，试求针与某平行线相交的概率 p。答案是

$$p=\frac{2}{\pi a}。$$

这问题之所以特别重要，除上述原因外，还因为可以把上式反过来，用实验方法以求圆周率 π：

$$\pi=\frac{2l}{pa}\approx\frac{2l}{fa}，$$

其中 f 是向平面投针 n 次中，与平行线相交（设其次数为 m）

的频率，即 $f=\dfrac{m}{n}$。因此，我们可以用实验求出 f，从而近似地求出 π。大家知道，π 是一无理数，一些著名数学家如祖冲之等为计算 π 而耗费了许多精力。而今居然可以通过实验来近似求得它，可说是数学上的一个创举。尽管这件事是后人在布丰工作的基础上完成的，我们仍然不能不承认，布丰问题是目前正在蓬勃发展的概率计算方法的前导。

19 世纪初，拉普拉斯（Laplace）发表了他的巨著《概率的分析理论》，并以此书献给拿破仑。书中不仅总结了 18 世纪的一些重要研究成果，而且建立了一套完整的理论体系，此外，还叙述了理论的许多应用。不足之处，在于它对理论的基础，即概率的定义，缺乏深入的探讨，只是企图把任何一个概率问题，勉强纳入简单的等可能模型。

随后，概率论被应用到更广泛的领域中。高斯与拉普拉斯用它来分析物理与天文数据的误差，建立了一般的"误差理论"。麦克斯韦（Maxwell）、玻耳兹曼（Boltzmann）与吉布斯（Gibbs）等人则用它来研究分子运动、统计力学。

概率论应用的范围越广，人们就越发现它的基础不牢固。等可能的概率定义远不能满足实际的需要，于是 20 世纪初，许多人便致力于改进概率的定义。这一工作最后由苏联数学家柯尔莫哥洛夫所完成。1936 年，他出版了《概率论的基本概念》，其中建立了概率论的公理化体系，从而使它获得了坚实的理论基础。

（三）现代概率论的理论研究与应用

古典概率论所研究的，主要是事件的概率及有限多个随机变量的分布。在数学中，偶然性也叫作随机性。所谓随机变量，是指随着各种可能情况而变化的变量。现代概率论则主要研究无穷多个随机变量的集合，或简称为随机过程。例如，以 ξ_t 表示某地第 7 年的降水量，则 $\{\xi_t\}$ 构成一随机过程，$t=1$，2，…。根据概率性质不同，可将随机过程分类。目前研究得较多的有：马尔可夫过程、平稳过程、鞅（Martingale）、正态过程、点过程等。将随机过程研究与其他学科相结合，便得到一些新的边沿分支。例如，分别与微分方程、数理统计、数论、几何、计算数字等相结合，便出现了随机微分方程、过程统计、数论中的概率方法、几何概率、计算概率等新分支。至于研究方向，除了历史较久的极限定理以外，最近十几年间，还出现了：主要由法国学派开创的随机过程的一般理论，鞅的现代理论，来源于统计力学的、由无穷多个质点所构成的随机场的理论，点过程的现代理论，马尔可夫过程与位势论等。

基本理论与实际应用是相互促进的。由于偶然性几乎无处不在，因而现代概率论的应用也几乎伸展到每一领域。

1. 在经济建设中的应用。经常碰到的问题之一是合理设计和最优化：既要满足规格要求，又要符合节约原则，因而必须充分、但又不能过分地考虑到各种因素（其中包括随机因素）的影响。例如，在桥梁设计中，必须研究河流最大洪水量的分布，这就是一个典型的概率问题。另一个经常碰到的问题是预报，包括气象、降水、地震、病虫害以及人口预报等。在这一类问题中概率统计方法，也能起到一定的作用。至于在产品的实验设计、质量控制、抽样检查，以及经济数学、排队论、运筹学中广泛使用概率方法，更是久经考验行之有效的了。

2. 在自然科学中的应用。人们在研究物质的微观现象时，由于粒子（如分子等）的数量极其巨大，不可能追踪每个粒子单独的运动，必须采取概率的方法来作整体的考察，于是产生了统计力学。随后发展起来的量子力学，更加离不开概率的思想。人们发现，偶然现象在微观世界中，比在宏观世界中更为普遍。许多卓越的物理学家都曾用过概率论的思想和方法，例如爱因斯坦研究布朗运动是众所周知的。在其他自然科学中，概率论也日益显示其重要性。如生物学中研究遗传、群体增长、疾病传染；化学中的反应动力学、高分子的统计性质；天文学中研究银河亮度起伏以及星系的空间结构等问题，都需要概率论作为数学工具或提供随机模型。

3. 在先进技术和国防中的应用。现代自动控制需要考虑随机的干扰，因而利用随机微分方程来描写状态的转移，这时概率论成为必不可少的有力工具。在通信技术中，为了排除随机噪声而发展了滤波的理论，并建立了一般的数学信息论。在核反应堆中，人们利用随机模型来研究中子的减速过程。第二次世界大战以后，为了加强指挥的能力和部队间的协作，为了充分发挥武器的作用和制订合理的战斗策略，一门新的学科"军事运筹学"得到了迅速的发展。随机搜索、射击模拟等都是重要的研究课题。我们举一个例来说明射击模拟的思想。

对敌方某目标发射 n 枚导弹，目标的面积是 S，每弹的杀伤区是半径为 r 的圆，圆心是落弹点。为了避免导弹重复落在同一点上，分别向目标区内不同的点 O_1，O_2，$\cdots$，O_n 瞄准，O_1 的坐标设为 $(x_1，y_1)$。但由于随机的干涉，实际落弹点未必正好是 $(x_1，y_1)$，设为 $(\xi_i，\eta_i)$。可以假定 ξ_i 与 η_i 为独立随机变量，分别有期望为 x_1 与 y_1、方差都是 θ^2 的正态分布，$i = 1，2，\cdots，n$。射出 n 发炮弹后，n 个圆所围成的实际杀伤面积记为 D，称此值 $W = \dfrac{D}{S}$ 为杀伤率。利用概率论，可以在计算机上（而不必进行真的射击）模拟 $(\xi_i，\eta_i)$，从而模拟地算出 D 及 W。W 依赖于发射次数 n。利用这些结果，我们可以近似地解答下列问题：为了使杀伤率不小于 90%，最少需要发射导弹多少枚（即最小应取 n 为多少）？当 n 固定时，如何选择瞄

准点 O_1，O_2，$\cdots$，O_n，以使杀伤率接近最大等。

以上简述了概率的理论和应用，当然远非全面。我国对概率论的研究虽然历史很短，但由于广大科研和教学人员的共同努力，在理论和应用两方面都取得了可喜的成绩。今后，概率论必能更有效地为我国四个现代化服务，并在实践中得到更大、更快的发展。

头发的趣味数学[①]

头发很多，数也数不清。但是，第一，一个正常人的头发不会超过 3 600 万根；第二，我国至少有 22 人，他们有同样多根头发。谓予不信，下面给出通俗而严格的数学证明。

每根头发的直径在 0.006 cm～0.007 cm，因此，1 cm 长度内只能并列地排下 167 根（这一点也可以自己动手验证）；1 cm^2 中，最多只有 167 的二次方＝27 889 根，就算是 30 000 根吧。正常人头顶的面积不超过 1 200 cm^2，所以头发不多于 3 600 万根。

4 人同住两间房，起码有一间房，至少要住 4－2＝2 人。同理，8 亿多人住 3 600 万间房，起码有一间房，至少要住 8 亿除以 3 600 万（接近于）22 人，现在设想有 3 600 万间房，分给大家住，分法是，谁有几根头发，就住第几号房（例如，有 1 000 万根的，全住进第 1 000 万号房间）。全国人口超过 8 亿，按这个分法，都得住进这 3 600 万间房里。根据上面的理由，可见起码有一间房，其中至少住 22 人；这些人，便有同样多根头发。

用同样的推理，可以证明：

（一）全球至少有 100 人，他们的头发根数相同；

（二）全球至少有两人，他们是同年、同月、同日、同时、同分、同秒出生的。

---

① 南开大学（校报），1980-03-17.

为中学教学出谋献策

——兼谈"初等代数复习一览图"[①]

中学时代是很迷人的，虽然隔得久了，回想起来，一幅幅清晰的、充满了朝气和活力的图画便出现在眼前。中学的时间不长，但在人的一生中，却是多么的宝贵！有时竟能起到决定性的作用。比如说，那时对数学发生了浓厚的兴趣，将来从事理工的可能性便非常大。而兴趣，主要是靠自己钻研和老师的教导培养出来的。

记得我在中学时，教我们代数的黄老师，讲课水平很高，很有条理，板书又写得非常清楚，这些已经够吸引人了，后来有几节课，更加深了我对老师的敬意。原来有几道难题，班上的高才生怎么也解不出来，于是有人便想考考老师，在课堂上突然袭击地请他解答。只见他不慌不忙，举重若轻，很快就解对了。经他这几次示范，连最调皮的学生也心服了。我呢，学数学的兴趣大大增加了，决心要把碰到的难题全攻下来。

不错，学数学必须做题，而且做的题，量要多些，面要宽些，难度也要逐步加大，这样才可能练出真本领。不过光做题还不够，因为每个习题只能在一点或几点上深入，而对整个课程的全面融会贯通，却还需要另作一番综合性的考察和研究。这一点，往往是中学生所忽视的。

施振起同志设计的"初等代数复习一览图"，把代数里的重要概念、公式和内容，绘在一张图上，并用箭头标明各部分之

---

① 科学园地，1980-04-17.

间的关系。使人如登高临远，一目了然，主要章节，尽收眼底，从而产生强烈的整体观。

这张图以"数"为中心，分两条线展开。一条线讲数的概念的发展：实数、复数、矢量、数列和函数。另一条线叙述数量关系，包括实数运算、代数运算、不等式、恒等式、方程式、行列式及排列组合等。由于重点突出、脉络清楚，所以便于回忆，便于记忆，也便于理解。对复习初等代数，是一个很好的创举，值得向有关教师、学生、辅导员和业校（业余学校的简称）职工的推荐。

教育是基础。中学的教学，关系到为我国四个现代化培养人才。让我们开动脑筋，像施振起同志那样，多为教学出谋献策吧！

怎样化循环小数为分数？[①]

任何真分数，或者是一个有限小数，或者是一个循环小数，例如：

$$\frac{1}{4} = 0.25$$

是有限小数，因为它只有有限多位（小数点后只有两位）；而

$$\frac{243}{999} = 0.243\ 243\ 243\cdots\cdots$$

是循环小数，它有无限多位，按照"243""243"循环下去，没完没了。我们称"243"为一个"循环节"。

如果把分数化成小数，只要用分母除分子就行了。

现在来讨论反面的问题：假设先给了一个小数，怎样把它化为分数呢？如果这是有限小数，那么很好办，例如：

$$0.2 = \frac{2}{10} = \frac{1}{5};$$

$$0.25 = \frac{25}{100} = \frac{1}{4};$$

$$0.437 = \frac{437}{1\ 000};$$

$$0.312\ 9 = \frac{3\ 129}{10\ 000}.$$

由此可见，只要把小数点后的数当作分子，再用 100…0 去除就行了；0 的个数等于小数点后面的数的位数。这条规则可以用下面的公式来表达：

---

① 少年儿童出版社，编. 十万个为什么 数学 1，第 2 版. 北京：少年儿童出版社，1980.

$$0.a_1 a_2 \cdots a_n = \frac{a_1 a_2 \cdots a_n}{100 \cdots 0}, \qquad (\text{共 } n \text{ 个 } 0)。 \qquad (1)$$

这里，每个 a 代表任何一个非负整数。

上面说的是有限小数的化法。循环小数又如何呢？乍一看来，问题似乎困难得多，因为循环小数有无限多位。其实不然，也容易得很。例如：

$$0.222\cdots = \frac{2}{9};$$

$$0.353\,535\cdots = \frac{35}{99};$$

$$0.402\,402\,402\cdots = \frac{402}{999} = \frac{134}{333}。$$

如果你不信，只要倒转来验算就行了。用 9 除 2，必得 $0.222\cdots$，其余两个等式也可同样证明。根据这些例子，可以总结出一条规律：要把像上面形式的循环小数化为分数，只要把一个循环节当作分子，把 $99\cdots9$ 当作分母就行了。9 的个数应等于分子的位数。这条规则也可以用公式来表示：

$$0.a_1 a_2 \cdots a_n \quad a_1 a_2 \cdots a_n \quad a_1 a_2 \cdots a_n \cdots$$

$$= \frac{a_1 a_2 \cdots a_n}{99\cdots9}, \qquad (\text{共 } n \text{ 个 } 9)。 \qquad (2)$$

(1)(2) 两式非常相像，很容易记住。我们再举一些例子：

$$0.272\,727\cdots = \frac{27}{99} = \frac{3}{11};$$

$$1.422\,727\,27\cdots = 1.42 + \frac{0.272\,727}{10^2} = 1.42 + \frac{27}{99} \times \frac{1}{10^2}$$

$$= \frac{42}{100} + \frac{3}{1\,100} = \frac{313}{220};$$

$$0.031\,313\,1\cdots = \frac{1}{10} \times 0.313\,131\cdots = \frac{1}{10} \times \frac{31}{99} = \frac{31}{990};$$

$$3.457\,457\,457\cdots = 3 + \frac{457}{999} = 3\frac{457}{999}。$$

2.003 131 31…＝？

3.001 225 252 5…＝？

0.727 272…＝？

0.021 321 321 3…＝？

上述四题请你自己试试。

怎样发现新的数学公式？[①]

科学研究贵在有新的发现和发明。许多发现都是由观察客观事物开始的。我国宋朝著名的科学家沈括就是一个善于观察、善于总结的人。他经过太行山麓时，发现那里有大量的螺蚌壳和卵石，而这些东西一般常见于海滨，于是他想到这里的陆地原来是由古代的海洋演化而来的。数学中有许多发现，也起源于观察。把观察到的大量事实，归纳总结成数学式子，然后对它进行严格的论证，证明无误的式子就上升为数学公式或定理。这是一种重要的数学发现的方法，我们应该早些学会。下面举两个具体的例子。

例1　第 1 步。观察到下列事实

$$1=1,$$
$$1-4=-(1+2),$$
$$1-4+9=1+2+3,$$
$$1-4+9-16=-(1+2+3+4),$$
$$\cdots\cdots$$

第 2 步。总结出一般的式子。

对任何正整数 n，有

$$1^2-2^2+3^2-\cdots+(-1)^{n+1}n^2$$
$$=(-1)^{n+1}(1+2+3+\cdots+n)。 \tag{1}$$

第 3 步。试用数学归纳法证明（1）。

当 $n=1$ 时，（1）化为 $1=1$，这当然是对的。设 $n=k$ 时

---

① 少年儿童出版社，编. 十万个为什么　数学 1，第 2 版. 北京：少年儿童出版社，1980.

（1）正确，即设

$$1^2-2^2+3^2-\cdots+(-1)^{k+1}k^2=(-1)^{k+1}(1+2+\cdots+k)$$

$$=(-1)^{k+1}\cdot\frac{k(k+1)}{2},\qquad\qquad(2)$$

那么，当 $n=k+1$ 时，我们有

$$1^2-2^2+3^2-\cdots+(-1)^{k+2}(k+1)^2$$

$$=[1^2-2^2+3^2-\cdots+(-1)^{k+1}k^2]+(-1)^{k+2}(k+1)^2。$$

以（2）代入此式右方，即得

$$1^2-2^2+3^2-\cdots+(-1)^{k+2}(k+1)^2$$

$$=(-1)^{k+1}\cdot\frac{k(k+1)}{2}+(-1)^{k+2}(k+1)^2$$

$$=(-1)^{k+1}(k+1)\left[\frac{k}{2}-(k+1)\right]$$

$$=(-1)^{k+1}\frac{(k+1)(-k-2)}{2}$$

$$=(-1)^{k+2}\frac{(k+1)(k+2)}{2},$$

因此，当 $n=k+1$ 时，（1）也正确，于是（1）得以完全证明。这样，我们便发现了一个数学公式（1）。

例 2 第 1 步。有下列事实：

$8+1+0=9$	能被 9 除尽；
$27+8+1=36$	能被 9 除尽；
$64+27+8=99$	能被 9 除尽；
$125+64+27=216$	能被 9 除尽；
…………	…………

第 2 步。这四件事可以合并成一个结论：

$$(n+1)^3+n^3+(n-1)^3 \text{ 能被 9 除尽。}$$

因为，当 $n=1$，2，3，4 时，这就是上面的四件观察到的事实。于是，我们自然地进一步提出假设：这个结论对任意正整数 n

都是正确的。

第 3 步。我们用归纳法来证明：确实是这样。当 $n=1$ 时，我们已知上面的结论是正确的。现在设当 $n=k$ 时它也正确，即设

$$(k+1)^3+k^3+(k-1)^3=9m, （m 是某个正整数）, \qquad (3)$$

那么，当 $n=k+1$ 时，得

$$(k+2)^3+(k+1)^3+k^3=(k-1+3)^3+(k+1)^3+k^3$$

$$=(k+1)^3+k^3+(k-1)^3+9(k-1)^2+27(k-1)+27$$

$$=9[m+(k-1)^2+3(k-1)+3], \qquad [用到（3）]$$

这最后一式也是 9 的倍数。因此，当 $n=k+2$，上面的结论也正确。于是，根据数学归纳法我们发现了：对任意正整数 n，$(n+1)^3+n^3+(n-1)^3$ 都能被 9 除尽。

附带的发现：因为

$$(n+1)^3+n^3+(n-1)^3$$

$$=n^3+3n^2+3n+1+n^3+n^3-3n^2+3n-1$$

$$=3(n^3+2n),$$

所以，$3(n^3+2n)$ 能被 9 除尽。这样，我们便又发现了一条新规则：对任意正整数 n，n^3+2n 都能被 3 除尽。

最初是怎样计算 $1+\dfrac{1}{4}+\dfrac{1}{9}+\dfrac{1}{16}+\cdots$ 的?[①]

科学研究中常常运用类比的方法。人们碰到陌生的对象时，总爱拿熟悉的东西来和它打比方，以便获得对它的了解。例如，关于电流，起初大家知道得很少，麦克斯韦就把它比作液体的流动。又如卢瑟福发现原子核后，认为电子绕原子核旋转，好比行星绕太阳旋转那样，于是他提出了原子构造的行星系模型。

在数学研究中，有时也可以通过类比来发现新事物。下面是一个很有启发性的例子。17 世纪，数学界对无穷级数还很少研究。著名数学家伯努利不会计算级数

$$1+\frac{1}{4}+\frac{1}{9}+\frac{1}{16}+\cdots$$

的值，于是他请求支援。注意这级数中第二项的分母 $4=2^2$，第三、第四项的分母分别是 $9=3^2$，$16=4^2$，因此，第 n 项应该是 $\dfrac{1}{n^2}$。求援的消息传到大数学家欧拉那里，引起了他的兴趣，最后欧拉用类比法求出了它的值是

$$\frac{\pi^2}{6}\approx\frac{3.141\ 6^2}{6}\approx1.645,$$

他的想法是拿三角函数方程与代数方程作类比。从现代的观点看，他的解法是不严格的，但却得到了正确的结论。

一般说来，类比只是一种启发性的思想方法，由它得出的结论未必是正确的，这些结论需要进一步通过实践或其他方法（例如，通过计算、推理等）来检验。

---

① 少年儿童出版社，编. 十万个为什么　数学 1，第 2 版. 北京：少年儿童出版社，1980.

欧拉的类比方法是这样的：

（一）设 $2n$ 次代数方程

$$b_0 - b_1 x^2 - b_2 x^4 - \cdots + (-1)^n b_n x^{2n} = 0 \qquad (1)$$

有 $2n$ 个不同的根为 β_1，$-\beta_1$，β_2，$-\beta_2$，$\cdots$，β_n，$-\beta_n$。两个代数方程如果有相同的根，而且常数项相等，那么，其他项的系数也分别相等，所以

$$b_0 - b_1 x^2 + b_2 x^4 - \cdots + (-1)^n b_n x^{2n}$$
$$= b_0 \left(1 - \frac{x^2}{\beta_1^2}\right)\left(1 - \frac{x^2}{\beta_2^2}\right)\cdots\left(1 - \frac{x^2}{\beta_n^2}\right).$$

比较两边 x^2 的系数，即得

$$b_1 = b_0 \left(\frac{1}{\beta_1^2} + \frac{1}{\beta_2^2} + \cdots + \frac{1}{\beta_n^2}\right). \qquad (2)$$

（二）考虑三角方程 $\sin x = 0$，它有无穷多个根为

$$0,\ \pi,\ -\pi,\ 2\pi,\ -2\pi,\ 3\pi,\ -3\pi,\ \cdots.$$

将 $\sin x$ 展开为级数，除以 x 后，这方程化为

$$1 - \frac{x^2}{3!} + \frac{x^4}{5!} - \frac{x^6}{7!} + \cdots = 0, \qquad (3)$$

其中 $n! = 1 \cdot 2 \cdot 3 \cdots \cdot n$。方程（3）的根是

$$\pi,\ -\pi,\ 2\pi,\ -2\pi,\ 3\pi,\ -3\pi,\ \cdots.$$

方程（3）与（1）不同，因为（3）左方有无穷多项，所以（3）不是代数方程。但欧拉却不管这些，硬拿（3）比作（1），并对（3）运用（2），得

$$\frac{1}{3!} = \frac{1}{\pi^2} + \frac{1}{4\pi^2} + \frac{1}{9\pi^2} + \frac{1}{16\pi^2} + \cdots.$$

两边同乘 π^2 后，即得

$$\frac{\pi^2}{6} = 1 + \frac{1}{4} + \frac{1}{9} + \frac{1}{16} + \cdots.$$

上面说过，欧拉的解法是不严格的。严格而正确的解法可以在任何一本《高等数学》的课本中找到。

数学万花筒①

（一）有志者事竟成

把一枚硬币（例如 5 分的人民币），叮当一声掷在地上，这里面也有数学吗？有，而且很多哩。让我们来观察硬币朝上的是哪一面吧！有两种可能：或是正面，或是反面。不过，我们事先不能准确预言是哪一面。这种在一定条件下可以出现，也可以不出现的事件，我们称之为"偶然事件"。这里"出现正面"便是一偶然事件。尽管偶然事件在一次试验里未必出现，却可以研究它出现的可能性有多大。标志可能性大小的数，叫作这个事件的"概率"。例如，出现正面的概率是 $\frac{1}{2}$，因为正、反两面处于平等的地位。同理，出现反面的概率也是 $\frac{1}{2}$。

虽然掷一次未必得正面，但如不断地独立掷下去，你迟早一定会得到正面。这个经验事实，能不能用数学来证明呢？能！

假定我们共掷了 10 次，由于任何一次不出现正面（即得反面）的概率是 $\frac{1}{2}$，所以 10 次中全不出现正面的概率便是

$$\underbrace{\frac{1}{2} \times \frac{1}{2} \times \cdots \times \frac{1}{2}}_{（共10个因子）} = \left(\frac{1}{2}\right)^{10} = \frac{1}{1\,024},$$

因此，10 次中出现正面（这是和"全不出现正面"相对立的事件）的概率应该是

---

① 少年科学，1981，（5）：3-6.

$$1-\left(\frac{1}{2}\right)^{10}=\frac{1\ 023}{1\ 024}\approx1,$$

这个概率非常接近1，所以掷10次硬币，几乎可以肯定会出现正面。如果掷的次数再增加，这个概率就更会接近1。

用同样的推理，可以证明：任何事件（例如射击时打中目标、制成某种新产品等）如果在一次试验中出现的概率大于0，不管它怎样小，只要把试验不断地独立试下去，而且每次出现的概率不减少，那么这事件迟早总会出现的，这就是俗话所说的"有志者事竟成"。

数学中有一个分支叫"概率论"，它的主要对象是研究偶然事件的数量关系。这门学科很有用处，也很有趣味，值得大家来学习和研究。

（二）消息传播，速度惊人

一条消息，不通过广播和报纸，要经过多久时间，才能传遍全城？

假定最初发布消息的是一位外来人。他下车后，1 h内把消息告诉了3个本地人；这3人中的每一位，又在1 h内告诉另外3个人，于是知道这消息的人新增了$3^2=9$个；这9人中的每一位，又在1 h内告诉了另外3个人，因此，又有$9\times3=3^3=27$人分享了新闻的乐趣。如此继续下去，我们便得到下列结果：

1 h内知道消息的人共$1+3=4$；

2 h内知道消息的人共$1+3+3^2=13$；

3 h内知道消息的人共$1+3+3^2+3^3=40$；

……

15 h内知道消息的人共

$$1+3+3^2+3^3+\cdots+3^{15}=21\ 523\ 360。$$

这速度确实惊人，就连拥有2 000万人口的超级大城市，也只需15 h就可传遍。这种传法，越往后就越传得快。如果再传 1 h，又要增加 $3^{16}=43\ 046\ 721$（人）。

而从第 1 小时到第 2 小时只增加 $3^2=9$ 人。计算时可以利用下列公式

$$1+3+3^2+\cdots+3^n=\frac{3^{n+1}-1}{2}。$$

例如，当 $n=15$ 时，

$$1+3+3^2+\cdots+3^{15}=\frac{3^{16}-1}{2}$$

$$=\frac{43\ 046\ 721-1}{2}=21\ 523\ 360。$$

当然，上面的传播方式只是理想化的，因为人们知道消息后，也许要过好些天才告诉别人，甚至不再往下传；即使传，也未必刚好传给 3 个人。尽管如此，上面的计算还是给人一个强烈的印象：消息传播，速度惊人。

在高中代数里，我们将要学几何级数。这个例子是几何级数的特殊情形。在高等数学里，还有更多和更深的关于一般级数的理论。

（三）数学中的"最"

最高的山峰是珠穆朗玛峰；

最大的动物是鲸；

……

这些"最"，是人们在实践中找到的。利用数学，我们也可以发现许多"最"。例如：

（1）周长相等的矩形中，正方形面积最大；

（2）周长相等的三角形中，等边三角形面积最大；

（3）周长相等的闭曲线中，圆的面积最大；

（4）表面积相等的立体中，球的体积最大；

……

我们来详细解释（1）吧！所谓"周长"是指各边边长的总和。设矩形（Ⅰ）（如图1）（Ⅱ）（如图2）有相同的周长 $2a$（$a>$ 0）。假定（Ⅰ）是正方形，它的每边边长都是 $\dfrac{a}{2}$，则它的面积是 $\dfrac{a^2}{4}$。（Ⅱ）是任意的矩形，它的两垂直边长 x 与 y 满足条件

$$2x+2y=2a \quad 或 \quad y=a-x,$$

由此得到

矩形（Ⅱ）的面积 $=xy=x(a-x)=$

$\dfrac{a^2}{4}-\left[x^2-2\cdot\dfrac{a}{2}x+\left(\dfrac{a}{2}\right)^2\right]=\dfrac{a^2}{4}-\left(x-\dfrac{a}{2}\right)^2\leqslant\dfrac{a^2}{4}$（Ⅰ的面积），

这就证明了（1）中的结论。

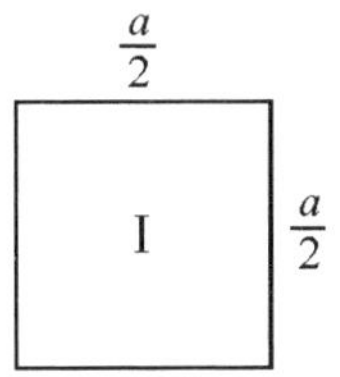

其他的结论也可以证明，不过要麻烦一些。这些结论可以帮助我们解决一些实际问题。例如有两把茶壶，一呈圆柱形或其他形状，一呈球形。假定它们能盛同样多的水，即体积相等，那么根据结论（4）可知，球形壶的表面积为最小，因此散热慢。从保温的观点看来，球形壶最好。

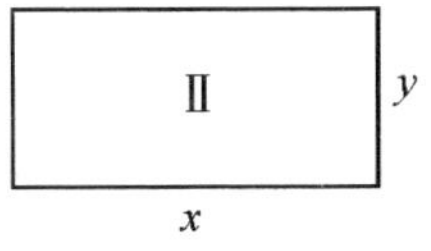

这许多"最"的问题，在数学上化为求函数的极大值、极小值的问题，它的历史已经很悠久了。我们平常总希望找到一个最好的方案，"路程最短""用费最省""时间最少"等，这些促使数学工作者去研究"最优化"的数学，例如群众所称道的优选法，就是其中的一种。近年来，由于自动控制等问题的需要，最优化数学的发展极为迅速，有人形容说，20世纪80年代是"最优化"爆炸的年代。

图1

图2

偶然性与数学①

生男孩还是生女孩，这中间也有数学吗？有，而且不少哩！根据长期的观察，人们发现生男孩的可能性约为 1/2。这就是说，平均每 100 个婴儿中，约有 50 个男的。这是很容易想象的。但如果提一个问题：10 个婴儿中恰好有 3 个是男孩的可能性有多大呢？就不那么简单了。不过我们还是可以算出是0.117 2。下面表 1 告诉我们更多的结论：上行表示 10 个婴儿中恰好有几个男孩，下行表示对应的可能性有多大（注）。

表 1

0	1	2	3	4	5	6	7	8	9	10
0.001 0	0.009 7	0.043 9	0.117 2	0.205 1	0.246 1	0.205 1	0.117 2	0.043 9	0.009 7	0.001 0

刚结婚的夫妇将来生的孩子是男还是女，是一种偶然事件，在目前科学水平下还不能准确预测。对于偶然事件，我们虽不能预言它是否必定出现，但可以计算它出现的可能性有多大。标志可能性大小的数字，数学上叫作概率。例如 10 个婴儿中恰有 3 个男孩的概率是 0.117 2。

自然界和人类社会里，到处有偶然事件："某地明年正月初一会下雪""今晚会看到流星""上街碰到老朋友"等都是。有些无关紧要，所以我们不关心；但另一些一旦发生，就会产生重大影响，例如"特大风暴的来临""作战时武器失灵""射击时击中目标""存有奖储蓄中奖"等。对这些偶然事件人们决不

---

① 科学园地报，1982-05-01.

能置之不理。数学里有两个分支叫概率论和数理统计，就是专门研究偶然事件的数量关系的。但它只讨论可能性的大小，不研究成因。例如，它可以算出击中目标的可能性有多大，至于如何才能击中，它是不讨论的，因为这决定于士气、技术和武器的质量等因素，不单纯是数学问题。概率论是一门很有用而且很有趣的数学学科，它正等待青年同志去学习和研究呢。

（注）算法如下：恰有 k 个男孩的概率是

$$\mathrm{C}_{10}^{k}\left(\frac{1}{2}\right)^{k}\left(\frac{1}{2}\right)^{10-k}=\frac{10\times9\times8\times\cdots\times(10-k+1)}{1\times2\times3\times\cdots\times k\times1\ 024},$$

（$\mathrm{C}_{10}^{0}=1$），分别令 $k=0，1，2，\cdots，10$，便得上表。有趣的是：将五分的硬币连掷 10 次，其中恰好有 k 次出现"正面"的概率也由表 1 给出。这张表告诉我们：如果每天掷硬币 10 次，那么 10 000 天中，约有 1 172 天，每天掷出 3 次正面；掷出 5 次的天数最多，约为 2 461 天；而一次正面也没有的天数最少，只约有 10 天。

发展过程中的偶然性问题[①]

（一）研究偶然性的意义

我们比较习惯于决定性的思维：当某些原因（或条件）出现时必然会发生某一确定的结果。例如，在标准大气压下（条件1），加热到100℃（条件2），水一定会沸腾（结果）。这就是因果关系：

$$\left.\begin{array}{l}\text{条件1}\\\text{条件2}\\\cdots\cdots\\\text{条件}n\end{array}\right\}\Rightarrow\text{唯一的结果。}\tag{1}$$

每当我们发现一种新的因果关系，便认为是发现了一条新的定律。久而久之，便觉得大自然全是受因果律的支配，似乎没有它，就谈不上科学性。然而，当我们扔一枚硬币时，因果律便会受到猛烈的冲击，不管条件如何固定（同一地点、同一硬币等），总不能事先准确预言下次是否掷得正面。因为每次都有两种同等可能的结果：正面或反面。于是，我们遇到了事物之间的另一种关系，即随机关系：

$$\left.\begin{array}{l}\text{条件1}\\\text{条件2}\\\cdots\cdots\\\text{条件}n\end{array}\right\}\Rightarrow\left\{\begin{array}{l}\text{结果1（概率为}P_1\text{），}\\\text{结果2（概率为}P_2\text{），}\\\cdots\cdots\quad\cdots\cdots\\\text{结果}m\text{（概率为}P_m\text{），}\end{array}\right.\tag{2}$$

随机性也称为偶然性。（2）表示：每次试验，总要出现 m 个结

---

① 中国自然辩证法研究会筹委会，主编. 科学方法论研究. 北京：科学普及出版社，1983：121-126.

果之一，但不能预言到底会出现哪一个，它是多因多果的。不过，每个结果出现的机会一般不必是相同的，我们用 P_1 来表示出现第 i 种结果的概率（即机会的大小），$0 \leqslant P_i \leqslant 1$，$P_1 + P_2 + \cdots + P_m = 1$。由（1）（2）可见，随机关系比因果关系更普遍，后者是当前者只有一个结果（$m = 1$）时的特殊情形。因此，那种认为偶然性是科学的敌人，认为它破坏了因果律的观点是不对的。随机关系不是破坏了因果关系，而是丰富了它，扩充了它。随机关系可以概括更多的实际问题。

绝大多数事物的发展过程，都由决定性与偶然性两部分组成，纯粹的决定性过程基本上是不存在的。就连地球自转，似乎是确定无疑的了，但实际上自转的速度也时时作偶然的变化，或加速或减速。变化虽小，却不能忽视，有人甚至认为它是触发大地震的主要原因。随着科学技术的发展，对精度的要求越来越高，这偶然性部分，便显得越来越重要。例如火箭的飞行，预定的轨道是它的决定性部分，但由于大气等偶然因素的干扰，真正的轨道与预定的轨道是有偏差的，这偏差便成为偶然性部分。总之，我们有下列模式：

事物发展过程＝决定性部分＋偶然性部分，

后两者孰主孰从，则视具体事物而异。有些事物中（如地球自转）决定性占主导地位，而另一些则相反。作为偶然性占优势的例子，考虑不断掷硬币而观察出现的面，这时看到的几乎全是偶然性，很难找到决定性的影响。和这例子相仿的是，不断观察新生婴儿的性别。

事物发展的决定性部分，一般表示为

"新生→壮大→全盛→衰老→死亡"，

而偶然性部分则表现为一系列偶然事件的参与与配合。正是偶然性的存在，使得世界丰富多彩，使得世界上没有两件完全相同的事物。否则，一切都会枯燥、呆板、一成不变、死气沉沉。无巧不成书，没有偶然事件，就没有好的故事、小说和戏剧。

自然界、人类社会以及人的一生，都充满着偶然性。人自出生，而长大，而死亡，是必然的；但他的寿命多长、健康情况如何，却因人而异，是偶然的。大而言之，地球的出现是偶然的，现代科学不能证明地球是太阳系的必然产物；相反，许多学说都认为它是偶然产生的（有的说，地球是从太阳上偶然被撕下来的；有的说，它是由太阳偶然俘获的物质所凝成的等）。同样，我们无法论证太阳系为什么恰好是这个样子（不多不少，恰好8大行星，恰好的质量、恰好的位置分布……）。因此，我们的太阳系不过是无数多种可能的太阳系中的一种而已。进而言之，地球文明的出现，也有很大的偶然性。如果地球不是离太阳不远不近（因而温度适当），如果不是质量不大不小而可保持大气层，如果不是几千万年前恐龙世界的突然消失，那么就不会有今天的文明。由此可见，地球文明确是一系列配合得很好的偶然事件加上某种必然规律（这种规律目前还不很清楚）的产物。这许多偶然事件居然接连发生而且配合得这么巧妙，实在很难多见，于是容易想到：尽管宇宙间很可能还有其他具有高度文明的星球，但绝不会像某些人估计的那么多，因为他们那种按比例的计算方法没有充分估计到上述的偶然性。再小而言之，我这个人的出生也是偶然的，因为我的父母有千万种方式选择他们的后代，更何况父母的相识、祖父母的相识……都有偶然性。所以，我们能同时生活实在是偶然的聚会。从这个意义上说，我们的确是大自然的"选民"。

（二）研究偶然性的方法

偶然性是怎样产生的？能不能尽量减少偶然性？有人说，偶然性之所以产生，是由于（2）中的条件太少，不足以唯一决定结果；只要无限地增加条件，就可以消除任何偶然性，最后只剩下因果关系了。于是我们碰到了一个重要的哲学问题：偶然性是客观存在的，还是由于人们的认识不足才产生的？一些大科学家都曾认真思考过它。例如，1814年拉普拉斯在《概率论的哲学试验》一书中写道："智慧，如果能在某一瞬间知道鼓动着自然的一切力量，知道大自然所有组成部分的相对位置；再者，如果它是如此浩瀚，足以分析这些材料，并能把上至庞大的天体，下至微小的原子的所有运动，悉数包括于一个公式中，那么，对于它来说，就没有什么是不可靠的了，无论是将来或是过去，在它面前都会昭然若揭。"

科学家到最后常会发生信仰问题，当然这不是宗教迷信，而是他们根据自己长期的科学实践而得到的对自然界的一种认识、一种确信。而这种认识和确信往往超越当时的科学水平，是当时的科学所不能证实的。例如布鲁诺深信存在许多可以居住的星球；爱因斯坦深信世界是可以认识的，他在《论科学》中说"相信世界在本质上是有秩序的和可认识的这一信念，是一切科学的基础"。上引拉普拉斯的一段话，也表达了他自己对自然界的一种决定性的信念。

然而，我们认为，洞察一切的理想状态是不可能的，人决不能掌握宇宙间的一切因素，就连扔硬币这样一件小实验，无论人们怎样增加条件也无法预言结果，至于其他更大的实验就更谈不上了。因此，承认偶然性的客观性，是符合真理的。偶然性的出现，是由于缺乏起主导作用的条件，每一条件对结果都有一定影响，但都非常不显著，因而都不足以唯一决定结果而使结果多样化。这好比液体中的花粉，由于受到周围分子的碰撞而运动，但因每个分子的力都很小，都不足以决定花粉的轨道，于是它只好在许多分子的共同作用下而做非常不规则的随机运动，即布朗运动。

人类不是偶然性的奴隶，不能消极地忍受偶然性的摆布。相反，通过实践，我们可以认识、改变或利用偶然性，使它为实践服务：

1. 在固定的条件下，求出每一结果的概率。从量的观点看，认识偶然性首先在于了解每种结果出现的可能性的大小，即它的概率。而概率是相对于条件而言的，所以要计算概率必须先固定（2）中的 n 个条件。计算概率的方法主要有两种，一是统计方法。为此，我们必须补充假设（2）中的实验可以不断地、独立地重复做下去。不能重复的事物是难以认识的。现在把实验重复 n 次，其中某结果出现了 m 次。数学中证明了：当 n 充分大时，频率 $\frac{m}{n}$ 便非常接近此结果的概率。例如，某地区同民族的 100 000 个男性中，死于癌症的有 1 000 人，如上所述，在这些条件下，男性发癌的概率约为 $\frac{1}{100}$。另一种计算概率的方法是演绎法。根据问题的条件，利用物理或其他的知识，推知概率应满足某种数学方程，然后解此方程，便可求出所需的概率。在实际中，常常将这两种方法结合起来，或者再运用模拟技术。人们根据长期实践，确知某随机变量服从某种分布，而这种分布的性质是已知的，于是便可利用后者来计算此变量取某些值的概率。例如，人的身高随人而异，是一随机变量，大家知道，它服从正态分布；于是我们可以利用正态分布，算出某儿童成年时身高在某一范围（例如 1.65 m 到 1.75 m）内的概率。

2. 改变条件以使某一结果（例如第 i 种结果）出现的概率最大。有时我们特别感兴趣的是某结果 i，于是希望此结果更多地出现。为此，可以改变实验的条件：或加强有利条件，或削弱不利因素，或改变诸条件间的结合关系，或增加新的条件……以使概率 P_i 达到极大。近年来在科学技术中广泛使用最优化方法，使概率达到极大是其中重要课题之一。"优选法""实验设计"以及"相关分析"等，都是与最优化密切相关的数学分支。

3. 抓住时机，促使某结果出现。实验结果不仅依赖于条件，而且也与时间有关。每一条件对结果的影响，并不总是一个常数，有时它可以很大，而有时又很小。此外，诸条件间的相互作用，也不是一成不变。因此，抓住时机，在适当的时间充分发挥某些条件的作用，可以促使我们所期望的结果提前实现。两军对垒，胜败未卜，人数、武器、士气都有影响。在淝水之战中，东晋在关键时刻充分发挥了士气的作用，终于以弱胜强，取得最后胜利。

4. 利用偶然性来研究必然性，必然性寓于偶然性之中。如果重复某随机试验多次，便可发现一些必然规律，这是《概率论》所证明了的。人们精心设计一些随机试验，以期达到某种目的。著名的先例是所谓布丰问题。1777 年，法国人布丰（Buffon）突发奇想，在平面上画了许多平行线，相邻两线间的距离为 a；向平面上任意投一枚长为 l（$l < a$）的针 u 次，其中针与任一平行线相交的总次数为 v。他证明了

$$\lim_{u \to +\infty} \frac{u}{v} \frac{2l}{a} = \pi 。$$

因而当 u 充分大时，可取 $\dfrac{2ul}{va}$ 作为 π 的近似值。我们知道，历史上计算圆周率 π 经历过漫长的岁月，如今居然可以用任意投针的偶然性方法计算出来，确实饶有兴趣而且很有意义，布丰问题是用偶然性方法作决定性计算的前导。

许多随机实验可用作科研的工具，有人也许认为掷硬币无

非是一种儿童游戏。却不料利用它的原理可以模拟出许多偶然现象（如噪声干扰等）。物理学中的布朗运动，看来非常没有规则，数学上却证明可以用它来解一些偏微分方程。保险公司利用偶然性获利，虽然它可能向个别保险户赔偿巨款；但总起来看，许多对它有利和不利的偶然因素相互抵消，最后还是呈现出对保险公司有利的稳定趋势来。

布朗运动[①]

布朗运动（Brownian motion）又称维纳过程。1827 年，英国植物学家 R. 布朗观察到悬浮在液体中的微粒子做不规则的运动，这种运动的数学抽象，就叫作布朗运动（如图 1）。1905 年，爱因斯坦求出了粒子的转移密度，1923 年，美国数学家 N. 维纳从数学上严格地定义了一个随机过程来描述布朗运动。布朗运动的起因是由于液体的所有分子都处在运动中，且相互碰撞，从而粒子周围有大量分子以微小但起伏不

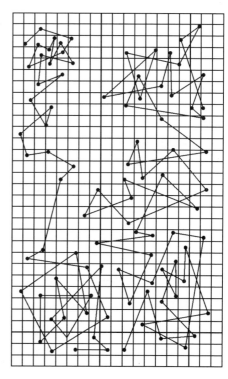

图 1

定的力共同作用于它，使它被迫做不规则运动。若以 $X(t)$ 表示粒子在时刻 t 所处位置的一个坐标，如果液体是均匀的，自然设想自时间 t_1 到 t_2 的位移 $X(t_2)-X(t_1)$ 是许多几乎独立的小位移之和，因而根据中心极限定理，可以合理地假定 $X(t_2)-$

① 吴文俊，主编. 中国大百科全书数学. 北京：中国大百科全书出版社，1988：40-41.

$X(t_1)$ 遵从正态分布，而且对任何 $0 \leqslant t_0 < t_1 < \cdots < t_n$，增量 $X(t_1) - X(t_0), \cdots, X(t_n) - X(t_{n-1})$，可设想为相互独立。物理上的这些考虑引导到下面的数学定义。

设 $X = \{X(t), t \in R_+\}$ 为定义在概率空间 $(\Omega, \mathscr{F}, P)$ （见概率）上，取值于 d 维实空间 $\mathbf{R}^d$ 中的随机过程，若满足

① $X(0) = 0$；

② 独立增量性：对任意的 $0 \leqslant t_0 < t_1 < \cdots < t_n$，$X(t_0)$，$X(t_1) - X(t_0)$，$\cdots$，$X(t_n) - X(t_{n-1})$ 是相互独立的随机变量；

③ 对任意 $s \geqslant 0$，$\tau > 0$，增量 $X(s+\tau) - X(s)$ 服从密度为

$$p(\tau, x) = 2(\pi\tau)^{-\frac{d}{2}} \exp\left(-\frac{|x|^2}{2\tau}\right)$$

的 d 维正态分布，式中 $\boldsymbol{x} = (x_1, x_2, \cdots, x_d)^{\mathrm{T}} \in \mathbf{R}^d$，$|\boldsymbol{x}| = \left(\sum\limits_{k=1}^{d} x_k^2\right)^{\frac{1}{2}}$ 表示 x 到原点的距离；

④ X 的一切样本函数连续。这样的 X 称为（数学上的）布朗运动或维纳过程。

维纳的一个重要结果，是证明了满足①～④的过程的存在性。这样的过程 X 是独立增量过程，因而是马尔可夫过程，而且还是鞅和正态过程（见随机过程）。其均值函数是一个各分量恒等于零的 d 维向量函数：$EX(t) = 0$；其协方差阵函数（见矩）$EX(t)X(s)' = (s \wedge t)I_d$，其中 I_d 是 d 阶单位方阵，$s \wedge t$ 表示 s，t 中小的一个，$X(s)'$ 是随机向量 $X(s)$ 的转置。

一维布朗运动的性质中有特色的是其样本函数（见随机过程）的性状。虽然 X 的所有样本函数处处连续，但几乎所有（即概率为 1）的样本函数：

① 处处不可微分；

② 在任一区间中非有界变差，当然更不单调；

③ 局部极大点在 $\mathbf{R}_+ = [0, +\infty)$ 中形成一个可列稠集，

而且每一个局部极大值都是严格极大的；

④ 二次变差 $\sum\limits_{i=1}^{n} |X(t_i) - X(t_{i-1})|^2$ 当区间 $[0, t]$ 的加密分割 $0 = t_0^{(n)} < t_1^{(n)} < \cdots < t_n^{(n)} = t$ 的直径 $\max\limits_{1 \leqslant k \leqslant n} (t_k^{(n)} - t_{k-1}^{(n)})$ 趋于 0 时，以概率 1 收敛（见概率论中的收敛）到 t；

⑤ 零点集 $S_0(\omega) = \{t \in \mathbf{R}_+, X(t, \omega) = 0\}$ 是勒贝格测度（见测度论）为零的无界完全集。此外，X 限于区间 $[0, 1]$ 上的轨道在 $C[0, 1]$ 中具有下述意义的稠密性：任给 $[0, 1]$ 上的一个满足 $f(0) = 0$ 的连续函数 f 和任给 $\varepsilon > 0$，总有 $P\{\max\limits_{0 \leqslant t \leqslant 1} |X(t) - f(t)| \leqslant \varepsilon\} > 0$。

不属于样本函数性状的一个重要性质是布朗运动的级数表示：设 $\{\xi_n, n \geqslant 0\}$ 为独立同分布的标准正态随机变量序列，令

$$X(t) = \frac{t}{\sqrt{\pi}} \xi_0 + \sum_{k=1}^{n} \sqrt{\frac{2}{\pi}} \frac{\sin \kappa t}{\kappa} \xi_\kappa,$$

则此级数在 $0 \leqslant t \leqslant \pi$ 上以概率 1 一致收敛，且 $\{X(t), t \in [0, \pi]\}$ 是布朗运动。

多维布朗运动有一个依赖于维数的有趣性质，就是常返性。当 $d = 1, 2$ 时，布朗运动是常返的：即从任何一点 $a \in \mathbf{R}^d$ 出发，且任意指定一个 a 的领域 A，则过程或迟或早地返回 A 的概率等于 1。当 $d \geqslant 3$ 时，此性质不再保留，这时自 a 出发做布朗运动的粒子将以概率 1 趋于无穷，即 $P\{\lim\limits_{t \to +\infty} |X_a(t)| = +\infty\} = 1$，这里 $X_a(t) = a + X(t)$ 表示自 a 出发的布朗运动。因而自某一时刻以后，粒子不再回到 a 的附近，而且 $d(\geqslant 3)$ 越大，粒子趋于无穷的速度也越快。设 B_r 是以 O 为中心，以 r 为半径的球，定义粒子最后一次离开 B_r 的时刻为 $\lambda_r = \sup\{t > 0: X(t) \in B_r\}$，$\lambda_r$ 称为 B_r 的"末离时"。从 O 出发的布朗运动 X 首达 B_r 的点与末离 B_r 的点在球面上都有相同的均匀分布，而且 λ_r 的

概率分布密度函数为

$$f_d(t) = \frac{r^{d-2}}{2^{\frac{d}{2}-1}\Gamma\left(\frac{d}{2}-1\right)}t^{-\frac{d}{2}}\exp\left(-\frac{r^2}{2t}\right),$$

$$t > 0, \quad d \geqslant 3。$$

由此可知 $E(\lambda_r)^m < +\infty$ 的充分必要条件是 $m < \frac{d}{2} - 1$，这时

$E(\lambda_r)^m = \dfrac{r^{2m}}{(d-4)(d-6)\cdots(d-2m-2)}$。因此，当 $d=3$，4 时，

λ_r 各阶矩不存在；$d=5$，6 时，均值（见数学期望）有限，方差无穷，等等。这说明 d 越大，粒子越快地离开球 B_r。

$d(\geqslant 2)$ 维布朗运动与拉普拉斯算子 $\Delta = \sum\limits_{i=1}^{d}\dfrac{\partial^2}{\partial x_i}$ 有密切联系，从而使著名的狄利克雷问题可以用概率方法求解。例如设 D 为平面上的有界区域，其边界 ∂D 充分光滑。在 ∂D 上给定连续函数 $g(x)$，考虑下列狄利克雷问题：求给定边界条件 $h(x) = g(x)$，$x \in \partial D$ 下，拉普拉斯方程 $\Delta h = 0$ 在区域内的（唯一）解。对任何 $x \in D$，令 $\tau_x = \inf\{t > 0: x + X(t) \in D^c\}$（$D^c = \dfrac{R^d}{D}$，即 D 的补集），它是从 x 出发做布朗运动的粒子首达 D^c 的时刻，$x + X(t_x)$ 是该粒子首达 D^c 的点，而 $h(x) = Eg[x + X(\tau_x)]$，$x \in D$ 就是上述狄利克雷问题的唯一解。这一例子所反映的布朗运动与古典位势之间的关系是普遍的，近来又发展成为一般马尔可夫过程与现代位势论之间的深刻联系（见马尔可夫过程）。

参考文献

［1］Itô K，McKean Jr H P．Diffusion Processes and Their Sample Paths．Springer-Verlag．Berlin，1965．

［2］Freedman D．Brownian Motion and Diffusion．Springer-Verlag，Berlin．1983．

独立增量过程[①]

在任何一组两两不相交区间上，其增量都相互独立的随机过程；又称为可加过程。如果记随机过程为 $X=\{X(t)，t\in T\}$，则独立增量性意味着对任意正整数 n 及任意 $t_0<t_1<t_2<\cdots$，$t_i\in T$，增量 $X(t_i)-X(t_{i-1})(i=1，2，\cdots，n)$ 及 $X(t_0)$ 是相互独立的。独立增量过程（Process with independent increment）是一类特殊的马尔可夫过程。泊松过程和布朗运动都是它的特例。

从一般的独立增量过程分离出本质上是独立随机变量序列的部分和，剩下的部分总是随机连续的。因此研究独立增量过程，通常可假定它是可分的且随机连续的。

对于可分且随机连续的独立增量过程 $X=\{X(t)，t\in \mathbf{R}_+\}$，几乎所有的（即概率为 1 的）样本函数没有第二类间断点。它在指定的区间 $[a，b]$ 上，几乎所有的样本函数连续的充分必要条件是：任给 $\varepsilon>0$，当 $[a，b]$ 的分割 $a=t_0<t_1<\cdots<t_n=b$ 的直径 $\max\limits_{1\leqslant k\leqslant n}(t_k-t_{k-1})\to0$ 时，$\sum\limits_{k=1}^{n}P\{\mid X(t_k)-X(t_{k-1})\mid>\varepsilon\}\to0$。

d 维随机连续的独立增量过程 X 在区间 $(s，t]$ 上的增量 $X(t)-X(s)$ 服从 d 维的无穷可分分布（定义与一维情形一样，见中心极限定理），它的特征函数（见概率分布），记作 $\Phi_{st}(z)$，$z\in \mathbf{R}^d$，有下列著名的莱维-辛钦公式：

$$\Phi_{st}(z)=E\exp\{iz'[X(t)-X(s)]\}=\exp\varphi_{st}(z)，$$

---

① 吴文俊，主编. 中国大百科全书　数学. 北京：中国大百科全书出版社，1988：135-136.

$$\Phi_{st}(z) = iz^{\mathrm{T}}[a(t) - a(s)] - \frac{1}{2} z^{\mathrm{T}}[B(t) - B(s)]z +$$

$$\int_{\mathbf{R}^d} \left(e^{iz^{\mathrm{T}}x} - 1 - \frac{iz^{\mathrm{T}}x}{1 + |x|^2} \right) [N(t, dx) - N(s, dx)],$$

式中 z^{T} 是向量 z 的转置；$a(t)$ 是取值于 $\mathbf{R}^d$ 中的连续函数；$B(t)$ 是连续地依赖于 t 的 d 阶非负定方阵；对固定的离原点距离大于 0 的 d 维波莱尔集 A，$N(\cdot, A)$ 是连续非降函数；对固定的 t，$N(t, \cdot)$ 作为 $\mathbf{R}^d \setminus \{0\}$ 的波莱尔子集类上的集函数是可列可加的，且满足

$$\int_{\mathbf{R}^d \setminus \{0\}} \frac{|x|^2}{1 + |x|^2} N(t, dx) < +\infty。$$

$a(t)$，$B(t)$，$N(t, A)$ 均由过程 X 唯一决定。

特征函数表达式的三个部分代表了增量的三个相互独立的部分：$\exp\{iz^{\mathrm{T}}[a(t) - a(s)]\}$ 相应于非随机部分的增量；$\exp\{iz^{\mathrm{T}}[B(t) - B(s)]z\}$ 相应于正态部分的增量；$\exp\left\{\int_{\mathbf{R}^d} \left(e^{iz^{\mathrm{T}}x} - 1 - \frac{iz^{\mathrm{T}}x}{1 + |x|^2} \right) [N(t, dx) - N(s, dx)]\right\}$ 相应于泊松型部分的增量。以 $d = 1$ 为例，不妨设初值 $X(0) = 0$。著名的莱维-伊藤分解定理指出：任一可分且随机连续的独立增量过程 $X = \{X(t), t \in \mathbf{R}_+\}$ 可以表示成一个实值（非随机）函数 $a = a(t)$，一个样本连续的正态独立增量过程 $X^c = \{X^c(t), t \in \mathbf{R}_+\}$ 与一个泊松型的独立增量过程 $X^d = \{X^d(t), t \in \mathbf{R}_+\}$ 之和：$X = a + X^c + X^d$，其中 $a(0) = X^c(0) = X^d(0) = X(0) = 0$，且 X^c 与 X^d 独立。此外，独立增量过程 X 还有如下的性质：如果 $X(t)$ 服从正态分布，那么对一切 $s \in [0, t]$，$X(s)$ 也服从正态分布；如果 $x(t)$ 服从泊松分布，那么 $X(s)$ 也服从泊松分布，$s \in [0, t]$。

对一维的齐次独立增量过程，即 $d = 1$，且 $X(t) - X(s)$ 的

分布仅依赖于 $t-s$ 的情形，莱维-辛钦公式化成

$$\Phi_{st}(z) = E \exp\{iz[X(t)-X(s)]\} = \exp\varphi_{st}(z),$$

$$\Phi_{st}(z) = (t-s)\left[\mathrm{Im}z - \frac{b}{2}z^2 + \int_{-\infty}^{+\infty}\left(e^{izx}-1-\frac{izx}{1+x^2}\right)N(\mathrm{d}x)\right],$$

式中 m 和 $b \geqslant 0$ 为常数，$N(\mathrm{d}x)$ 是 $\mathbf{R}\setminus\{0\}$ 的波莱尔子集类上的测度（见测度论），且满足 $\int_{-\infty}^{+\infty}\frac{x^2}{1+x^2}N(\mathrm{d}x) < +\infty$。特别，若 X 几乎所有的样本函数连续且其均值函数为 0，则它是布朗运动，$X(t)-X(s)$ 服从均值为零、方差为 $b(t-s)$ 的正态分布，这种情形对应于上式中 $m=0$，且 $N(A)\equiv 0$ 对一切 $\mathbf{R}$ 的波莱尔子集 A 成立。若 X 几乎所有的样本函数是跃度为 1 的阶梯函数，则它是齐次泊松过程，$X(t)-X(s)$ 服从参数为 $\lambda(t-s)$ 的泊松分布，这种情形对应于上式中 $m=\frac{\lambda}{2}$，$b=0$，而与 $N(\mathrm{d}x)$ 对应的增函数 $N(x)$ 为

$$N(x) = \begin{cases} 0, & x<1, \\ \lambda, & x>1. \end{cases}$$

参考文献

［1］Freedmian D. Brownian Motion and Diffusion. Springer-Verlag，Berlin. 1983.

［2］Gihman Ⅱ，Skorohod A V. The Theory of Stochastic Processes. Springer-Verlag. Berlin. 1975.

分支过程[①]

分支过程（Branching process）是一种特殊的随机过程，是一组粒子的分裂或灭亡过程的数学模型。例如，某种生物群中，每一母体（粒子）生育第二代（或不生育），第二代中每一母体又生育第三代……以 Z_n 表示此群体中第 n 代的个体数，$\{Z_n, n \in \mathbf{N}\}$ 便是一分支过程。又如，原子反应中的中子数也构成分支过程。以下设 $Z_0 = 1$，见示意图。

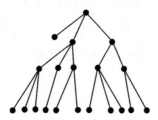

图1　分支过程示意图

离散时间的分支过程　设时间参数为 $n \in \mathbf{N}$，在分支过程理论中起重要作用的是分裂概率 p_k，它是任何一代的一个粒子分裂为 k 个的概率（$k \in \mathbf{N}$）。其母函数（见概率分布）记为 $g(s) = \sum_{k=0}^{+\infty} p_k s^k$。假设各个粒子的分裂是独立进行的，这种分支过程 $\{Z_n\}$ 通常称为高尔顿-沃森过程（简称 G-W 过程），它是一个马尔可夫链（见马尔可夫过程）。

利用 $g(s)$ 可求出有关 $\{Z_n\}$ 的下列诸量。若已知第 n 代的粒子数 $Z_n = i$，则下一代粒子数 $Z_{n+1} = j$ 的转移概率为 $P(Z_{n+1} =$

①　吴文俊，主编. 中国大百科全书　数学. 北京：中国大百科全书出版社，1988：217-218.

$j|Z_n=i)=[g(s)]^i$ 中 s^j 的系数。以 $g_n(s)$ 表 Z_n 的母函数：$g_n(s)=\sum_{k=1}^{+\infty}P(Z_n=k)s^k$。由于 $Z_0=1,g_0(s)=s;g_1(s)=g(s);\cdots;$ $g_{n+1}(s)=g(g_n(s))(n\in\mathbf{N})$，从而可求出 $P(Z_n=i)=g_n(s)$ 中 s^i 的系数。Z_n 的均值 $EZ_n=m^n$，其中 $m=EZ_1=g'(1)$。

关于 Z_n 的极限性质有：

$$\lim_{n\to+\infty}EZ_n=\lim_{n\to+\infty}m^n=\begin{cases}0,&m<1,\\1,&m=1,\\+\infty,&m>1.\end{cases}$$

通常还关心群体是否会绝种的问题。设 $0<p_0<p_0+p_1<1$。以 q 表灭绝概率，即 $q=P(\lim_{n\to+\infty}Z_n=0)$。可以证明 q 是方程 $g(s)=s(0\leqslant s\leqslant1)$ 的最小根。又 $q=1$，若 $m\leqslant1$；$q<1$，若 $m>1$，这时还有 $P(\lim_{n\to+\infty}Z_n=+\infty)=1-q>0$，亦即粒子有无限增多的危险。

G-W 过程的一般化　设有 $m(\geqslant2)$ 种不同的粒子 A_1，A_2，$\cdots$，A_m，以 Z_n^k 表第 n 代（或时刻 n）的第 k 种粒子的个数，$k=1$，2，$\cdots$，m，则 $Z_n=(Z_n^1,Z_n^2,\cdots,Z_n^m)$ 构成取值于 m 维格子点空间的马尔可夫链。称 $\{Z_n,n\in\mathbf{N}\}$ 为多种类 G-W 过程。以 $p_l(j_1,j_2,\cdots,j_m)$ 表 A_l 中一个粒子分裂为 A_k 中 j_k 个粒子（$k=1$，2，$\cdots$，m）的概率。与上述 g 相仿，引进

$$g_l(s_1,s_2,\cdots,s_m)=\sum_j p_l(j_1,j_2,\cdots,j_m)s_1^{j_1}s_2^{j_2}\cdots s_m^{j_m},$$

可以类似地研究 $\{Z_n\}$ 的转移概率、Z_n 的分布以及第 l 种粒子灭绝的概率 q_l 等。

连续时间分支过程　设时间参数 $t\geqslant0$ 连续，$b(t)\Delta t$ 表示在短时间 $(t,t+\Delta t)$ 中发生一次分裂的概率，$p_k(t)$ 表示一个粒子分裂为 k 个的概率（$k\in\mathbf{N}$）。若 $b(t)$，$p_k(t)$ 连续，$b(t)>0$，$\sum_{k=0}^{+\infty}p_k(t)=1$，则在时刻 t 的粒子数 $Z(t)$ 构成一连续时间马尔

可夫链，于是可利用后者的理论来研究 $\{Z(t)\}$。若 $b(t)$，$p_k(t)$ 不依赖于 t，则 $\{Z(t)\}$ 是齐次的马尔可夫链，这时可以得到许多类似于对 $G\text{-}W$ 过程所得的结果。

参考文献

[1] Harris T E. The Theory of Branching Processes. Springer-Verlag, Berlin. 1965.

[1] Ashreya K B, Ney P E. Branching Processes. Springer-Verlag. Berlin，1972.

随机过程[①]

随时间推进的随机现象的数学抽象。例如，某地第 n 年的年降水量 X_n 由于受许多随机因素的影响，它本身具有随机性，因此 $\{X_n, n \in \mathbf{N}^*\}$ 便是一个随机过程（Stochastic process）。类似地，森林中某种动物的头数，液体中受分子碰撞而做布朗运动的粒子位置，百货公司每天的顾客数，等等，都随时间变化而形成随机过程。严格说来，现实中大多数过程都具有程度不同的随机性。

气体分子运动时，由于相互碰撞等原因而迅速改变自己的位置与速度，其运动的过程是随机的。人们希望知道，运动的轨道有什么性质（是否连续、可微等）？分子从一点出发能达到某区域的概率有多大？如果有两类分子同时运动，由于扩散而互相渗透，那么扩散是如何进行的？要经过多久其混合才会变得均匀？又如，在一定时间内，放射性物质中有多少原子会分裂或转化？电话交换台将收到多少次呼唤？机器会出现多少次故障？物价如何波动？这些实际问题的数学抽象为随机过程论提供了研究的课题。

一些特殊的随机过程早已引起注意，例如 1907 年前后，A. A. 马尔可夫研究过一列有特定相依性的随机变量，后人称之为马尔可夫链（见马尔可夫过程）；又如 1923 年 N. 维纳给出了布朗运动的数学定义（后人也称数学上的布朗运动为维纳过程），这种过程至今仍是重要的研究对象。虽然如此，随机过

---

① 吴文俊，主编. 中国大百科全书　数学. 北京：中国大百科全书出版社，1988：642-645.

程一般理论的研究通常认为开始于 20 世纪 30 年代。1931 年，A. H. 柯尔莫哥洛夫发表了《概率论的解析方法》；三年后，A. Я 辛钦发表了《平衡过程的相关理论》。这两篇重要论文为马尔可夫过程与平稳过程奠定了理论基础。稍后，P. 莱维出版了关于布朗运动与可加过程的两本书，其中蕴含着丰富的概率思想。1953 年，J. L. 杜布的名著《随机过程论》问世，它系统且严格地叙述了随机过程的基本理论。1951 年伊藤清建立了关于布朗运动的随机微分方程的理论（见随机积分），为研究马尔可夫过程开辟了新的道路；近年来由于鞅论的进展，人们讨论了关于半鞅的随机微分过程；而流形上的随机微分方程的理论，正方兴未艾。20 世纪 60 年代，法国学派基于马尔可夫过程和位势理论中的一些思想与结果，在相当大的程度上发展了随机过程的一般理论，包括截口定理与过程的投影理论等，中国学者在平稳过程、马尔可夫过程、鞅论、极限定理、随机微分方程等方面也做出了较好的工作。

研究随机过程的方法是多样的，主要可分为两大类：一是概率方法，其中用到轨道性质、停时、随机微分方程等；一是分析方法，工具是测度论、微分方程、半群理论、函数论、希尔伯特空间等。但许多重要结果往往是由两者并用而取得的。此外，组合方法、代数方法在此特殊随机过程的研究中也起一定的作用。研究的主要课题有：多指标随机过程、流形上的随机过程与随机微分方程以及它们与微分几何的关系、无穷质点马尔可夫过程、概率与位势、各种特殊过程的专题讨论等。

随机过程论的强大生命力来源于理论本身的内部，来源于其他数学分支如位势论、微分方程、力学、复变函数论等与随机过程论的相互渗透和彼此促进，而更重要的是来源于生产活动、科学研究和工程技术中的大量实际问题所提出的要求。目前随机过程论已得到广泛的应用，特别是对统计物理、放射性问题、原子反应、天体物理、化学反应、生物中的群体生长、遗传、传染病问题、排队论、信息论、可靠性、经济数学以及自动控制、无线电技术等的作用更为显著。

随机过程的定义　设 $(\Omega, \mathscr{F}, P)$ 为概率空间（见概率），T 为指标 t 的集合（通常视 t 为时间），如果对每个 $t \in T$，有定义在 Ω 上的实随机变量 $X(t)$ 与之对应，就称随机变量族 $X = \{X(t), t \in T\}$ 为一随机过程（简称过程）。研究得最多的是 T 为实数集 $\mathbf{R} = (-\infty, +\infty)$ 的子集的情形；如果 T 为整数 n 的集，也称 $\{X_n\}$ 为随机序列。如果 T 是 d 维欧几里得空间 $\mathbf{R}^d$（d 为大于 1 的正整数）的子集，则称 X 为多指标随机过程。

过程 X 实际上是两个变元 $(t, \omega)(t \in T, \omega \in \Omega)$ 的函数，当 t 固定时，它是一个随机变量；当 ω 固定时，它是 t 的函数，称此函数为随机过程（对应于 ω）的轨道或样本函数。

如不限于实值情况，可将随机变量与随机过程的概率作如下一般化：设 $(E, \mathscr{E})$ 为可测空间（即 E 为任意非空集，$\mathscr{E}$ 为 E 的某些子集组成的 σ 域），称 $X = (X(\omega), \omega \in \Omega)$ 为取值于 E 的随机元，如果对任一 $B \in \mathscr{E}$，$\{\omega: X(\omega) \in B\} \in \mathscr{F}$。特别，如果 $(E, \mathscr{E}) = (\mathbf{R}^d, \mathscr{B})$，$\mathscr{B}^d$ 为 $\mathbf{R}^d$ 中全体波莱尔集所成的 σ 域（称波莱尔域），则取值于 $\mathbf{R}^d$ 中的随机元即 d 维随机向量。如果 $(E, \mathscr{E}) = (\mathbf{R}^T, \mathscr{B}^T)$，其中 $\mathbf{R}^T$ 为全体实值函数 $f = (f(t), t \in T)$ 的集，而 $\mathscr{B}^T$ 为包含一切 $\mathbf{R}^T$ 中有限维柱集 $\{f: f(t_1) \leqslant a_1, \cdots, f(t_n) \leqslant a_n\}(t_i \in T, a_i \in \mathbf{R})$ 的最小 σ 域，则取值于 E 的随机元 X 即为上述的（实值）随机过程。如对每 $t \in T$，有取值于 E 的随机元 $X(t)$ 与之对应，则称 $\{X(t), t \in T\}$ 为取值于 E 的随机过程。

以下如无特别声明，只讨论取值于 $(\mathbf{R}, \mathscr{B})$ 的随机过程。

有穷维分布族　一维分布函数描述了随机变量取值的概率规律（见概率分布），对随机过程 $X=\{X(t)，t\in T\}$ 起类似作用的是它的全体有穷维分布函数：对任意 n 个 $t_i\in T$，$i=1$，2，$\cdots$，n，考虑 X_{t_1}，X_{t_2}，$\cdots$，X_{t_n} 的联合分布函数

$$F_{t_1,t_2,\cdots,t_n}(a_1，a_2，\cdots，a_n)=P(X(t_1)\leqslant a_1，$$
$$X(t_2)\leqslant a_2，\cdots，X(t_n)\leqslant a_n)，$$

全体联合分布 $\{F_{t_1,t_2,\cdots,t_n}，n>0，t_i\in T\}$ 称为 X 的有穷维分布族，它显然满足下列相容性条件：

① 对 $(1，2，\cdots，n)$ 的任一排列 $(\lambda_1，\lambda_2，\cdots，\lambda_n)$，

$$F_{t_1,t_2,\cdots,t_n}(a_1，a_2，\cdots，a_n)=F_{t_{\lambda_1},t_{\lambda_2},\cdots,t_{\lambda_n}}(a_{\lambda_1}，a_{\lambda_2}，\cdots，a_{\lambda_n})；$$

② 若 $m<n$，则

$$F_{t_1,t_2,\cdots,t_m}(a_1，a_2，\cdots，a_m)=\lim_{a_{m+1}\to+\infty,\cdots,a_n\to+\infty}F_{t_1,t_2,\cdots,t_n}(a_1，a_2，\cdots，a_n)。$$

反之，有著名的柯尔莫哥洛夫定理：设已给 T 及一族分布函数 $F=\{F_{t_1,t_2,\cdots,t_n}，n>0，t_i\in T\}$，如果它满足①②，则必存在概率空间 $(\Omega，\mathscr{F}，P)$ 及定义于其上的随机过程 X，而且 X 的有穷维分布族重合于 F。

从测度论的观点看，每一随机过程 $X=\{X(t)，t\in T\}$ 在 $(\mathbf{R}^T，\mathscr{B}^T)$ 上产生一概率测度 P_X，称为 X 的分布，它在上述柱集上的值就是 $P(X(t_1)\leqslant a_1，X(t_2)\leqslant a_2，\cdots，X(t_n)\leqslant a_n)$。

正态过程　有穷维分布都是正态分布的随机过程，又称高斯过程。就像一维正态分布被它的均值（见数学期望）和方差所确定一样，正态过程 $\{X(t)，t\in T\}$ 被它的均值函数 $m(t)=EX(t)$ 和协方差函数

$$\lambda(s,t)=EX(s)X(t)-m(s)m(t)$$

所确定，其中 $\lambda(s，t)$ 是对称非负定函数，即 $\lambda(s，t)=\lambda(t，s)$，而且对任意的确 $t_i\in T$ 及实数 a_i，$1\leqslant i\leqslant n$，有 $\sum_{i,j=1}^{n}\lambda(t_1，$

$t_j)a_ia_j \geqslant 0$。反之，对任给的有限实值函数 $m(t)$ 和对称非负定函数 $\lambda(s, t)$，由柯尔莫哥洛夫定理可证，存在一个正态过程，以 $m(t)$ 为其均值函数，以 $\lambda(s, t)$ 为其协方差函数。

　　根据中心极限定理，许多实际问题中出现的随机过程可近似地视为正态过程。此外，正态过程有一系列的好性质，如它的最佳线性估计生命于条件期望，这一点在应用上是很方便的，既准确又便于计算。因此正态过程在实际中有广泛的应用，在无线电通信及自动控制中尤为重要。为方便计，设 $m(t)\equiv 0$，任取 t_i，$t\in T$，用 $L(X(t_1)$，$X(t_2)$，$\cdots$，$X(t_n))$ 表示由 $X(t_1)$，$X(t_2)$，$\cdots$，$X(t_n)$ 的线性组合所构成的希尔伯特空间，$X(t)$ 在此空间上的投影记作

$$\hat{E}(X(t) \mid X(t_1), X(t_2), \cdots, X(t_n))$$

称为 $X(t)$ 关于 $X(t_1)$，$X(t_2)$，$\cdots$，$X(t_n)$ 的最佳线性估计，即线性最小均方误差估计；条件期望 $E(X(t) \mid X(t_1)$，$X(t_2)$，$\cdots$，$X(t_n))$ 则是非线性的最小均方误差估计。对正态过程来讲，这两种估计以概率 1 相等。

　　可分性　设 $\mathscr{F}$ 是 P-完备的，即 $\mathscr{F}$ 包含任何概率为零的集的一切子集。在随机过程的研究中，Ω 的某些重要的子集并不能由事件（即 $\mathscr{F}$ 中的元素）经可列次集运算而得到。例如 $A=\{\omega$：$|X(t, \omega)|\leqslant a$，对于一切 $t\in T\} = \bigcap_{t\in T}\{X(t)\leqslant a\}$，若 T 不可列，则作为不可列多个事件的交，A 未必是一个事件，也就谈不上它的概率。为了解决这类问题，杜布引进了随机过程可分性的概念。称过程 X 关于 T 的某一可列稠集 Q 可分（或简称可分），是指除了一个概率为零的集 N 外，X 在每一 $t\in T$ 处的值，可以用限于 Q 的 X 在 t 附近的值来任意逼近，即任给不属于 N 的 ω，存在 $\{r_j\}\in Q$，使得 $r_j\to t$，且 $X(r_j, \omega)\to X(t, \omega)$。所谓 Q 为 T 的稠集，是指 T 的每一点必是 Q 中某个点列

的极限。如果 X 关于 Q 可分，则可以证明上述的 A 是一个事件，而且有 $P(A)=P(\{\omega: |X(r,\omega)|\leqslant a$，对一切 $r\in Q\})$。如果过程 X 关于 T 的任一可列稠集都可分，则称 X 完全可分。

设 $X=\{X(t), t\in T\}$ 与 $Y=\{Y(t), t\in T\}$ 为定义在概率空间 $(\Omega, \mathscr{F}, P)$ 上的两个随机过程，如果对任何 $t\in T$，$P(X(t)=Y(t))=1$，则称 X 与 Y 等价（X 与 Y 互为修正）。这时，X 和 Y 有相同的有穷维分布族。虽然任给的过程 X 未必可分，但杜布证明了下列重要结果：对任一过程 X，必存在与它等价的可分过程 Y。因此在讨论仅与有穷维分布有关的性质时，可取一可分过程 Y 来代替 X。

过程 X 称为随机连续，如果对任一 $t_0\in T$，在依概率收敛的意义下有 $\lim\limits_{t\to t_0} X(t)=X(t_0)$，对随机连续的过程 X，必存在一个完全可分过程 Y 与之等价。

可测性 为了研究样本函数对 t 的积分等问题，需要 $X(t, \omega)$ 关于两个变量 (t, ω) 的可测性。设 T 是 $\mathbf{R}$ 中某区间，$\mathscr{B}(T)$ 是 T 中全体波莱尔集所成的 σ 域，$\mathscr{B}(T)\times\mathscr{F}$ 表示乘积 σ 域，$\mu=L\times P$ 表示勒贝格测度 L（见测度论）与 P 的乘积测度，$\overline{\mathscr{B}(T)\times\mathscr{F}}$ 表示 $\mathscr{B}(T)\times\mathscr{F}$ 关于 μ 的完备化 σ 域。

称随机过程 X 为可测的，如果对任一实数 a，有 $\{(t, \omega): X(t, \omega)\leqslant a\}\in\overline{\mathscr{B}(T)\times\mathscr{F}}$。称随机过程 X 为波莱尔可测的，如果对任一实数 a，有 $\{(t, \omega): X(t, \omega)\leqslant a\}\in\mathscr{B}(T)\times\mathscr{F}$。如果过程 X 随机连续，则必存在与 X 等价的、可测而且完全可分的过程 Y。

有时还需要更强的可测性。设给了 $\mathscr{F}$ 的一族子 σ 域 $\{\mathscr{F}_t, t\in T\}$，其中 $T=\mathbf{R}_+=[0, +\infty)$，满足：

① 单调性，对 $s\leqslant t$，$\mathscr{F}_s\subset\mathscr{F}_t$；

② 右连续性，$\mathscr{F}_s=\bigcap\limits_{t>s}\mathscr{F}_t$；

③ 完备性，$\mathscr{F}_0$ 包含 $\mathscr{F}$ 的一切概率为零的集。

称 X 为 $\{\mathscr{F}_t\}$-适应的，如果对任一 t，X_t 为 $\mathscr{F}_t$ 可测；称 X_t 为 $\{\mathscr{F}_t\}$-循序可测的，如果对任一 $t \in T$ 及实数 a，有 $\{(s, \omega): X(s, \omega) \leqslant a, s \leqslant t\} \in \mathscr{B}([0, t]) \times \mathscr{F}_t$。

循序可测过程一定是适应的而且是波莱尔可测的，但逆之不然，除非样本函数性质较好。例如所有样本函数都右连续的适应过程一定是循序可测。使一切样本函数右连续的适应过程都可测的 $T \times \Omega$ 上的最小 σ 域，称为可选 σ 域，关于可选 σ 域可测的过程称为可选过程。可见，可选可测性是比循序可测性更强的一种可测性。进一步，使一切样本函数连续的适应过程都可测的 $T \times \Omega$ 上的最小 σ 域，称为可料 σ 域，关于可料 σ 域可测的过程称为可料过程。这又是一种比可选可测性更强的可测性。可以证明，样本函数左连续的适应过程都是可料过程。

轨道性质　当人们观察物体做随机运动时，最感兴趣的问题之一是它的轨道性状，因此随机过程论中一个重要问题是研究轨道性质，例如探讨在什么条件下，过程的轨道 $X(t, \omega)$，$a \leqslant t \leqslant b$，以概率 1 有界，或无第二类断点，或是阶梯函数，或是连续函数，等等。函数 $f(t)$ 在 $[a, b]$ 上无第二类断点是指：对每一个 $t_0 \in (a, b)$，存在左、右极限 $\lim\limits_{\substack{t \to t \\ t > t_0}} f(t) = f(t_0 - 0)$ 及 $\lim\limits_{\substack{t \to t_0 \\ t > t_0}} f(t) = f(t_0 + 0)$，而在 a，b 处，则存在单侧极限。

设过程 $\{X(t), t \in [a, b]\}$ 可分，而且存在常数 $a > 0$，$\varepsilon > 0$，$c \geqslant 0$，使得对任意的 $t \in [a, b]$，$t + \Delta t \in [a, b]$，有 $E(|X(t) - X(t + \Delta t)|^a) \leqslant c |\Delta t|^{1+s}$，则过程的轨道以概率 1 在 $[a, b]$ 上一致连续。设可分过程 $\{X(t), t \in [a, b]\}$ 随机连续，而且存在常数 $p > 0$，$q > 0$，$r > 0$，$c \geqslant 0$，使得对任意的 $a \leqslant t_1 \leqslant t_2 \leqslant t_3 \leqslant b$，有

$$E(\mid X(t_1)-X(t_2)\mid^p \mid X(t_2)-X(t_3)\mid^q) \leqslant c\mid t_3-t_1\mid^{1+r}$$

则过程的轨道以概率 1 无第二类断点。正态过程的轨道性质有更好的结果：对均值函数 $m(t)\equiv 0$ 的可分正态过程 $\{X(t)$，$t\in[a，b]\}$，只要存在 $c\geqslant 0$，$\alpha\geqslant 0$，使得

$$E[X(t)-X(s)]^2 \leqslant c\mid t-s\mid^\alpha，$$

X 的轨道就以概率 1 连续。

停时 这一概念的引进是随机过程论发展史中的一件大事，它带来了许多新的研究课题，而且扩大了理论的应用范围。早在 1945 年，J. L. 杜布关于马尔可夫链的文章中已经有了停时的思想。20 世纪 60 年代杜布、E. Б. 邓肯、R. M. 布卢门塔尔等应用停时于鞅及强马尔可夫过程的研究；20 世纪 70 年代，由于法国概率论学派的工作而使停时的理论更加完善。

直观上，停时是描述某种随机现象发生的时刻，它是普通时间变量 t 的随机化。例如，灯泡的寿命、一场球赛持续的时间都可看成是停时。又如，做随机运动的粒子首次到达某集 A 的时刻 τ，$\tau(\omega)=\inf\{t>0，X(t，\omega)\in A\}$，且约定 $\inf\varnothing=+\infty$，当 X 的轨道连续而且 A 是一个闭集时，τ 就是一个停时，它是一个随机变量，而且对任何 $t\geqslant 0\{\tau\leqslant t\}\in\sigma\{X(u)，u\leqslant t\}$。

一般地，设在可测空间 $(\Omega，\mathscr{F})$ 中已给 $\mathscr{F}$ 的一族单调、右连续、完备的子 σ 域族 $\{\mathscr{F}_t，t\in\mathbf{R}_+\}$，称定义在 Ω 上的非负可测函数 $\tau=\tau(\omega)$（可取 $+\infty$ 为值）为 $\mathscr{F}_t$ 停时，如果对任意 $t\geqslant 0$，总有 $\{\tau\leqslant t\}\in\mathscr{F}_t$。这一定义的直观背景是：把 $\mathscr{F}_t$ 理解为到 t 为止的全部信息，一个可观测的随机现象发生的时刻 τ 是否不迟于 t 这一信息应包含在 $\mathscr{F}_t$ 之中。

类似于 $\mathscr{F}_t$，对停时 τ 可以定义 σ 域 $\mathscr{F}_\tau=\{A\in\mathscr{F}_{+\infty}：A\bigcap\{\tau\leqslant t\}\in\mathscr{F}_t$ 对一切 $t\in\mathbf{R}_+\}$，其中 $\mathscr{F}_{+\infty}=\sigma(\bigcup_{t\in R_+}\mathscr{F}_t)$ 为包含一切 $\mathscr{F}_t$ 的最小 σ 域。$\mathscr{F}_\tau$ 可理解为过程到 τ 为止的全部信息。

停时有许多好的性质，例如，若 τ_1，τ_2 是停时，则 $\tau_1 \vee \tau_2$，$\tau_1 \wedge \tau_2$ 也是停时，其中 $\tau_1 \vee \tau_2(\omega) = \max\{\tau_1(\omega)，\tau_2(\omega)\}$，$\tau_1 \wedge \tau_2(\omega) = \min\{\tau_1(\omega)，\tau_2(\omega)\}$；还有 $\mathscr{F}_{\tau_1 \wedge \tau_2} = \mathscr{F}_{\tau_1} \bigcap \mathscr{F}_{\tau_2}$，$\mathscr{F}_{\tau_1 \vee \tau_2} = \mathscr{F}_{\tau_1} \vee \mathscr{F}_{\tau_2}$，这里 $\mathscr{F}_{\tau_1} \vee \mathscr{F}_{\tau_2}$ 表示包含 $\mathscr{F}_{\tau_1}$，$\mathscr{F}_{\tau_2}$ 的最小 σ 域。进一步，若 $\{\tau_n\}$ 是一列停时，则 $\sup\limits_n \tau_n$，$\inf\limits_n \tau_n$ 也是停时。更细致地研究停时，需要对其进行分类，重要的类型有可料时、绝不可及时等。

二阶过程　均值和方差都有限的实值或复值随机过程称为二阶过程。二阶过程理论的重要结果之一是它的积分表示。设 F 是可测空间 $(\Lambda，\mathscr{A})$ 上的有限测度，如果对每一 $A \in \mathscr{A}$，有一复值随机变量 $Z(A)$ 与它对应，且满足：

① $E \mid Z(A) \mid^2 < +\infty$；

② $EZ(A_1)\overline{Z(A_2)} = F(A_1 \bigcap A_2)$，则称 $Z = \{Z(A)，A \in \mathscr{A}\}$ 为 $(\Lambda，\mathscr{A})$ 上的正交随机测度。

定义在 Λ 上、关于 $\mathscr{A}$ 可测而且关于 F 平方可积的函数全体记为 $L^2(\Lambda，\mathscr{A}，F)$。给了一个正交随机测度 Z，一族函数 $f(t，\lambda) \in L^2(\Lambda，\mathscr{A}，F)$，$t \in T$，就可产生一个二阶过程 $X = \{X(t)，t \in T\}$，满足

$$X(t) = \int_{\Lambda} f(t,\lambda) Z(\mathrm{d}\lambda) \quad (t \in T)，\tag{1}$$

它的二阶矩为

$$EX(t)\overline{X(s)} = \int_{\Lambda} f(t,\lambda) f\overline{(s,\lambda)} F(\mathrm{d}\lambda)。\tag{2}$$

反之，对给定的二阶过程，只要它的二阶矩有积分表示（2），就一定存在一个正交随机测度 Z，使过程本身有积分表示（1）。（1）和（2）分别称为过程 X 和它的二阶矩的谱表示。对均方连续的实二阶过程 $\{X(t)，t \in [a，b]\}$，则有级数展开式

$$X(t)=\sum_{n=1}^{+\infty}\frac{\psi_n(t)}{\sqrt{\lambda_n}}\eta_n,$$ 其中 $\{\eta_n\}$ 是标准正交实随机变量序列，即 $E\eta_n\eta_m=\delta_{nm}$（$n\neq m$ 时，$\delta_{nm}=0$；$n=m$ 时，$\delta_{nn}=1$），λ_n 是积分方程 $\psi(t)=\lambda\int_a^b\Gamma(t,s)\psi(s)\mathrm{d}s$ 的本征值，ψ_n 是相应的本征函数

$$\Gamma(t,s)=EX(t)X(s)。$$

特殊随机过程类 对过程的概率结构作各种假设，便得到各类特殊的随机过程。除上述正态过程、二阶过程外，重要的还有独立增量过程、马尔可夫过程、平稳过程、鞅、点过程和分支过程等。贯穿这些过程类的有两个最重要最基本的过程：布朗运动和泊松过程，它们的结构比较简单，便于研究而应用又很广泛。从它们出发，可以构造出许多其他过程。这两种过程的轨道性质不同，前者连续而后者则是上升的阶梯函数。

广义过程 正如从普通函数发展到广义函数一样，随机过程也可发展到广义过程。设 D 为 $\mathbf{R}$ 上全体无穷次可微且支集有界的实值函数 φ 的集，定义在 D 上的连续线性泛函数称为广义函数，全体广义函数的集记为 D^r。考虑 $D\times\Omega$ 上的二元函数 $X(\varphi,\omega)$，如果对固定的 ω，$X(\cdot,\omega)\in D^r$ 是广义函数，而对固定的 φ，$X(\varphi,\cdot)$ 是随机变量，则称 $\{X(\varphi,\omega)：\varphi\in D\}$ 为定义在 $(\Omega,\mathscr{F},P)$ 上的广义过程。它在 $\varphi_1,\varphi_2,\cdots,\varphi_n$ 上的联合分布为

$$F_{\varphi_1,\varphi_2,\cdots,\varphi_n}(x_1,x_2,\cdots,x_n)$$
$$=P\{X(\varphi_1,\omega)\leqslant x_1,\cdots,X(\varphi_n,\omega)\leqslant x_n\}。$$

全体这种联合分布构成了广义过程 X 的"有穷维分布族"。前两阶矩分别称为均值泛函

$$E[X(\varphi,\cdot)]=\int_{-\infty}^{+\infty}x\mathrm{d}F_\varphi(x)$$

和相关泛函

$$B(\varphi,\psi)=E[X(\varphi,\cdot)X(\psi,\cdot)]=\iint_{\mathbf{R}^2}x_1x_2\mathrm{d}F_{\varphi\psi}(x_1x_2)。$$

根据有穷维分布族的性质，也可以定义特殊的广义过程类，像广义平稳过程、广义正态过程等。例如，若对 D 中任意有限个线性独立函数 φ_1，φ_2，$\cdots$，φ_n，有限维分布 $F_{\varphi_1,\varphi_2,\cdots,\varphi_n}$ 都是正态分布，则称 $X=\{X(\varphi,\omega)\}$ 为广义正态过程。

参考文献

［1］Doob J L. Stochastic Processes. John Wiley & Sons，New York，1953.

［2］Loève M. Probability Theory，4th ed. Springer-Verlag，New York，1978.

［3］王梓坤. 随机过程论. 北京：科学出版社，1965.

［4］严加安. 鞅与随机积分引论. 上海：上海科学技术出版社，1981.

布朗运动与分形①

（一）布朗运动

（略）

（二）分形

我们知道，直线是一维的，平面是二维的，球是三维的。一般地，某集合 A 中的点如需要用 d 个坐标来表示，就说 A 是 d 维的，或说 A 的拓扑维数（简称"T-维数"）是 d，证为 $\dim(A)=d$，d 只能是非负整数。但有些集，无论用哪个整数做它的维数都不合适，例如康托（G. F. P. Cantor）集。将区间 $[0,1]$ 三等分，去掉中间一段；把剩下的 $\left[0, \frac{1}{3}\right]$，$\left[\frac{2}{3}, 1\right]$ 又各三等分，并各去掉中间一段；如此继续，最后剩下的点便构成集 C、数学上可在 C 与 $[0,1]$ 间作一一对应，即 C 中每点对应于 $[0,1]$ 中唯一一点，且反之亦然。由于 $[0,1]$ 的 T-维数是 1，自然设想 C 的 T-维数也该是 1。但另一方面，容易证明 C 的长度（即勒贝格测度）是 0，所以又应设想 C 的 T-维数是 0，于是我们处于两难而想到 C 的维数应在 0，1 之间，但 T-维数不能是小数，这说明 T-维数在此不适用而应引进新的维数，至今已定义了许多种维数，其中最重要的一种叫豪司多夫（F. Hausdorff）维数，简称 H-维数，它可以不是整数，集 A 的 H-维数记作 $\mathrm{Dim}(A)$。一般地有 $\mathrm{Dim}(A) \geqslant \dim(A)$。对于康托集 C，有 $\mathrm{Dim}(C) = \dfrac{\lg 2}{\lg 3} = 0.630\,9\cdots\cdots$

---

① 知识就是力量，1993，（2）：5-6.

与康托集相仿，可以构造下列分形：

谢尔宾斯基垫（Sierpiński gasket）G：设 G_0 为等边三角形；三边的中点联成一小等边三角形，自 G_0 挖去此小三角形的内点而得 G_1，后者由三个小等边三角形组成；同样处理这些小三角形而得 G_2；如此不断继续，剩下的点便构成 G。

$$Dim(G) = \frac{\lg 3}{\lg 2} = 1.585\,0\cdots$$

谢尔宾斯基毯（Sierpinski carpet）T：设 T_0 为正方形，将每边三等分而得 9 个小正方形，去掉中央正方形的内点，剩下 8 个小正方形构成 T_1；同样处理这 8 个小正方形而得 T_2；如此不断继续，最后剩下的点便构成 T。

$$Dim(T) = \frac{\lg 8}{\lg 3} = 1.892\,8\cdots$$

谢尔宾斯基海绵（Sierpinsti sponge）S：设 S_0 为正立方体，有 6 面，将每一面仿 T_0 构成 T_1 那样等分为 9，于是可得 $3^3 = 27$ 个小正方体，挖去中央一个及每面中间的那一个，共挖去 7 个小正立方体的内点，余下的点构成 S_1，它由 20 个小正立方体构成；再对每个施行同样手续而得 S_2；如此不断继续，剩下的点便成集合 S。由于 S 中有许多大大小小的空洞，所以形象地称 S 为海绵。

$$Dim(S) = \frac{\lg 20}{\lg 3} = 2.726\,8\cdots$$

有 $Dim(C) = \frac{\lg 2}{\lg 3} = 0.630\,9\cdots$

另一著名的分形是雪花曲线，把 $[0, 1]$ 三等分，在中间段上造一等边三角形，并去掉中间段；将得到的 4 条线段中的每一条又三等分，在中间段上造一等边三角形，并去掉中间段；如此继续，最后所得即为雪花曲线 S。而且 $Dim(S) = \frac{\lg 4}{\lg 3}$。

康托集与雪花曲线有一共同性质：自相似性；即整体与部分相似，从 $[0, 1]$ 出发或从 $\left[0, \dfrac{1}{3}\right]$ 出发，所得图形是相似的。许多分形都自相似，但并非一切分形皆如此。

到底什么叫分形呢？迄今似尚无一公认的定义。上面提到：对一般的集 A，$\mathrm{Dim}(A) \geqslant \mathrm{dim}(A)$。分形理论的先驱门得布罗特（B. B. Mandelbrot）称集 A 为分形，如 $\mathrm{Dim}(A) \geqslant \mathrm{dim}(A)$，即两者不相等时。但这定义也有缺点，因为它不适用于一些大家都公认为应该是分形的集，例如康托集 C，$\mathrm{dim}(C)$ 无定义。

H-维数在数学上有严格的定义，但要计算某 A 的 $\mathrm{Dim}(A)$ 则往往很不容易。对自相似的分形 B，人们可以定义它的另一种维数，相似维数，记为 $\mathrm{Sim}(B)$ 在一定条件下，可以证明 $\mathrm{Dim}(B) = \mathrm{Sim}(B)$，而 $\mathrm{Sim}(B)$ 比较容易计算。许多应用问题中，人们算的其实都是 $\mathrm{Sim}(B)$，用它来代替 $\mathrm{Dim}(B)$。

（三）分形与 B. M. 有何关系？

联系于 d 维 B. M. 至少有两个重要的分形：

像集 $I = \{X(t)：0 \leqslant t \leqslant 1\}$，它是 B. M. 在 $t \in [0, 1]$ 中所取的值的集合，$L \subset \mathbf{R}^d$。

图集 $G = \{(t, X(t))：0 \leqslant t \leqslant 1\}$，它是 B·M. 在 $t \in [0, 1]$ 中的轨道，$G \subset [0, 1] \times \mathbf{R}^d$。

人们求出了它们的 H-维数，分别是

$$\mathrm{Dim}(I) = \begin{cases} 1, & d = 1, \\ 2, & d \geqslant 2, \end{cases}$$

$$\mathrm{Dim}(G) = \begin{cases} 1\dfrac{1}{2}, & d = 1, \\ 2, & d \geqslant 2。 \end{cases}$$

有趣的是，当 $d \geqslant 2$ 时，$\mathrm{Dim}(I) = \mathrm{Dim}(G)$ 都等于 2，而与

空间的维数 d 无关。这是事先难以想象的。这些结果还可推广到 n 指标（即 t 是 n 维的）d 维 B. M. 上去。

目前刚开始研究取值于某分形（如谢尔宾斯基毯）中的 B. M.，这是两者的一种新的联系。今后也许会开展取值于一般分形中的一般随机过程的研究，这正有待于人们的努力。

趣 题[①]

王梓坤在念小学时，老师曾出下面题目考他：

树高 20 尺，一只蚂蚁白天向上爬 2 尺，晚上落下 1 尺。几天后爬到树梢？

解 $(20-2)\div(2-1)+\dfrac{1}{2}$（白天）

$$=18\div1+\dfrac{1}{2}=18\dfrac{1}{2}\text{（天）}$$

答：$18\dfrac{1}{2}$ 天蚂蚁可爬到树梢。

---

① 珏双祥. 数学奥秘. 太原：希望出版社，1999：124.

数学教育中的理性精神[①]

摘要　数学的发展历史表明，一个国家的繁荣与数学的发达程度具有较强的相关性。中国的传统文化，由于受儒家思想影响较深，在科学的发展上，实用主义和功利主义占据了上风，理性活动和理性价值受到压抑，在理性科学与外在功利发生冲突时，理性常以失败而告终。数学教育应重视培养理性精神，理性精神的氛围浓厚，才会形成重视数学的气候，才有助于发挥数学多方面的功能。因此，数学教育中要注重理性精神的培养。

关键词　理性精神；数学教育；数学思维；理性思维；数学思想

数学的发展历史表明，一个国家的繁荣与数学的发达程度具有较强的相关性。数学中心所在地也正是科学中心所在地，科学中心的所在地正是当时高新技术中心的所在地，数学如此重要，为什么在我国有些人认识不到数学的重要性？当然，有些人认识到了数学的重要性，但显现的是将数学作为了实现功利的手段，实际上是打着数学的旗号，做着反数学的事情，为什么会出现这种反数学的问题呢？

（一）传统文化层面的分析

看待上述问题是多视角的，其中，传统文化方面的视角不容忽视。

---

①　教育理论与实践，2006，26（6）：41-44.
本文与王光明合作.

自汉武帝采纳并实行董仲舒提出的"罢黜百家，独尊儒术"的文化专制政策以后，儒家学说将其作为选拔官吏的标准。在科举制度中，各封建王朝主要设进士科，唐宋考试多以诗、赋为主，明太祖朱元璋和大臣刘基还首创了"八股取士"制度，从"四书""五经"中命题，以八股制义为定式，"代圣人立言"，并以朱熹的《四书集注》为标准答案，选拔官吏。至此，传授儒家经典成为"学校"教育的内容，其中的"学"是为"政"服务的，学习目的难以脱离外在目的。

中国劳动人民曾创造了辉煌灿烂的技术成就，但是，古代许多技术发明者，多是默默无闻、名不见经传的普通劳动者。我国有享誉世界的四大发明，但缺少重大科学发现。在中国历史上，为君而死的"忠臣"较多，而为科学真理献身的人较少；古代典籍较多，但科学典籍较少。科学不受社会重视，应当说是传统文化负面影响的结果[1]。

中国文化中的"官本位""学而优则仕""中庸之道""人际场上的八面玲珑"和"人身依附"等思维之血液，曾悄悄流淌在许多中国古人的骨子里。"官本位"和"政治的稳固"需要"伦理哲学"，"伦理哲学"是不允许有独立的思想存在的。在"官本位"惯性力量约束下，我国历史长河中的相当长时间内，本来就没有根基的潜科学技术却要依附于官僚集团和"仕"阶层，与官僚政绩相融相长，科学文化也不独立，其中的"务实"味相当浓厚，至南宋则更是有了"功利成处，便是有德；事到济处，便是有理"的代表性主张。技术是看得见的"利"与"用途"，"实用"的氛围孕育着"技术思维"的诞生与成长，以至今天，我国有一些人仍然把科学与技术混为一谈，更有许多人欣赏技术化的事物，因为这样有利于"用"。

亚里士多德对理性的解释是：在不为生活劳碌、不追求利润的闲暇中，自由地进行理论思维。因此，以发展理性为目标的高尚教育不是为谋生和就业做准备，而是使人的心灵得到解脱（自由）与和谐地发展，为享受自由、闲暇的生活，为进行观察、思维等理性活动做准备[2]。理性不受外部的制约，理性会使科学研究远离个人功利，也就是说，理性的人是在自我意识的控制下，为了探询事物的规律而去探讨事物，探询事物的规律就是目的。具有理性主体的人，追求的是世界万物的"理"。教育，特别是数学教育应该是宣扬理性的场所，但有时外在的价值在完全遮蔽着数学教育自身的内在价值。对此，北京大学张顺燕曾谈道："教育应当是'理性'的教育，即贯穿理性精神的教育。事实上，现在教育在表面繁荣的背后隐藏着某种危机，走着与理性探索相违背的道路，现代社会浮现着人人都看得到的某些浮华潮流，有些学生和教师在追求学问的物化，心不在'理'，而在'技'。"[3]

综上，中国传统文化中，理性活动目的应释放的是理性之光，而受到外在思想与价值的制约，理性活动的理性价值受到压抑，应然的理性活动实然流露的却是非理性与反理性的气息，理性科学与外在的功利发生冲突时，理性常以失败而告终，至今，仍出现种种非科学与反理性的问题，也就不足为怪了。这种不同的传统文化，必然导致了不同的数学教育传统。

（二）中西数学教育传统层面的分析

一般将古希腊作为西方数学教育的代表，而将中国作为儒家文化圈数学教育的代表。对于许多民族来说，处于摇篮期的数学几乎都是技术，只不过在中国，将数学作为技术的时间过于悠久。古希腊数学与哲学鼻祖泰勒斯第一次冲破了超自然的鬼神思想的羁绊，去揭示大自然的本来面目，在他的带动下，人们摆脱了神的束缚；苏格拉底勇敢地举起了理性的旗帜，倡导真、善、美，反对神话文化，结果被以"亵神"之罪处死。柏拉图倡导多层次的数学教育，其最高层次就是培养英才，第二层次是培养为理想国服务的各类知识分子，第三层次是提高平民的文化水平。这种多层次的数学教育，在某种意义上体现了因材施教的思想。柏拉图首次提出了普及数学教育的思想，并且明确提出了数学教育对于提高人智力的作用。特别重要的是，在柏拉图那里，术及学还得到了划分，他把计算技术叫作 Logistica（应译成算术），而 Arithmetica 则指数论。"后来对 Arithmetica 这个词的广泛使用，我们也翻译为算术，增加了混乱。"[4]

与"术"相对应，古希腊的几何学是"学"的典范。两千多年来，人们一直生活在欧氏几何的框架中，19 世纪的罗巴切夫斯基、高斯、鲍耶和黎曼跳出了这个框架，又一次显现了理性力量的强大。在理性方面，希腊人比古代的中国、埃及、巴比伦前进了一大步，他们"具有重理论知识的特性，概括并简化各种科学原则，希望由此求出这些科学的通理"；"柏拉图坚持研究几何学，并不是为了几何学的实际用途，而是想发展思想的抽象力，并训练心智使之能正确而活泼地思考。"[5]

古希腊的仁人志士拥有为数学而数学的精神，理性使他们飞出了"功利"的笼子，在权力面前，理性使得欧几里得展现的是独立的人格魅力。

科学巨匠阿基米德面对罗马士兵的宝剑，毫不畏惧，仍坦然地说："等一下杀我的头，再给我一会儿工夫，让我把这几条几何定理证完，不能给后人留下一条没有证完的定理。"就这样，一颗耀眼的科学巨星陨落了，留下的是千古的遗憾。

5～15 世纪，基督教的兴起、西罗马帝国的灭亡、柏拉图学园的取缔、亚历山大图书馆的被毁，基督教教会的教义成为人类知识的最终标准，整个欧洲政治腐败、思想窒息、科学停滞、经济衰退。在黑暗的中世纪，"科学是宗教的侍女"和"圣书成为了评判一切真理的标准"，主张"理性服从信仰"，科学成为了宗教的附庸，数学教育当然没有任何地位，当时的数学教育滑向了低谷。后来，罗马吹响了复兴理性文化的号角，使得意大利在欧洲率先迎来了科学的春天。

有学者指出，古希腊的数学教育目的也就是今天的纯粹数学教育目的。"古希腊的教育，强调数学作为智力、思维能力的训练，应该以将实用作为教育的目的为耻辱，推崇追求一种思想、理智的训练。认为算术是为了认识数的本质，为了追求真理并非为了做买卖；几何学是为了对思维进行训练，为了培养哲学王；天文学则是为了思索宇宙的无穷。他们把实用目的仅仅作为数学思维能力的培养，古希腊的数学教育目的，可以说与今日纯数学教育目的很接近。"[6]

中国古代数学，一般认为源于遥远的石器时代。根据典籍记载，中国数学教育萌芽于夏商时期，形成于西周时期，从周代开始，在学校中开始有了数学教育。

中国古代数学依赖于生产实践，又转过来为生产实践服务。理论结合实际，在数学发展中常起着主导作用。在算术和代数方面，中国古代有卓越的成就，在几何学方面，偏重面积、体积和线段长短的计算，不像古希腊人的几何学重视各个定理的逻辑推论。古希腊数学，按其客观内容看来，主要是一门讨论形的性质和数的性质的学科，对于怎样应用数学解决具体问题很少注意。中国古代数学主要是计算量的大小和数的多少，并且认为量的大小和数的多少在计算方面不必有所区别[7]。

中国农耕文明以及占卜皇室吉凶需要应用数学，中国历代帝王都把颁布历法看作重要的政治行为，因为算学在其中更有直接的用途，所以算学更是受到了统治者的青睐。

中国算学发展到一定程度已能满足当时的农业与商业的需要，在实用的氛围下，数学后来作"治国平天下"之政治上的用，也就不足为怪了。《周易》为儒家经典著作，数学又能够附会于《周易》，《周易》也依赖于数学，到宋朝开易数学之先河，这样易数学有了发展的空间。易数学是玄而神秘的，到明代发展为占卜服务，这样数学教育自然受到了占星术与算命术等神秘活动的影响。易数学能够服务于帝王将相的占卜等活动，为数学的发展创造了一定的条件，但易数学与贯穿理性精神的数学科学是不能相提并论的。唐至北宋，400年间科举考试设算学，尽管算学博士的官职不高，只是"从九品下"，却也属功名之列。宋以后，取消了算学考试，使得研习数学不能作为步入仕途殿堂的阶梯，影响了一些人研习数学的积极性，有学者谈到："宣德后不再试算，大概宫学中算就未必有人学了吧。"到了元末明初，程朱理学与政治活动牵连在一起，程朱理学被抬到了吓人的高度，影响了近代数学在中国的立足。

在欧洲还在度过漫长的黑暗的中世纪时，中国的宋元数学已发展到了鼎盛时期，中国数学当时处于世界领先地位。但欧洲经过文艺复兴，产生了近代数学，而中国的数学在明朝停滞不前。中国科学院自然科学史研究所梅荣照认为其原因是："明代的八股考试，不仅取消了数学内容，更为严重的是，束缚与窒息了知识分子的思想和积极性……这种制度，无疑是妨碍科学技术（包括数学）发展的。"[8]

其实，近代数学（包括科学）没有在中国产生的另外原因，仍是过于注重"实用"的思想在作怪。数学是在社会需要以及实践活动中产生和发展起来的。在实用思想指导下，人们的探索不会指向"无用"的东西，当时看不出用途的高层次的数学理论必然无人问津。

由于天文历算的需要以及《四库全书》中对中国古代数学典籍进行了整理，清代乾嘉时期出现了数学复兴的迹象，并取得了一些超越传统数学的成果。但重经学，重考据，闭关自守，八股科举考试，大兴文字狱，禁锢了人们的思想。当时数学的发展与欧洲不能相提并论。梅荣照评论道："欧洲文艺复兴时期古希腊数学的复兴，是思想解放的表现，人们在对社会和自然进行探索的同时，广泛追求知识，他们从古希腊文化中吸收了养料，并使之成为当时科学发展（包括数学的发展）的推动力；乾嘉时期的复兴是复古思潮，含有消极因素，因此对后来科学的发展（包括数学的发展）影响较小，甚至在某种程度上还阻碍了对当时已蓬勃发展的近代高等数学的研究。清代数学，已经远远地落后于同时期的西方，复古思想就是原因之一。"[8]

概言之，在东西方的数学教育传统中，西方体现了为数学而数学的特征，而中国则更多体现了数学的工具价值，该工具价值或者体现为重视数学的技术化应用，或者体现为将数学学习与研究作为实现个人功利的手段，遮蔽了数学本身的理性价值。

（三）数学教育要重视理性精神的培育

M. 克莱因把数学看成是"一种精神，一种理性精神"，他说："数学是一种精神，一种理性精神，正是这种精神，使得人类的思维得以运用到最完善的程度；亦正是这种精神，试图决定性地影响人类的物质、道德和社会生活；试图回答有关人类自身存在提出的问题；努力去理解和控制自然；尽力去探索和确立已经获得知识的最深刻的和最完美的内涵。"[9]针对数学悖论的出现，M. 克莱因谈道："尽管我们不得不尴尬地承认数学的基础并不牢固，但是数学仍是人类思想中最贵重的宝石，我们必须将其妥善保管并节俭使用，它处于理性的前列，毫无疑问将继续如此，就算是进一步的研究复查又发现新的缺陷。"[9]怀特海也曾呼吁道："让我们把数学的追求看作人类精神上授意的疯狂吧。"

齐民友则进一步地认定数学精神集中地体现为"彻底的理性探索精神"，他特别强调数学文化对人类精神生活的重大影响。

更有学者认为普及数学，不仅是普及数学知识，而且是普及数学的思维方式。"数学思维的经验和能力，体现了人类的高超智慧和永无止境的创造性。在当今'知识爆炸'的时代，智慧比知识更为珍贵，扫除数学盲，当然不仅普及基本的数学知识，也要逐步普及基本的数学思维方式。"[10]徐利治则指出："相对于先前的'普通劳动者'的概念（指具有健壮的体格、灵巧的双手和简单技能，从而能够胜任简单的机械劳动），现代的教育工作者提出了'科学文化人'的概念，它泛指具有较高文化素质的科技工作者，而其重要内涵之一是具有较高的数学素养。具体地说，'数学上的高标准'（或者说较高的数学素养）是与所谓的'数盲'直接对应的。前者不仅是指掌握了一定的数学知识和技能（包括应用计算工具的能力），而更重要的是指具有数学思维的习惯和能力，即能数学地去观察世界、处理和解决问题。"[11]

有学者指出数学思维是理性思维的典型与载体。"数学给人的不只是知识，而且是思想方法，数学是理性思维的典型。"[12]"数学思维的培养，是数学中一项长期而重要的任务，而要从中达到训练人的思想的目的，更是一个潜移默化的过程。一个民族如果站在世界之林，就一刻也不能没有理性思维，而理性思维的最有效的方式是数学。"[13]一些学者提出在数学教育中要重视数学的精神。徐利治等谈到："我国数学研究和数学教育与世界先进水平差距在哪里？我们认为差距之一是对数学的功能的认识。数学具有实用功能，这是人们所熟悉的，数学还具有文化功能，这却是人们容易忽视的。学过数学的人们中的大多数，一生中可能很少使用已学过的专业知识，但这并不等于说他们的学习没有效用，很可能他们最大的收益在于掌握了数学的精神、思想和方法，提高了自己的思维能力，而且终生受益。"[14]李大潜指出："要提出这样的口号——数学教育本质上是一种素质教育，不仅是知识教育。数学教育的作用，最重要的在于提高素质，按照数学思维方式去思维，到处起作用，把数学教育对素质的作用贡献出来，就体现了素质教育的精神。"[6]综上，有的学者强调数学思维，有的强调理性思维，有的强调数学思想，有的强调数学的文化价值，而思维受着精神的感召，思想与文化的内核是精神，理性的思维离不开理性精神的支配，理性的思想与文化体现的是理性的精神。理性精神是数学的伴侣，数学教育应重视培养理性精神，理性精神氛围的浓厚，才会形成重视数学的气候，才有助于发挥数学的多方面功能。中华民族文化中需要注入理性精神，数学教育需要重视理性精神的培育。

参考文献

［1］郑师渠. 中国传统文化漫谈. 北京：北京师范大学出版社，1990：194-195.

［2］田运. 思维词典. 杭州：浙江教育出版社，1996：190.

［3］张顺燕，数学的思想、方法和应用（修订版）. 北京：北京大学出版社，2003：249.

［4］胡作玄. 20世纪数学思想. 济南：山东教育出版社，1999：10-11.

［5］单增. 数学思维的科学. 数学学报，2001，（6）：1.

［6］丁石孙，张祖贵. 数学与教育. 长沙：湖南教育出版社，1998：35-118.

［7］钱宝琮. 中国数学史. 北京：科学出版社，1964：27.

［8］梅荣照. 明清数学史论文集. 南京：江苏教育出版社，1990：6-7.

［9］Kline M. Mathematics in Western Culture. Penguin Books，1953：Preface.

［10］邓东皋，孙小礼，张祖贵. 数学与文化. 北京：北京大学出版社，1990：210.

［11］徐利治. 徐利治论数学方法学. 济南：山东教育出版社，2001：619.

［12］丁石孙. 数学的力量. 见霍金，杨振宁. 学术报告厅——求学的方法. 西安：陕西师范大学出版社，2002：63.

［13］徐利治，王前. 数学哲学、数学史与数学教育的结合——数学教育改革的一个重要方向. 数学教育学报，1994，3（1）：3-8.

［14］李大潜. 在上海市中小学数学教育改革讨会上的发言. 数学教学. 2003，（1）：6.

Logos Spirit in Education of Teaching

Abstract　The history of math development shows that the prosperity of a nation is closely related with the math development. The traditional culture of China, greatly influenced by the Confucianists' thought, is dominated by pragmatism and utilitarianism in the scientific development, and the logos activity and value are oppressed and the logos always ends up by defeat when logos science is in conflict with external utility. Attention should be paid to logos spirit in the education of math, and only with strong atmosphere of logos spirit, can the climate in which attention is paid to math be formed and can it help to give play to various functions of math. Therefore, attention should be paid to the development of logos spirit.

KeyWords　logos spirit; education of math; math thinking; logos thinking; math though

八、纪 念

李国平教授科学工作五十年[①]

　　我们敬爱的老师李国平教授自 1933 年起在大学任教，致力于科学与教育事业，至今已整整 50 周年了。

　　李老师 1910 年生于广东丰顺县，青少年时代即已萌发献身科学的炽烈热情。他 1933 年毕业于中山大学数学天文学系，同年任广西大学数学系讲师。1934～1936 年，他东渡日本为东京帝国大学数学科研究生，系统地开始他的数学研究工作，并以其函数论方面的研究成绩为我国前辈数学家熊庆来教授所器重。1937 年从日本归国，被推荐为中华文化基金委员会研究员，选送去巴黎庞加莱（Poincaré）研究所工作。1939 年在抗日战争初期民族危亡之际，他毅然归国，任四川大学数学系教授。翌年，又受聘为武汉大学教授，以至于今。在旧中国，虽然从事教学与研究的条件极差，图书资料匮乏，学术交流停顿，个人生活也极为贫困，李老师却毫不动摇地坚持研究工作，努力为国家培养人才。他清贫自守而又忠诚于科学与教育事业的崇高品格至今还激励着他当时的许多学生，使他们久久铭记不忘。

　　中华人民共和国成立后，历尽艰辛的李老师精神极度振奋，他衷心拥护党的领导，诚恳地要求进步，1956 年他光荣地加入了中国共产党。

　　李国平教授 1955 年被选为中国科学院学部委员。为了发展

---

　　①　1983 年 11 月 15 日收到.

数学物理学报，1984，27（1）：127-131.

本文与蒲保明、张延昌、路见可、王柔怀、张楚宾、丁夏畦、齐民友、吴厚心、党诵诗、郭友中、王振宇、阳名珠、吴学谋、陈希孺、任德麟合作.

国家急需的科学技术，1956～1958 年他主持筹建了中国科学院数学计算技术研究所（初创时为数学研究室）。1979 年该所重建为中国科学院数学物理研究所，他仍任所长。与此同时，他受国家科委的委托，积极参与筹建国家科委武汉计算机培训中心与湖北省计算中心，担负了最早的业务领导工作。在武汉大学，李国平教授一直是数学方面的学术领导人，历任数学系主任、数学研究所所长、副校长等职。1980 年，在他的倡导下又创办起了《数学物理学报》和《数学杂志》，他分别任主编与名誉主编。作为我国科学界老一辈的活动家，他还担任了湖北省科协副主席、中国数学会理事和名誉理事、中国系统工程学会副理事长、学术委员会主任等学术职务。

李国平教授是第四、五、六届全国人大代表。并多次当选为湖北省、武汉市的劳动模范和全国先进工作者。

李老师的学术工作涉及许多方面，这里仅略述其主要的方面。

（一）关于半纯函数、整函数和函数逼近理论的研究

李老师 1935 年开始陆续发表一批关于半（亚）纯函数的研究工作，受到当时著名的函数论专家瓦利龙（Valiron）的注意，为之逐篇评介［见德国《数学评论》（zbl）第 11（1935），第 12（1936），第 14（1936），第 17（1938），第 18（1938）和第 19（1938）诸卷］。在整函数与半纯函数理论中，除了内万林纳（Nevanlinna）的示性函数外，级与型是关键性的概念。1936 年，李老师剖析了布卢门塔尔（Blumenthal）关于函数型的理论，在内万林纳，瓦利龙，米尤（Nevanlinna，Valiron，Milloux）和劳赫（Rauch）等人工作的基础上提出了半纯函数（包括有限级与无限级）的波莱尔（Borel）方向与填充圆的统一理论[9]，其中特别包括了他在 1935 年与熊庆来教授用不同方

法同时建立的无限级半纯函数理论[4]。熊庆来教授 1964 年在《亚纯函数的几个方面的近代研究》一文（《数学进展》6 卷 4 期，1964）中就曾经指出："关于奈氏的学理……在我国方面亦先后有我自己及李国平、庄圻泰等的一些工作，其中关于无穷级的函数者尤较具体而显著"。而瓦利龙在其《Directions de Borel des Fonction Meromor Phes，1938》一书中也早肯定了这一点（见 P40）。熊老在上文中还就李老师关于半纯函数理论研究中的另一贡献，即关于幅角分布理论指出："国人方面，关于茹氏或波氏方向及茹氏或波氏点，曾得研究结果者，先后有我自己、庄圻泰、李国平等"，这指的是李老师的工作 [12]. 有关结果，其后已收入李老师的专著 [1] 中。李老师关于内万林纳第二基本不等式中的重级指量 $N_1(r)$ 的进一步探讨也是重要的。熊老在《十年来的中国科学》（数学部分，1949～1959）的《亚纯函数论与解析函数正规族论》一文中就指出，李国平教授凭借他对上述内万林纳基本不等式的强化，就填充圆与波莱尔方向，得出了较瓦利龙与米尤的定理更精密的结果。在关于中国数学发展历史的这一文献中，包含对李老师在唯一性问题、有理函数表写问题、整函数理论在函数序列的封闭性问题上的应用、伴随魏尔施特拉斯（Weierstrass）函数及强伴随魏尔施特拉斯函数等方面研究工作的评述。

李老师研究了解析函数逼近等问题。例如他利用布特鲁-嘉当（Boutroux-Cartan）定理获得了函数的拉格朗日（Lagrange）插值收敛性的一些结果、关于解析函数用费伯（Faber）多项式逼近的一些结果等。这些工作在《十年来的中国科学》（数学部分，1949～1959）的有关章节中均有介绍。

（二）关于准解析函数类的研究

早在 20 世纪 30 年代李老师这方面的两篇紧密联系的论文

由蒙特尔（Montel）推荐发表在巴黎科学院院报上。其一为
[14]，文中李老师推进了前人的思路，对 $f(\theta) \in L(0, 2\pi)$ 之傅
里叶（Fourier）展开式

$$f(\theta) = \frac{a_0}{2} + \sum_{i=1}^{+\infty} (an_i \cos n_1 \theta + bn_i \sin n_i \theta)$$

中的上升序列 $\{n_i\}$ 提出了性质 $D(\lg \lambda, \delta)$（λ 为非负整数，
$\delta > 0$）以刻画"空缺情况"，同时定义了函数 $f(\theta) \in L(0, 2\pi)$，
取一点 $\theta_0 \in (0, 2\pi)$ 为其 $(\lambda+1)$-指数级等于 ρ 的右（左）零
点的意义曼德尔布罗伊（Mandelbrojt）曾深入研究过这两个
重要概念当 $\lambda = 0$ 时的特殊情形）并得到如下结果：

若 $f(\theta) \in L(0, 2\pi)$ 的傅里叶展开式中的 $\{n_i\}$ 具有性质
$D(\lg \lambda, \delta)$，而以 $\theta_0 \in [0, 2\pi,]$ 为其 $(\lambda+1)$-指数级等于 ρ 的
右（左）零点，则当 $\rho > \frac{1}{\delta}$ 时，$f(\theta) = o(p, p)$。

在另一文 [15] 中，李老师定义 $C_\delta(\lambda)$ 类为 $\{n_i\}$ 具有性
质 $D(\lg \delta, \lambda)$ 的有界可测函数之集，而得另一结果：

当 $\rho > \frac{1}{\delta}$ 时，$C_\delta(\lambda)$ 是 $E \frac{\lambda}{\rho}$ 准解析的，即其中两函数若在
集合 B 上重合，B 有一点相对于函数 $\exp(\lambda+1)r^{\rho(r)}$ 而言是其密
度点（$\rho(\lambda)$ 连续且 $\lim_{r \to 0^+} \rho(r) = \rho$）则它们几乎处处相等。

除此之外，李老师在此文中还提出了一类当茹瓦（Denjoy）
意义下的准解析函数 $C\{\overset{\delta, \lambda}{m_n}\}$，$\rho(\rho > \delta)$。

如所熟知，复平面单位圆上的哈代（Hardy）函数类 H^i 中
的函数 $h(z)$ 由其边值 $f(\theta) = h(e^{i\theta})$ 在任一正测度子集上的取值
所唯一确定，按前述一个结果显然可以得出很不相同的唯一性
定理。

由于战争环境，他这方面的工作被迫中断，直到八九年之
后他才又回到这一课题的研究，并在武汉大学理科季刊9卷1

期（1948）上发表了一批关于概周期函数的准解析性的判定准则。其中典型的结果可见 Math. Rev. 1959，（10）：701 上的介绍，近年来他又在国内一些刊物上相继发表了一些论文，这些都是他本人 20 世纪 30 年代工作的继续，并对前人的工作有所推进。目前他正在写一本关于准解析函数类方面的专著。

（三）关于微分方程的研究

李老师早期专攻复变函数论，因此一直关心微分方程的解析理论。从 20 世纪 40 年代起即影响了一些学生，使其注意这方面的研究。中华人民共和国成立以后，为在国内建立一支微分方程的研究队伍，在 1954 年受教育部委托与申又枨、吴新谋等教授合作，在北京举行微分方程讲习班，李老师与申又枨教授主讲常微分方程的理论部分，为在我国建立微分方程的研究队伍做出了宝贵的贡献。在这一时期，他研究了与此有联系的自守函数，闵科夫斯基-当茹瓦（Minkowski-Denjoy）函数的问题，着重研究了复变量的闵科夫斯基-当茹瓦函数问题。所得的结果发表在 [2] 中。

此外，他还将自己关于半纯函数、整函数与准解析函数的研究成果应用于对常微分方程和差分方程的研究中，并研究了将函数构造理论的结果应用到微分方程理论中的问题。

（四）关于数学物理的研究

20 世纪 60 年代以后，李老师的注意力主要转向数学物理，为了加强国内薄弱环节，以适应国家急需，他对这一重要分支花费了巨大的心力。他致力于数学、计算机科学与系统科学相结合，积极倡导数学同其他科学技术的边缘研究。

李老师以巨大的热情从事近代物理包括一般相对性量子场论的数学问题的研究。他早在 20 世纪 50 年代初就认为嘉当关于外微分形式的理论以及现代微分几何中的某些概念是研究物理学的有力工具，并在自己的工作中加以应用。这一些，今天回顾起来都是很有见地的"己树新风联实际"，多年来李老师关心数学的实际应用，还在诸如各向异性半导体理论、数理地学、电磁介质力学等方面与从事实际工作的同志相配合，并与他的学生合作，均有所著述。

李国平老师今已73岁高龄，但精神矍铄，五十年如一日，为繁荣祖国科学和培养人才不遗余力，至今仍然奋发在科研、教育工作的第一线。到目前为止，李老师已发表学术论文68篇，出版专著12部，为国家培养了大量的人才。最近他仍怀老骥之志，壮心不已，常吟诗抒怀，以表达他对党和国家的光明前途与科学事业的美好前景的坚强信心：

> 山林近朝市，清者还独清。
> 登高一长啸，聊以寄远情。
> 弱冠奋长鞭，七十怀至诚。
> 悠悠五十载，畴人务专精。
> 嗟彼搏扶摇，日暮巢高枝。
> 而我万物灵，栖栖竟何为。
> 人皆丰衣食，前代奚若斯。
> 剥削不能淫，世变终可知。
> 光明在大道，何用感路岐。

我们敬祝李国平老师健康长寿，不断为人民做出新的贡献！

参考文献

Part Ⅰ：Monographs

[1] Lee Kwok-ping（Li Guoping. 李国平）. La Theorie des directions de Borel des fonctions meromorphes. Science Press，1958.

[2] Lee Kwok-ping，GuoYouzhong（郭友中）and Chen Yintong（陈银通）. Fonctions Automorphes et Fonctions de Minkowski. Science Press，1979.

[3] Lee Kwok-ping，Guo Youzhong. Mathematical Seismology. Seismological Press，Beijing，1978.

[4] Lee Kwok-ping，Guo Youzhong. Conductors and Semi-conductors. Hubei People's Press，1978.

[5] Lee Kwok-ping，Song Ruiyu（宋瑞玉）and Fan Wentao（范文涛）. Mathematical Models and Industrial Automation（Ⅰ）. Huhei People's Press，1978.

[6] Lee Kwok-ping，Song Ruiyu and Fan Wentao. Mathematical Models and Industrial Automation（Ⅱ）. Hubei People's Press，1981.

[7] Lee Kwok-ping. Quasi-analytic Theory of Functions. for Mathematisches Worterbuch compiled by the Academy of DDR，1962.

[8] Lee Kwok-ping，Guo Youzhong. General Relativistic Quantum Field Theory（Ⅰ）. Hubei People's Press，1980.

[9] Lee Kwok-ping，Guo Youzhong. General Relativistic Quantum Field Theory（Ⅱ）. Hubei People's Press，1981.

[10] Lee Kwok-ping，Wu Xuemou（吴学谋）. On Elec-
tromagnetic Storm. Wuhan Univ. 1972.

[11] Lee Kwok-ping，Liu Huaijun（刘怀俊），Qiu Huaji
（邱华吉）. Current Theory of Analytic functions.
Wuhan University Press，1983.

[12] Lee-Kwok-ping，Cai Haito（蔡海涛）. Theory of
Quasi-analytic Functions. Wuhan University
Press，1983.

Part Ⅱ：Research Papers

[1] Lee Kwok-ping. The property of Bessel functions. J.
of Natural Sciences. Zhongshan Univ.，1930.

[2] ——. On the property of determinants. ibid，1930.

[3] ——. The property of integral functions. Sciences，1933.

[4] ——. On meromorphic functions of infinite order. Jap.
J. Math.，1935，12：1-16.

[5] ——. On meromorphic functions of infinite order.
ibid，1935，12：37-42.

[6] ——. On integral algebraid functions. ibid，1936，
12：129-132.

[7] ——. On the Borel's directions of meromorphic func-
tions of infinite order. ibid，1936，13：39-48.

[8] ——. On the unified theory of meromorphic functions.
Proc. Phys.-Math. Soc. Jap.，1936，18：182-187.

[9] ——. On the unified theory of meromorphic functions. J.
Fac. Univ. Tokyo Sect.，1937，13：153-286.

[10] ——. Sur les directions de Borel des fonctions mero-

morphes d'order fini$>\frac{1}{2}$. C. R. Acad. Sci. , Paris.
1938, 206：811-812.

[11] ——. Sur directions de Borel des fonctions meromorphes. C. R. Acad Sci. , Paris, 1938, 209：1 548-1 550.

[12] ——. Sur les valeurs multiples et les directions de Borel des fonctions meromorphes. ibid, 1938, 206：1 784-1 786.

[13] ——. On the directions of Borel of meromorphic functions of finite order $>\frac{1}{2}$. Compositio Math. , 1938, 9：285-295.

[14] ——. Sur un theoreme fondamental dans la theorie des fonctions quasi-analy-tiques. C. R. Acad. Sci. , Paris, 1939, 208：1 625-1 627.

[15] ——. Sur des nouvelles classes quasi-analytiques des fonctions. ibid, 1939, 208：1 783-1 785.

[16] ——. Sur les deux systemes des cercles de remplissage de remplissage des fonctions entieres d'order infini. Wuhan Univ. Math. Report. 1943, 1：1-14.

[17] ——. Sur les series de Fourier et les classes quasi-analytiques des fonctions presque-periodiquues. Quart. J. Sci. Wuhan Univ. , 1948, 9：1-16.

[18] ——. Sur L' approximation des fonctions analytiques presque-periodiques. Quart. J. Sci. , Wuhan Univ. , 1948, 9：17-31.

[19] ——. A new theory on nonlinear ordinary differential

equations of characteristic functions. Acta Math. Sinica, 1954, 4 (4): 467-477.

[20] ——. On Привалов theorem. J. of Wuhan Univ., 1956, (1).

[21] ——. Transformation of construction theory of real variable functions to that of complex variable functions. ibid, 1956, (1).

[22] ——. On the generalized theorem of Привалов. ibid, 1956, (1).

[23] ——. On the uniqueness problems of the meromorphic functions. ibid, 1956, (2).

[24] ——. The closeness sequence of holomorphic function. ibid, 1956, (2).

[25] ——. Singular integration and analytic functions. ibid, 1957, (1).

[26] ——. Accompanied Weierstrass function of meromorphic functions of positive order. ibid, 1957, (1).

[27] ——. The application of construction theory of functions in differential equations. ibid, 1957, (2).

[28] ——. Strong accompanied Weierstrass function of meromorphic functions. ibid, 1957, (1): 27-35.

[29] ——. On universal double series. ibid, 1957, (2).

[30] ——. Transformation form of Riesz theorem. Acta Math. Sinica, 1957, 7 (1): 128-132.

[31] ——. A basic theorem in interpolation of integral functions. ibid, 1957, 7 (2): 268-271.

[32] ——. The transformation form of Cauchy inequality.

ibid, 1957, 7 (3): 340-346.

[33] ——. Two basic principles and their generalization in construction theory of analytic functions. ibid, 1957, 7 (3):327-340.

[34] ——. Completeness of integral function sequence. J. of Wuhan Univ. , 1958, (1): 53-65.

[35] ——. On the representation of meromorphic functions by a sequence of rational functions. ibid. 1958, (1): 65-75.

[36] Wu Xuemou. The transformation concept in mathematics (I), ibid. 1975, (2): 33-51.

[37] ——. The transformation concept in mathematics (II). ibid, 1975, (3): 24-45.

[38] Guo Youzhong. The theory of anisotropy (I). ibid, 1977, (1): 45-71.

[39] Guo Youzhong. The theory of anisotropy (II). ibid, 1977, (2): 15-43.

[40] ——. The solution of two-body problem via correction of relativity. ibid, 1977, (4): 20-28.

[41] Guo Youzhong, Tensor, spinor and their mixture (I). J. of Zhengzhou Univ. , 1978, (2):

[42] Guo Youzhong. Tensor, spinor and their mixture (II). ibid, 1979, (1): 1-29.

[43] Wu Xuemou. Some transformation concepts in mathematics. Chinese Science Bulletin, 1979, 24 (4): 145-149.

[44] ——. On quasi-analyticity. J. of South China's College of Metallurgy, 1979, (2).

[45] ——. Some problems in the theory of functions. Proc. for the 30th anniversary of Wuhan Branch, Academia Sinica, 1980.

[46] ——. Fourier integration and quasi-analytic function classes. J. of South China's College of Metallurgy, 1980, (3).

[47] ——. Regularization of function family. Hunan Annals of Math. , 1981, (2).

[48] ——. On generalized theorem of Vitali. J. of Math. , 1982, (4).

[49] ——, Guo Youzhong. Some transformation concepts on mathematical sciences. Acta Math. Sci. , 1981, (1).

[50] ——, Liu Huaijun（刘怀俊）. The completeness of polynomial system in H_2 (D, h) and its transformation. J. of Math. , 1982, (1): 81-93.

[51] ——. On inverse functions of meromorphic functions. ibid, 1982, (3): 283-291.

[52] ——, Chen Yintong and Liu Huaijun. General property of the first order linear homogeneous difference system of equations. ibid, 1981, (1-2): 1-13.

[53] ——. Difference operation and its inversion. ibid, 1981, (2): 207.

[54] ——. Control, filter and recognition of system. Practice and Theory of System Engineering. 1981, (1).

[55] ——. Generalized theorem of Vitali. J. of Math. , 1982, (4).

[56] ——. Connection of holomorphic function family H_1 and quasi-analytic function family. Wuhan University, 1966.

[57] ——. Regularization theory of real number sequence. Wuhan Univ. , 1956.

[58] ——. On boundary properties of conformal mapping and level curves. Wuhan Univ. , 1955.

[59] ——. On inner and outer level curves of Jordan curve. Wuhan Univ. 1955.

[60] ——. The boundary property of holomorphic functions. Wuhan Univ. , 1955.

[61] ——. Some problems of partial differential equations. ibid, 1964.

[62] ——. The application of exterior differential form in mathematical sciences, (Ⅰ). Report for the first National Proc. of Math. Sci. , 1979.

[63] ——. The application of exterior differential form in mathematical sciences (Ⅱ). ibid, 1979.

[64] ——. The application of exterior differential form in mathematical sciences (Ⅲ). ibid, 1979.

[65] Guo Youzhong. Mathematics, mathematical sciences and others. Progress in science, 1983, 1 (1): 17-22.

[66] Guo. Youzhong. Bifurcations, stranges attractors and chaos of systems. J. of Zhengzhou Univ. , 1983, (2): 1-13.

[67] Guo Youzhong. From mathematics to mathematical sciences, Encyclopedic Knowledge, 1983, (11): 48-51.

[68] ——. Applications of Index Operators in Multiplicative Sequenses. Lectures in Mathematical Sciences (Ⅰ), Wuhan University Press, 1983.

苏学辉煌　下开百世①

每年教师节，我都要给一些老师发贺信，其中包括家乡的现任小学老师，以及我早年的中学和大学师长，而第一封贺信，必定是呈送给苏步青先生的。

我敬爱苏老师，是由于他品德高尚，热爱祖国，主持正义，保护学生；是由于他忠诚于教育事业，为国家培养了许多高水平的人才，并且为中小学教育，做了许多好事；是由于他在数学研究中取得了巨大成绩，并为我国数学研究的发展做出了杰出贡献。他在各方面的成就，远非一般人所能望其项背。诚如子贡所说，"固天纵之将圣，又多能也。"

我国数学的振兴，是老一辈数学家长期努力奋斗的结果。1931年，苏老在浙江大学举办数学研究班，高年级学生和青年教师参加，这也许是我国最早的数学讨论班。以后苏老长期坚持，风雨无阻，在数学界传为佳话并奉为典范，从此全国仿效。正是从讨论班走出了许多数学英才。1950年6月，国家建立了数学研究所筹备处，苏老受命为主任，这为正式成立中国科学院数学研究所创造了条件。20世纪50年代初，中国科学院出版了三部数学专著，代表了中华人民共和国成立前中国数学研究的最高水平，苏老的《射影曲线概论》（1954年）便是其中之一。以上只是苏老工作的一小部分，便足以显示他对我国数学教育和数学研究的巨大影响。

我自恨无缘，不能得到苏老的耳提面授，但他对我的指导

---

① 谷超豪，主编．文章道德迎高风——庆祝苏步青教授百年华诞文集．上海：复旦大学出版社，2001.

和帮助是终生难忘的。1977年，我写了一本小册子《科学发现纵横谈》。上海人民出版社为了加重分量，请苏老写序。苏老不以为陋，欣然命笔，勉励有加。两年以后，我收到一本书《微分几何》，打开来看，上面赫然有苏老的亲笔题字："王梓坤教授指正，苏步青敬赠，1980.4"。这使我万分激动，又惊又喜，愧不敢当。苏老是数学泰斗，一代宗师，又是我的长辈，"指正""敬赠"，怎能担当得起？这本书我奉为珍宝，时时拜读，如见师颜，以为自勉。特别是苏老的墨迹，当垂之永远。

苏老待人接物，一丝不苟，既亲切，又端庄。在几次院士会上，哪怕是小组讨论，苏老总是不顾高龄，挺直肃坐，从不早迟；而且思维敏捷，时有幽默俊语，使与会者在欢乐中受到启迪。

在先生百年华诞即将来临之际，祝苏老师健康长寿，幸福吉祥；祝苏老开创的事业灿烂辉煌；苏学之光，永照数林。

怀念苏步青先生①

　　苏步肯先生对国家、对数学科学、对数学教育的卓越贡献，他的高尚的品格，使我们非常钦佩、敬仰。苏步青先生仙逝，无疑对我们国家、特别对我国教育事业、对数学科学、对《数学教育学报》（以下简称《学报》）都是巨大的损失。我们深感悲痛，深切怀念。

　　春去秋来，斗转星移。苏老以 101 岁的高龄而含笑天庭。在悲伤之余，我们永远不会忘记苏老对《学报》的关怀与帮助。1987 年到 1991 年《学报》筹办期间，申请期刊号非常困难。当时我们和张奠宙先生商议，求助于苏老。他欣然应允，还答应亲自找当时国家科委负责人谈话。当我们将申请期刊号材料寄给他时，他因病住院，便将材料转给全国政协秘书处，秘书处又以公函转送国家科委，这是《学报》所以能取得期刊号最主要的原因。1992 年《学报》正式出刊，苏老又应请欣然提笔书写刊名——《数学教育学报》，并答应担任《学报》名誉主编。

　　春来柳绿祖国大地，《数学教育学报》已由原来的四个筹办单位（北京师范大学、华东师范大学、东北师范大学、天津师范大学）发展成为由两个主办单位（天津师范大学、中国教育学会）、十个协办单位（北京师范大学、华东师范大学、南京师范大学、贵州师范大学、西南师范大学、扬州大学、浙江师范大学、首都师范大学、湖南师范大学、华南师范大学）、47 个

---

　　① 　数学教育学报，2003，12（2）：1.
　　本文与庹克平合作.

董事单位（43 所高师院校、4 所中学）共同组建而成朝气蓬勃、团结奋进的集体。她基本上覆盖了我国从东到西、从南到北的绝大部分地区。《学报》的编委、董事大都是我国数学教育界的著名专家、学者。《学报》自创刊以来，发表了大量高水平的学术论文。《学报》成了反映我国数学教育科研水平与促进数学教育发展的重要学术阵地。目前，《学报》在海外影响也越来越大。美、英、德、日、新加坡等国及中国港、澳、台地区一些著名的专家、学者均曾在《学报》上发表过文章。因之，《学报》已被国内外众多专家、学者称之为能够代表我国数学教育学术水平，在一定程度上反映国际数学教育前沿的高水平学术期刊。

可以说，没有苏步青先生的关心与帮助，就没有《学报》的诞生；在《学报》的成长过程中，所迈出的每一步，也都充满着苏老的关怀。当然，《学报》的水平逐年提高，与全国教育界的大力支持，全体编委、董事的齐心协力也是分不开的。今后，我们将再接再厉，不断提高《学报》的质量，来告慰《学报》名誉主编苏步青先生的在天之灵。

深切怀念华罗庚先生①

我怀着十分尊敬的心情来纪念华罗庚先生。

大概在 1950 年，华先生从国外回来，路过武汉时来武汉大学参观，那时武汉大学数学系只有十几个学生。华先生和我们座谈，我们听他讲话，对华先生的爱国精神敬佩不已。他是我们学习的榜样，感觉他非常和蔼可亲。这是我第一次见到华先生。

1958 年下半年，中国科学院数学研究所请了波兰专家鲁卡斯瑟维克茨到数学研究所讲波兰数学的应用，让我做翻译。波兰专家的讲课华先生至少听了一两次，每一次他都认真地听讲，并且听到底。

讲学结束后，华先生请波兰专家去大栅栏全聚德吃烤鸭，因为我是翻译所以去作陪。饭菜很丰富，有一道菜是烹鸭舌，非常好吃。这也是我第一次吃这道菜，得有多少只鸭子才能有这么多的舌头呀！晚饭后，华先生在回中关村数学研究所的路上，坚持要绕道把我送回北京师范大学。这样的大数学家对我们年轻人这么关心，让我非常感动。后来这位波兰数学家的讲稿（大约有 20 讲）全部译成中文，发表在 1963 年的《数学进展》上，现在还查得到。波兰专家讲的数学很清楚、面也很广，他讲俄语。

还有一次，"文化大革命"前，华先生到南开大学演讲，他准备得很认真。在黑板上出了一点小毛病，当时我很年轻，就

---

① 华罗庚百年诞辰纪念座谈会纪实. 数学通报，2011，50 (3)：1-2.

冒失地指出来。华先生很谦虚，立即改正。

大概是"文化大革命"期间，华先生通过严志达先生来征求我的意见，问我是否有意来中国科学院数学研究所工作。我没有思想准备，不愿意离开南开，同时也觉得数学研究所的门槛太高了，所以没有来。可见当时华先生很关心这件事情。

我非常遗憾没有听过华先生讲课，但读过许多华先生的书。他的《高等数学引论》有很高的水平，证明、叙述都是单刀直入、简洁明确的。这正是天才的特征。华先生的自学精神和治学方法，在《数论导引》及王元先生写的书中，都有精彩叙述，如"从厚到薄，从薄到厚"已成为名言，值得我们深入体会。

我们今天怀念华先生，是要发扬华先生的爱国精神、学习他刻苦奋斗的毅力，努力工作，把我国的数学和数学应用，提高到新的更高的水平。

我们中国还能出几位华罗庚？

关于华先生有几种现象：

第一，华先生的天赋是很高的；

第二，华先生的人品、学问是超群的；

第三，他对社会的贡献很大，关于他的民间传奇故事很多；

第四，华先生很关心政治，也很关心实际与应用。

希望我国能多出几位像华罗庚先生这样的大数学家。

我所知道的许宝騄教授：与许先生的一面之缘①

许宝騄先生是我国概率统计的领军人物，他对概率论的极限定理、数理统计都做出了杰出贡献。1956年左右，他组织了概率统计学习班，学生来自全国各地，为培养概率统计奠定基础，其后不少学者出自此学习班。

我只见过许先生一次，去他家看望他。那时他已患病。谈到邓肯书中关于柯尔莫哥洛夫定理（给出某空间（E，B）上一族相容的有限维分布，讨论过程的存在性），他指出证明中少了E中的拓扑结构。

很遗憾未亲聆许先生的讲课，但我隐隐感到还是得到了他的不少帮助。1965年，我出了一部书《随机过程论》，这也许是国内第一部概率论著作。当时国内自己著的数学书还很少。我想这本书的审订一定得到了许先生的支持。其他我在《中国科学》《数学学报》上发表的一些论文，想必也得到了许先生的帮助，因为当时能审稿的人极少。

我们今天纪念许先生，是要发扬许先生的治学精神，努力把我国的概率统计提高到新的、更高的水平。

---

① 北京大学校报，2011-09-15，第1 223期，第3版.
本文是在北京大学许宝騄先生纪念会上的发言.

深切怀念李国平老师①

1948 年，我有幸考进武汉大学。入学不久，就听说武汉大学数学系有两位著名的教授，一位是李国平，一位是李华宗。可惜我没有机会见到李华宗先生。

那时正值中华人民共和国成立前夕，学生活动很多，但还能上课。1949 年以后，政治运动接连不断：欢迎解放军进城；镇压反革命；拒用银元；下乡宣传爱国公约和土改；三反五反；抗美援朝参军；思想改造等。同学们政治热情高涨，业务学习很不安心，形式上每学期只上两三门课。张延昌、吴亲仁先生教微积分，张远达、曾宪昌先生教高等代数，路见可先生教点集拓扑学与常微分方程，曾昭安、余家荣先生教函数论，叶志先生教微分几何。老师们教得都非常认真，可惜学生心不在焉，大部分时间都用在政治运动上。直到四年级快毕业了，系领导发现我们的业务基础太差，才请出李国平先生给我们补教数学分析基础，从实数系的戴德金（Dedekind）分割讲起。这样，才有了聆听李先生讲课的机会。

李先生讲课高瞻远瞩，深刻透彻，特别是对内容的各部分、各章节、各定理间的关系，指点得非常清楚，使我们大开眼界、融会贯通。那时班上同学很少，不过十几人，如齐民友、吴厚心、张正言、欧阳绵等。课余同学们出于敬仰和好奇，常到李先生家里去拜望。他拿出许多张像地图那么大的图纸，上面标了各种颜色的箭头和弧线，以标明各定理间的联系。虽然不能

---

① 数学理论与应用，2011，31（1）：74.
本文是 2010 年 10 月在武汉大学纪念李国平院士 100 周年诞辰大会上的发言.

细看，却教给了我们思考和学习的方法。李先生也鼓励我们自学，自己找参考书看，以培养独立工作能力。李先生的言传身教，对我们日后的科研和教学都起了非常大的作用。

遗憾的是，1952年，我们就毕业了，我离开了武汉大学，再也没有机会聆听李先生的教诲。

1990年，我申请中国科学院学部委员（院士），需要两名学部委员推荐。李先生说他非常乐意推荐，并愿留下一个推荐名额给我直到最后。可惜我再也找不到第二位推荐人，只好另请学校推荐。通过这件事，可见李先生对后辈的关心和提携于万一。

离开母校和李先生几近60年，许多事情已经淡忘，但李国平老师亲切待人的态度、严谨治学的精神，永远铭记在我们心中。

纪念胡国定先生诞辰九十周年[①]

我在南开大学工作了 32 年，其中除在教务处工作一年之外，其他时间都是在数学系。1952 年到南开时，系里党员很少，只有三人，胡国定、邓汉英和我，三人都是中青年。我们相处的时间比较长，他们对我都很照顾，比方说有什么困难的事情，都是他们自己去承担；有什么好事情，他们都喜欢推我去，例如提工资等。

后来我们到苏联去学习，我去了 3 年（1955 年秋至 1958 年夏），胡国定先生也去了 3 年（1957 年 9 月至 1960 年 8 月），他是作为进修教师去的，他去学数学信息论，我去学马尔可夫过程（念副博士学位），所以在那儿又接触了一年。总的来说，我认为他无论是在工作、学习上，还是进修时，都很照顾别人。很感谢南开大学对我的培养，我是武汉大学毕业，毕业后就分配到南开大学工作。我们相处得非常好，从来没有吵过架，意见可能有，但不是很严重，都能和睦相处。当时系里面还有一些人，曾鼎铼先生任系主任，还有周学光、高鸿勋等老师。系里的人很少，很多事情都是党内先商量，然后由系主任去执行。

我在大学里学了英语，也学了俄文，所以我去俄罗斯之前曾辅导过老师们学俄文。胡国定先生的为人可用两句话来说：

1. 他是一位忠诚的、勇敢的地下工作者，为解放事业做出了很多贡献。他的父亲就是这样的，他的父亲是大资本家，但一直追求进步，胡国定先生受他父亲的影响，在 1949 年以前就

---

① 2013 年 9 月 25 日，南开大学召开胡国定先生诞辰九十周年纪念大会，王梓坤拍摄录像送到会场播放. 本文根据采访录音整理.

是一名地下党员。所以我说他是一位忠诚的、英勇的地下党员。

2. 业务上他是一位数学信息论专家，他起初是想搞一些数理逻辑研究，数理逻辑我也不太懂，所以也没有太多的去钻研它；数学信息论他做得比较多，他有一个学生沈世镒后来继承了他的工作。

他待人是很慷慨的，只要是他能做得到的，他一定会去做。他是从上海来到（天津）南开大学的，听说他在上海时就很进步，做一些地下工作。总的来说，我的印象是老胡做工作、为人处世都是很严谨的。如果没有想通当然会犹豫，只要想通了就会坚决去完成，不管有什么困难都要做到底。我们三个人合作得很好。邓汉英1958年至1966年任数学系党总支书记，1972年至1984年任数学系主任。组织上决定的事情，大都由老胡（1960年至1979年任数学系副系主任）出面，因为他做事比较坚决。

岁月如流，我从毕业到南开大学与胡先生在一起工作了许多年，回忆与胡先生交往和在南开大学的这段缘分，内心感到十分庆幸。

九、传　记

履尘纪要

（1929～1942）

（一）返里

民国十六年，父大人以事赴零陵。越二年，余始履尘。又三岁，家迁衡阳。时父失业，生活甚艰苦。

一位李妈妈，世居衡阳，乏嗣，爱余胜己出。

居二年，父大病。久达月余。母衣不解带，目不交睫者数昼夜。后幸得痊愈，然家计遂日下矣。

初兄嫂依母居，后以故早归梓里。时留衡阳者，父母弟及余而已。

既鉴于难以客寄也，父母立意返家农耕以糊口。唯惧余之既得欢于李妈，必不欲归，强既不可，诱又难行。良久，计无所出。

一夕红日西沉，室暗如云。父他出。房中唯母子三人。因食花生。生味既甜且脆，余甚爱之。母乃乘机而言曰："此物也，生于田野，花落成实，初秋丰收。梓里吉安，遍地皆是。兄嫂鉴于斯，故早归。明年，余等亦可坐享矣。"余闻之，怦然心动，俯首良久。母既知余意，乃择次岁三月二十一日，扬帆西下，盖是日系余生辰也。

李妈知余意决，遂不复留，唯泣下数行而已。风浪生涯，颠簸甚苦。十余日，乃抵家园。此民国二十五年事也。

后闻李妈思余痛甚，后三年，遂瘁。余虽无知，闻之亦长号不已。

是乃为余书之端。自斯而后，父亡母老，家贫弟夭，悲幕重重，逐日而至。噫，美哉童年，东逝不复归矣。

（二）弟夭

既归也，父以为学业不可终止，乃令入梓里小学就学二年级。己乃复往衡阳，西出谋事。

日月如流，岁时若飞。转眼忽又年余。一日，黑云重重，雨骤然下。适家中米尽，乃行舂米之工。晚始终。弱弟梓宝，方四岁，幼而且健，常外出嬉游，既久遂以为常，不复顾视。时弟持一扫帚付母，意欲清除尘脏。母大喜曰："儿亦能作也。"

祸之骤作也。疾若电驶。噫，熟知弟即此永诀矣。晚餐欲进，呼弟不应，久之举家似狂。四处寻觅，母汗簌簌沿额下，气喘神急，然踪迹仍渺。里有伏清叔母者，顾而语曰："塘中有物，既巨且白，浮沉水中，不知何也。"余等闻之，疾竿而拨。呜呼，天耶，非弟何也。溺既久，无术可施。母就地大泣，余亦恸甚。然事既如此，能若何哉，乃上书禀老父。父闻之，亦大伤心。此民国二十六年事也。

事之生也，距笔时约九载，详情不复忆矣。

（三）父逝

民国二十九年夏，烈日照人若煎，热风吹稻似浪，长空万里，渺无片云，阡陌禾田，富有金谷。割稻者，珠汗淋淋，湿透衫袖。余时亦在其列矣。

做工既久，苦难复熬。忽一人蠢颠高呼余兄字曰："趣归，汝父返矣，速整轿赴固江，盖若病，足软难行也。"

余闻之，既喜父之归，又惊父之疾。一时五内皆沸，乃促兄速同赴固江，区区十里，竟似万里长途，苦不得至。

及参也，父清瘦异常，几至不识。及视余，枯燥面庞，苦呈笑容，盖父以余为掌珠也。余乃坐其侧，手为挥扇，父子沉默，并皆无语。俄瞥其双目欲垂，以为旅途辛劳，四肢皆疲。

至乐天伦，不知就倦，此人之常，无足怪也。遽料倏忽仆地，余大惊若狂，双手来扶，力小难遂，乃高呼兄来，方知父已失知觉也。

及醒也，余等已回固江，正奔驰于返家道上矣。呜呼，固水长流，一逝不再，此其我父亡兆耶。

抵家后，父备述始末。盖病起于端午，渐饮食难进，一进则呕，头疼若裂，四肢软疲，日唯饮薄粥开水而已。既久，体渐寒庾，精神复颓。遍请名医，尽皆束手。嘻噫，殆矣，乃应友人规劝，趋装归里。

呜呼，父老矣，迈矣，岂能复遭魔劫。父一生为人温良谦恭，若好女子。为善之举唯恐后人。欺诈、奸险，恨之切骨。故里者，无不肃然敬爱。不意忠厚一生，染此恶疾终身，谁谓为善必报哉？

病已入膏肓，难以复治。延至八月中秋，是晚明月如昼，百步见人。然余等见之，尤以为暗淡也。父病遽增，余等环绕床头，不敢有离。呜呼，佳节也，举世腾欢，四邻笑声盈耳，岂臆天涯一角，亦有伤心断肠者耶？一悲一乐，相距何巨？神之为虐，何若剧耶？

父呼吸暂促矣，脉跳暂歇矣。呻吟之中，竟然延至十七日晚。

初，余常为父槌脚敲背，每劳之下，甚苦其作，常速是事，是晚也，余又执焉。工作倍常，毫不为倦。父母皆嘱以休歇，致不顾，及促三四，不得已乃歇。呜呼，熟知此也，竟父子永诀矣。

父断续语余："夫为人也，应温良忠厚，遇事切宜小心，若临深渊，履薄冰，复加以百折不挠，埋头苦干之决心，则无不可为矣。余语竟此，汝其勉之！"语竟乃挥手令退。

夜深矣，不觉倦然竟睡。忽有人推余醒，乃兄也。复闻哭声盈耳，乃知父已仙去矣。呜呼！噫嘻，抚养之恩，稍未酬劳，不意竟溘然长逝，留我孤儿老母、弱兄、苦嫂。世间悲事，无过于此。

乃卜吉就葬，一切如礼。自斯而后，贫苦愈迫矣。

（四）家落

余家素贫，祖遗父者，破橼数间，劣田二亩而已。

祖嫡配黄氏，生父后即早殇。继娶刘氏，生子女各一。其待父也，虐而且刻。故父早年失学，后乃外出学徒，力图上进。终日除理职视事外，恒埋首书间，故造诣极深。夫人之识既广，无不甘为钱奴，然父对人接物，极其慷慨。人有急也，常倾囊以助，故所蓄无几。民国二十四年，复恶疾，后幸疗好，然不足以糊口。乃携余等归故里，已乃复外出谋，谚云老当益壮，其斯之谓屿？

民国二十七年，父自外归，旋又出，至二十九年初夏罹疾还，中秋后二日，竟束手西去。呜呼！余等素贫，幸奈父以糊口。今父又长弃儿辈，生活将何以恃？

是时也，兄业农。既乏田产，又缺器具，仗双手以果腹，岂能给耶？幸母平日贤明，稍有积蓄，时给以匡不逮，故一家得仍糊口，余亦幸得以继学，然生活艰苦，则不可言譬也。

既久也，暂不给，常仰助他人。至今日，艰苦倍昔时。虽君子安贫，亦难禁也。

日后而何，尚难决也，唯望我人努力。但问耕耘，不计收获。俾上帝得生一念之悯，则糠生以度日，亦幸也。

（五）求学

斯题之作，似嫌其早。然余为黾勉计，特乘闲而记其一二，俾使童年经历，求学困难，重活心中，或能痛定之余，着力加餐，以明茫茫万里之前途也。

母大人尝语余于众曰："福儿幼也，甚慧并美，体力胜常儿，出游也，见家人辄怜悯，曾一度随余出，见乞丐于途，乃乘余隙出金元以投之。又其畏鸡毛癣，或遇之，灭去方适。四岁时，过幼稚园学校之门，见孩提群群，游学其中。乃起读书之念，余不忍拂也，遂送之学师所，能记之。父息时亦教以字书，辄不忘。后乃转入豫立小学，方一年，遂举家返梓矣。"

"既归也，乃复令入里之初级小学肄业，三年期满，乃不得已赴去家十里固江镇之县立三区小学，是为民国二九年秋。熟知儿父亦于是时去世。民国三十年初，因家寒故，遂自请走学。日夜为学奔波。初余甚忧，盖家去校十里，以小孩之速，最少须一小时方达，此前曾无一人能耐此劳苦，驱驰其间，故每晚母必亲迎于途。余学无间断，虽风利如刃，雪下若飞，亦必赴之。且至校之早也，举校不能及，师生交誉之。久亦遂以为常，不复晚迎矣。次学期，里有数童，见余既为前驱，遂同去学，余之心，乃更释矣。光阴如流，转眼二年，遂以最高成绩卒业是校。民国三十一年秋，随里兄数人，赴吉安市考省立吉安中学。去者六人，唯取余而已。既取，遂不复考他校，此诚天意也。

（1946 年写）

旧事偶记

（1929～1977）

（一）我出生在湖南省零陵县（现永州）。当时父亲在"恒和"商店做雇员。我 2～3 岁时，来到衡阳。父亲在衡阳一家商店"德成和"做雇员。父亲没念多少书，但他写得一笔好字，打算盘很快，看了不少书，看京剧可以只听不看。人又老实，所以商店愿意聘他。"德成和"也是枫墅村一富商开的。一位李妈妈，她对我很好。我有很多时间住在她家。我母亲和她也很和睦。她家住"谢家巷"，现在已找不到了，想是日本鬼子炸掉了。我家住"盐仓"。那时我才四五岁，直到七岁才回江西。我哥哥、嫂嫂也在衡阳。后来哥哥自己单身愿回老家种田，次年我嫂也回江西。

记得有一次，大院里有一只大公鸡，血红的鸡冠，对着我很凶地张着翅膀要啄人。我吓得大哭。那时恐怕只有三岁。听母亲说，给我梨，一次给一个，先左手拿一个，再右手一个，再给时大人看我怎么办。我把左手那个夹在右胁下，再接了一个。大人印象很深。我在李妈家时，谢家巷口有一电影院，我常溜去看电影，又没钱，进不去。后来想出个办法。我看见有些小孩跟着妈妈进去。于是我也牵着一妇女的衣角，混了进去。李家一邻居也有一孩子。大人考我们，问"曰"如何念。我说："日"，那孩子却认对了。到了六岁时，我上"豫立小学"。有时带五分钱在路上吃一碗"鱼粉"，觉得味道好极了。我在那小学成绩不佳，好像只得过一次奖励。作业好时老师送一张红纸，大概只得过一次。脑子糊里糊涂的。（我的智力要到九岁后才突然爆发出来。）我常住李妈家，仿佛记得她的丈夫是一大胡子，还有一姐叫"桂牙子"。似乎还有一姐夫（未成亲）。后来我找过他们多年，都未成功。记得每天早起，李妈要吃一开水冲的鲜鸡蛋。她吃剩的一点便给我吃。总之，我喜欢她比爱亲妈还好。但到 1936 年，我们全家都要回江西了。我该跟哪个妈呢？我妈说你爱跟谁就跟谁，结果还是跑到亲妈那边。我看到李妈大哭一场。从此再未见她，也再无消息。至今心中还深感不安。命运小儿捉弄人，要是我那次跑到李妈那边，会是什么结果呢？在"盐仓"里，有几个小孩，是"德成和"小老板王培生的妹妹和他将来的妻子等。我们有一次学大人玩结婚，要我扮新郎，那妹妹扮新娘，我不肯。第二次我肯了但那妹妹却不干，于是没玩成。我妈不识字，她也有一些朋友。她们经济上互助的形式是"打会"。甲有事了，每家出 50 元，10 家便是 500 元。先给甲用，甲并请客。第二个月又每家出 50 元，给乙用，乙也要请客。如此下去，玩过一圈。详情我不清楚，大概如此吧。

1936 年回到老家江西吉安固江镇枫墅村。我的家是一栋老房子，还阴凉，但很暗。白天房间里几乎都要点灯。每间房只一小窗子，只有一本 32 开的书那么大。晚上蚊虫轰鸣，太厉害了，就点起一把稻草熏屋子。老鼠也很多。刚到家那几天，我出门后找不到家，许多人家都差不多一个样。回乡后可能停了一段学，上了一年私塾，背完了《论语》《大学》《中庸》，一点也不懂。但"有朋自远方来""吾日三省吾身"等还是懂的。记得是我哥替我买的《论语》，蜡光纸，大字，现在看到这种书，还有"思古之悠情"。我似乎背得很快。后来私塾改成白话，念小学教本，容易多了。记得国文课本中有"北风呼呼，雪花飞舞，笃、笃、笃，打更的更夫真辛苦""蚂蚁姑娘迷了路"等。

校舍先在"政公祠"，后迁到"三多堂"。孩子都说三多堂

有鬼。我在枫墅村念了四年（1937～1940），上完了初小。老师
只有一人，就是王少诚老师。乡下人不叫"老师"，叫"师老"。
我们对少诚师老畏之如虎。远远听他一声咳嗽，便跑得无影无
踪。孩子背不出书或淘气，或打手板，或打屁股。他很负责，
每天端一壶茶，一个水烟筒来上课。有时也教我们美术，就是
把白纸用刀刻成一条条而不断，然后用红纸条横穿成各种图案。
有时也领我们出去做游戏，如"丢手帕""老鹰抓小鸡"等。他
教给我们驻英大使是邵力子，驻美大使是顾维钧，又教什么尼
加拉瓜，委内瑞拉，还有史蒂文生发明火车等，这在当时是大
学问。他的薪水是每个学生交一担谷（大约50 kg），每家杀猪、
红白喜事时请他吃饭。他也犯过错误。一次，有一头牛跑到他
家菜园里，他用刀砍断了牛的脚筋。他与妻子大概没说过几句
话。我念中学放假时到他家看望。他告诉我说：吉安县高小毕
业会考，我的语文全县第一，他颇引以为自豪。教私塾时，他
还教过古文，好像"郑伯克段于鄢"是他点的。为了躲日本鬼
子飞机轰炸，他领着我们到1 km外的小村子"沙里"上课。其
实那村子靠河很近，更危险。他戴眼镜，胖胖的，中等身高，
从不苟言笑。我们也很淘，在地里捡了豆子，用瓦片烤着吃，
捡树子做陀螺玩，又收集了一点药和香炉灰，开一家小医院。
更糟的是偷了一只鸡烧着吃，爬树摘柿子、橘子更是常事。

　　这四年里我父亲仍在衡阳做店员，中间好像回来两次。每
次带一叠一角钱一张的新钞票，每天要我去村里唯一一家小店
买一角钱肉，大概有四两。他爱抽烟，总要带圆筒装的哈德门
牌香烟回来。为了教我认字，他给编了一本字典，是按读音排
的。例如"一、益、依、衣"等排在一起。这在当时是创造，
过去大概从没这样的字典。后面附有谜语、对联等。如

两人两土两张口，普天之下处处有，

若是有人猜得着，半斤精肉一壶酒。

（打一字—"墙"）

白水泉下十口田，五口属吾；

山石岩前古木枯，此木成柴。

青草桥下青草鱼，口衔青草；

黄花冈上黄花女，手执黄花。

这本手写书取名《开卷有益》。可谓用心良苦。他见我认识一些字，开始看小说了，便寄回了《西游记》《民国通俗演义》等书，还买了王羲之写的《兰亭序》，作为练字帖。

他第二次回家，教我打算盘。我学得很快，连什么"斤求两""飞归"都会。可惜他走后没巩固，不久也就忘了。他在家时，常常挖了蚯蚓去钓鱼，我也跟着一起走，学会了钓鱼。

1940年下学期，我在固江镇的吉安县第三中心小学读书。这是唯一的一个学期在校寄宿。一天，忽然有人告诉我说，你爸生病回来了。现正在镇上"918"商店。我赶忙去看他。他正坐在一凳子上，消瘦得很。我替他打扇子。他闭着眼，坐着坐着，忽然一下子摔倒在地上。我忙叫人扶起他，抬回家去。固江到家十华里。那年我11岁，念五年级上。回家后，他躺在床上。他的病是不能吃东西，一吃就吐。请了一位中医来看，是用轿子抬来抬走的，自然不管用。他躺着对我说，要"埋头苦干"。这四个字我是牢牢记住了。后来也一直是这么做。不久，他便去世了。

父亲去世，家里更穷，不愿要我再上学。但我很坚决，说住不起校，我就走读。每天来回走10 km。我嫂嫂每天清早天不亮就起来煮饭。我还带午餐去。我从来没走过这么远的路去读书。路上要经过一小山，山上有一丛丛的小松树。晚上回来路过，已经黄昏过后，天黑。小松树在风下一摇一摆，就像一豺狼。因为有人说这一带有虎狼，所以我总是心惊胆战。小山下是一片坟地，荒凉凄清，很是怕人。母亲有时便到这里来接我。如果走大路，要远一些。有时也走大路。一次，已黄昏了，碰到一士兵与我同行。四周无人，我怕他行凶，又不敢说。我告诉他我家还很远，意思是我们还要同行很长的路。这是为了稳定他，让他不要动手。再走一段，我忽然说，我已到家了，再见。

　　我一个小孩天天就是这样走，路上来回两小时。我学会了边走田间小路边看书。每天我总是比别人早到。有几次下大雨，水深齐腰，我照样上学，一天不落。

　　这家小学，每天要做朝会，晚间放学也要做晚会。朝会上每次一位老师训话。有一次是刘郁文老师。他说，我们已规定不许喊诨名，现在又有人喊而且写在一张纸上。大家看，上面写"胖冬瓜"。这是我和一个同学开玩笑写的，放在他桌上。接着，不由分说，叫我出来，伸出手掌，狠狠打了十几下，打得手肿。这次印象深极了。那时校长是欧阳煌。晚会上同学们唱歌，歌词是：

　　　　功课完毕，快要回家，先生同学，大家齐分手。
　　　　明朝会，好朋友；明朝会，好朋友，
　　　　愿明早一齐到，无先后，
　　　　愿明早一齐到，无先后。

　　小学校歌，很有文采，不知是谁写的：

固水砥中流，候城宛在朝晖当头，

文山读书曾此游，手植双柏何壮道。

文章气节炳耀千秋！愿：吾侪努力。

德性进修学问追求，时间去难留。

1992 年我回吉安，副县长杨成礼陪我参观新建的文天祥纪念馆。其中果然有两株柏树的记录。这使我想起了小学的校歌。

当时还有王绵初老师，写得一手好字，古文好，是栋头人。另是王戬（又名王泽民）老师。我和王戬老师关系好。后来却不知为何半途把他辞退了。大概是老师间闹矛盾吧！六年级时，来了一位年轻的新校长刘振声。他刚从师范毕业，劲头很大。他带来一些新名词："象牙之塔""阁楼"等，给我们上国文讲鲁迅的《秋夜》。六年级主任是胡行健，常和我们玩。他去吉安，回来写日记，说"之吉"。我这才知道"之"字还有"去"的意思。同年级同学有周汉钦、徐文光、南国元、南国华（姊弟）、陈莲英、王谋祖、王贤祖等。周上台表演"卖梨膏糖"，逗得满堂大笑，当年很活泼。但到 20 世纪 80 年代再见他时，已臃肿不堪，气喘难行，不胜感叹之至。小学三四年级时，我突然变得聪明起来，成绩突飞猛进。老师上算术课，爱把一直行坐的同学编为一组。每次三组各推一代表上黑板演算竞赛，大概我上去必胜。

由于家境贫苦，劳动非常之累，每日牛马生涯，真是苦不堪言。所以我自小便立志要离开家。这是逼出来的。唯一办法便是读好书。农村孩子未见世面，也不知大理想是何物。但我是一步步来。上小学时目标是高中毕业，上了高中目标是大学毕业。这样一步步引我上进。我看到当老师清高，学校环境又好，因此立志当教师。从来未想去当官，对商人更瞧不起。所以我的目标十分集中，从未动摇。只靠成绩取胜。由于成绩好，养成自大心理。虽然穷，但从未求人，总是别人求我帮他学习。真是人穷志不穷。对有钱的人，我是傲气凌人，觉得自己有真本领才值得骄傲。我很瞧不起那些纨绔子弟和社会上的"富商、达官、贵人"。

上面说过，五年级上学期我住校，下学期单身走读。路上受了许多惊吓。一个 11 岁的孩子，一清早，一黄昏来回 10 km。怕虎狼，怕坏人，怕鬼，每天都提心吊胆。母亲倚树而望。但到了六年级，情况大大好转。原因是同村的其他孩子王顺纪、王昆山、王楚真等看见我能走读，他们也想走读。这样我就有伴了。有三四个孩子一起走，什么也不怕了。走路成了一种乐趣。我的点子也特多。大风大雨时，雨斜着飞来，我们便排成一横行，上面两把伞，朝雨来的方向倒打着一把伞。这样，雨就进不来。

有一次，我们走大路回家，沿公路走，在路边一小店休息一下。正好有几个士兵也休息。我端起一支枪，对着一同伴的胸口扳着射钩，吓唬他玩。那士兵说，里面上了子弹，把我惊得冒汗。如果扣一下，就是一条命呵！那我又会如何呢？人生有些关口：如果我跟李妈走了；如果这一枪打了；如果初中毕业没有王寄萍；如果高中毕业没有吕润林的资助；如果在茶陵走失，没有再碰到吕润林；如果大学毕业分配未改变方案；如果多次考试中有一次考试失败；……那我的一生就是另一个样子。

这时正是抗日时期。我家后面是公路。一次，日本鬼子飞机追击一辆汽车，把它炸翻。车是运货商人高三元的，他和我父亲相识，便跑到我家借住，同时给了一银元作为见面礼。我便请三位小朋友各吃了一碗米粉，把剩下的钱买了松紧带玩，沿路拉着带子，四个小孩都非常高兴。没想到母亲得知后，非常气恼，叫我跪了很长时间，然后是一顿痛打。

这种节目上演了好多天，她一想起就生气就打我。一次，又是这样打。嫂嫂在旁边说：还不快跑。一句话提醒了我。这次事件给我终生难忘的印象。母亲脾气是暴躁些，但我不该浪费这一块钱，何况正当家里很穷的时候。母亲虽不识字，但人精明。她常说："吃不穷，用不穷，不会打算一世穷。"脾气好时，对我也很好。冬天，她在屋后倒塌的房子前做鞋，我便坐在她脚前晒太阳，觉得非常舒服。她和嫂嫂的关系好。我没听到她们吵过一句架。嫂嫂是很勤奋的人，对我也很好。平日家里没有一分钱，要买油盐或其他非用钱不可时，嫂嫂和我便挑着谷子，我还是小孩，只能挑二三十斤，走 5 km 路到固江去卖，再打油回来。每隔 20 来天，便要推磨碾谷成米，也是非常辛苦的事，都是嫂嫂做。天不下雨，要到田里车水，也常是我和嫂嫂去。哥哥只管重体力活，犁地挑粪等。我没听过哥嫂说多少话。她生了四个女儿，两个儿子。女儿都成人，而儿子却夭折，全家都非常伤心。我还有一个弟弟，比我稍小一些。我带他玩，他哭时影响我玩。他哭，我就打。打他他哭得很凶，运动量就越大，很快他便疲倦了，于是就睡着了。我很快把这总结成一条经验。一天下雨，我们正在家里推谷碾米，忽然弟弟不见了。全家找了很久。后来有人说，池塘里冒起一白颜色的东西。这就是小弟（元牙子）的尸体。可怜的小弟。他是在池塘岸边石头上失脚落水的。这大概是 1939 年的事。

1945 年，我家已能听到日本鬼子的炮声。大家都准备逃难。哥哥在家中谷仓的下面挖了一个地窖，准备把家具埋进去。正干着，忽然听说鬼子投降了。大家都非常高兴，逃过了一场大劫难。

（二）1948 年秋，考取武汉大学后，有公费，吃饭问题已解决。当时正临中华人民共和国成立前夕。有一天忽然看见

《新世界》杂志征文启事。我当时对黑暗的社会正无比愤恨，便投了一稿《堆在下层的落叶》，现在收在《科学发现纵横谈》（2009年版）中。不久，进步学生又组织迎接解放的座谈会，请一些进步教授演讲，如有著名历史学家吴于廑等。我也参加，会后写了几篇通讯，其一为《联防应变在武大》，也登在《新世纪》（在湖南长沙出版）上，可惜此文毁于"文化大革命"中。

　　我出身底层，对旧社会的官僚统治十分不满。武汉大学进步力量很大，同学中流传《李有才板话》《新民主主义论》《通俗资本论》等进步书。我看了这些书后，思想上受很大影响，进步也很大，常去参加地下党组织的迎解放活动，合唱"团结就是力量""山边那边哟好地方"等进步歌曲。为了表述自己的观点，我又向武汉的《大刚报》投稿，登了《奢侈品论》《论消费》（上、中、下）等文章。这些文章都丢了。不料"文化大革命"后，有一年轻人查阅《大刚报》时发现这几篇文章，居然手抄全文，给我寄来，使我感激不尽。这几篇文章，都放在北京家中。现在看虽极幼稚，也反映当时的思想。

　　一天，我忽然看见，在文学院的墙上登着一篇征文的广告：武汉通讯社征文，题目是《对1949年的展望》。这又动了我的心。我寄了一篇文章去，基调是"进步力量必将日益壮大，全国解放指日可待，人民翻身的幸福日子快到了。"大意如此，详情已记不住，也未存底稿。寄去后不意有一天要我去领奖，说我的文章选中了。我去武昌才知道，这通讯社是官方机构。当时吓出一身冷汗，心想这一下可没命了。原来为了装民主，我被评为第二，因为我是左派观点。第一名是右派观点，是说反动政府好话的。会后从武昌回到武汉大学要走十多里很少行人的路。时已近黄昏，而国民党的特务杀人是不眨眼的。我孤身一人，回校时一路心惊胆战，边走边回头看，是否有人跟踪，直到学校才放心。

当时（1948年）学校进步学生活动很多，如组织进步的演讲会、座谈会，传阅进步书刊，晚会上扭秧歌，唱进步歌曲。中华人民共和国快成立时，为了防止国民党溃逃时破坏学校，进步学生自动组织起来，保卫学校，名为"联防应变"。我平生未开过通宵夜车，只这一次，为了保卫学校，通宵巡逻，才开过一次。

学生们罢课。当时吴宓是文学院名教授。他在文学院门口贴一张启事，奉劝学生复课，未起到作用。

唱的进步歌曲有

> "解放区的天是晴朗的天，
> 解放区的人民好喜欢，
> 解放区的太阳永远不会落，
> 解放区的歌声永远唱不完。"

> "山那边呦好地方，一片稻田黄又黄，
> 你要饭吃得做工呦，没人为你做牛羊……"

> "团结就是力量，团结就是力量，
> 这力量是铁，这力量是钢，
> 向着反动势力开火，让一切不民主的制度死亡，
> 向着太阳，向着光明，向着新中国，发出万丈光芒！"

（三）中华人民共和国成立后（那时我上大学二年级），各种群众运动不断。第一次是欢迎解放军进城。但由于武汉大学在武昌郊区，离市很远，所以仪式不太隆重。接着是拒用银元运动。由于国民党发的金圆券，贬值非常快，人民对它失去信

心，都不愿用金圆券，而要银元。中华人民共和国成立后用人民币，所以必须宣传拒用银元。在"三反""五反"运动前，还有镇压反革命运动，找出国民党时期的特务反革命分子，或隐藏下来的反革命分子。武汉大学揪出来一个叫郝昭的。他曾在1947年6月1日武汉大学的六·一惨案中带领特务去抓学生（六·一惨案有三名学生被杀害）。由于他罪大恶极，被枪毙在武汉大学的六·一纪念亭。这是我第一次（但愿也是唯一的一次）看见被枪毙的死人。

随后是"三反""五反"：反贪污、反浪费、反官僚主义。学校里也打老虎（贪污犯）。我带了十几位同学，查学校仪器购管组的账。我是查账小组的头，而仪器购管组的行政领导是物理系副教授刘云山，他已靠边站。查账时方世国（女，生物系）同学做事非常认真细致。她从账本中查出有200克白金没有下落。而几天后，有人来报告，说刘云山把200克白金放在他家里。这样，刘是贪污犯是无疑的了。那时学生左得很，而武汉大学党的最高领导徐懋庸（文学家，和鲁迅打过笔战）则更左，于是立刻抄刘的家，把他家的衣服全抄走。更糟的是开全校群众大会，批斗刘，叫他在台上跪下。我看了心中感到非常不安。无论如何，不能要副教授跪在台上。我们在两年内下了两次乡。头次是去乡下宣传订爱国公约。第二次是去参加土改。第二次下去的第二天晚上，就听说有一个地主自杀了。我们是学生，总领队是一干部，叫梅白。他口若悬河，在台上作报告，也没有稿子，手舞足蹈。最有趣的是，他高兴起来，站在台上打转转，背对着群众。我们对他的报告很感兴趣。再下去就是抗美援朝运动。学生们全报名参军，只个别的不报，抬不起头，有的甚至溜回家去再不来了。我自然也报名，很积极。但体检很严，我自信身体好，却在检查眼睛时，医生拿了一个盒子，问我里面有什么，我说什么也没有。原来是检查色盲的。这次我才知道自己有色弱，于是马上被刷下来。我只好跑到广播站去做宣传工作。其实最后批准去参军的学生很少，全理学院大概也没超过十人。这时已到 1952 年，我快要毕业了。我被分配到北京大学去当研究生。全校大约有 30 个学生分到北京去，临行时学校要我当头，带了这 30 多个人，乘火车去北京。沿途大家非常兴奋，一路上高唱"我们的祖国多么辽阔宽广，矗立在亚洲的东方，背靠着苏维埃，面向着海洋，到处是优美的地方……"群情振奋，青春的火焰，简直把车厢都烤红了。同车的旅客都高兴地望着我们，有的也同声高唱起来。

终于来到北京，下火车后吃了一碗面条，没想到那面条又粗又大，一点不像南方精制的带有许多佐料的美味面。次日我和两位同学一齐去教育部报到。接见人是一位中年妇女，戴眼镜。她说："你们的分配方案全变了。现在学校里缺人，你们到学校去工作吧！"于是，我当不成研究生，被分配到南开大学数学系当助教。其他的同学也改派了。有的还去了东北。这种临时改变是不慎重的，但当时大家都自觉服从分配，没有一个人有异议。

这样，我便去南开数学系报到。

（四）1952 年我来到南开大学。那年正是院系调整，原来的北洋大学数学系合并到南开数学系。系里的教授有吴大任、陈鹏、刘晋年、严志达、曾鼎钵、李恩波等，由曾任系主任。我初来时，全体新来的助教都集中住在胜利楼一间大教室里，其中有后来成为南开大学校长的母国光等。当时数学系的胡国定讲师、邓汉英副教授热烈欢迎我。他们是系里管事的。后来事实证明，我和他们两位合作得很好。合作 28 年，从未因个人私事而红过脸。胡比较果断，敢作敢为，邓稳重，三思而行。我最年轻，但能出些主意。我的意见，常能得到他两人的支持。

所以后来在"文化大革命"中我们成了"三家村"。

1952 年下半年，我被抽调到学校教务处工作。校长是杨石先（化学系），教务长是吴大任，同时在数学系辅导解析几何（陈䍃主讲）。1953 年，学校招了一个干部补习班，补习高中的数理化，要我去筹办这个班。学员大约有 50 人，年岁都比高中生大。其中有一女生，学习很好，成绩在班上数一数二，所以我的印象较深。但毕业后不知去向。直到 1995 年，副总理朱镕基出访，夫人劳安陪同。这名字比较特别，所以容易记，而且难以雷同。我听广播后，便留心看电视。果然，这就是当年补习班上的劳安。不意那个班上还出了一个好人才。

1953 年，南开办了一所工农速成中学，校长是位姓赵的老干部（女），当时谁也没注意，到后来才知道，她是李鹏总理的母亲。

1954 年，学校推荐我去考留苏研究生，到北京参加考试。由于在武汉大学后三年时间的绝大部分都花在搞运动上了。这次真刀真枪要考试，确实紧张了一阵。考完后自己也没把握。不意一天在胜利楼的楼梯上，我上楼，胡国定下楼，他高兴地对我说："你考上了。"于是那年秋天，我来到北京石驸马大街北京俄语专科学校（以下简称俄专），补习俄语一年。

其实，我在大学里已念过俄语（作为第二外语）。分到南开时，正好老师们突击学俄语，便要我做他们的辅导。于是我成为教授们的老师。接着，学校为了鼓励老师学俄语，又举办了一次全校性的俄语考试，成绩好的，可以提升一级工资。于是我的工资涨了一级（其实也超不过十元钱）。尽管如此，到俄专后还要从字母学起。这样，我学俄语自然不吃力。

但我当时的一个大问题是：去苏联学哪一门数学？数学中分支很多，学什么好呢？有人劝我去征求中国科学院数学研究所研究员关肇直先生的意见。我到他家去拜见。记得他家里堆了许多书，书架放不下，便放在地上。他劝我学概率论，说国内学的人很少，而且这门学问应用很广。他还提到费勒（W. Feller）的书《概率论及其应用》，那时国内是找不到的。后来我又知道，当时国内数学方面力量较弱而且急需发展的数学分支有偏微分方程、计算数学、概率论等。这样便促进了我学概率论的决心。

可是，什么是概率论，我一无所知。因为当时国内大学里并没有开这门课。连概率论这个名字都未听过。书店里也没有这方面的书。也真是凑巧，一天我上书店，却不意找到一本新书《概率论教程》，作者是苏联的格涅坚科（Б. В. Гнеденко），译者是丁寿田。我如获至宝，赶快买回来。由于俄专不准看业务书，我只好每天跑到田野里去看这本书。读得很仔细，书上密密麻麻记下心得和问题，就算是学过概率论了。这本书现在还在。我非常感谢丁寿田先生，后来我曾想去看望他，却未成行，是一遗憾。

1953 年，南开数学系主任曾鼎铢邀我合译苏联两位院士柳斯捷尔尼克（Люстерник）与拉夫连季耶夫（Лаврентьев）合写的一本书，中文名叫《变分学教程》。变分学我们过去都未学过，也是第一本中文变分学，并请邓汉英作文字校正。1955 年出国前，忽然曾告诉我，说这本书出版了，并给了我 300 元稿费。那个暑假，我回吉安去看望母亲，并用这 300 元给家里买了一头牛。从 1952 年 8 月起，我开始领工资（每月 56 元），从第一个月开始，我每月给家里寄钱 15～20 元，都是发工资后一两天内寄出，月月如此，直到今天（1997 年），已经 45 年了，没有中断过一次。我母亲 1958 年逝世后，我照旧给兄嫂寄，对父母兄嫂表示一点感激之情。这在我家乡是人人共知的。我在苏联留学三年，每月由学校代寄 18 元。"文化大革命"后物价涨，我也尽力多寄一些。如果把每月的寄款单装订起来，相当于一本普通字典那么厚。

1954 年秋至 1955 年夏，我在俄专第 19 班学习一年，同班同学 30 余人，其中有唐九华（中国科学院院士），刘汉儒后来当上中国人民银行行长，刘更另被选为中国工程院院士，还有好友戚正武等。1955 年秋，我们乘火车由满洲里出国，经西伯利亚，大约走了七天八夜，来到莫斯科。临行前，每人发了两口大箱子，大衣厚薄两件，西服两套，一切日用品俱全，连擦皮鞋油都发了。我们真是无限感激国家工作人员想得这么周到。从此开始我的留学生活。（以上 1952～1955 年留苏前）

（五）两点杂感。我出身贫寒，少年时连饭都吃不饱，怎能谈得上营养？但我的身体一直较好，未因身体而妨碍工作。其原因何在？主要是靠生活规律，保证睡眠，这是不要花钱的。我按时起床，中午必休息片刻，哪怕 15 分钟也好。心里想着睡 15 分钟，到 14 分钟必醒来，准极了。晚上 10 时上床，在床上看一点文学等书，11 时必入睡。早操，饮食，也坚持规律，从不乱来。这对身体健康，是十分重要的保证。

我的天赋，不过中等，最多中等偏上，所以能有一小点成绩，主要是靠"用志不分，乃凝于神"。我的目标确定得早，上大学就定了，而且从未动摇。我只希望做一个合格的人民教师，在数学上做一点研究，其余一概不想，从未想过发财，也从未想去当官。20 世纪 80 年代，天津市要我去市里担任相当于副市长的职务，被我坚决辞掉。我用下面方法，逃避了这一"灾难"：我给中央组织部写了一封信，说明我如何不能担任行政工作。然后又给天津市市委书记写了一信，说"我应服从分配，但也有申诉权。请在给中央报任命名单时，把我给中央组织部的信也同时报上。"于是他们看出了我的坚决态度。我一心一意只想当好教师，研究数学。我的时间抓得非常紧，从不瞎聊天。全部时间除社会工作外全集中在主要目标上。少年时我爱打球，爱弹琴，爱下棋，后来一一断绝，"终身不复鼓琴"。记得 1959 年前后，中午一般休息到两点，我只休息到一点半，每天利用半小时翻译邓肯（Dynkin）著的《马尔可夫过程论基础》，居然成功。

（六）我很幸运，能进入苏联莫斯科大学读研究生。莫斯科大学不仅是苏联，也是全球最好大学之一，相当于英国的牛津大学、剑桥大学，美国的哈佛大学。校舍位于列宁山（山丘）上，约 30 层。最上端是针端①，五角星闪闪发光。门前广场十分宽阔，并有喷池。汽车绕校舍一圈，也得七八分钟。出入校门要出示通行证。我住在 B 区 14 层 1464 号。数学力学系的中国研究生全住此层。电梯常开。我在那里三年，电梯从未出现事故。莫斯科冬天很冷，但室内只盖一条毯子，也看不到暖气，因为暖气都在墙内。研究生两人一套房，一套内有二单间，一人一间，厕所和淋浴间公用。那时中苏很友好，苏联老师和同学对我们都很好，每个月我国发给研究生每人每月 700 卢布，生活够用。除买书外，我未买任何电器，所以毕业时还剩下 2 000 多卢布，都交给中国驻苏联大使馆了。

我的导师名义上是柯尔莫哥洛夫（А. Н. Колмогоров，A. N. Kolmogorov），他是当时国际上最大数学家之一，当然只是挂个名，实际上指导我的第二位导师是杜布鲁申（Р. Л. Добрушин，R. L. Dobrushin）。他是柯尔莫哥洛夫的研究生，很年轻，非常聪明能干，业务很好。每个研究生开始都要订学习计划，计划中第一部分是要学哪些课，看什么书，什么时候考试。第二部分是做学位论文。每个人的计划都根据自

---

① 类似于北京展览馆顶的尖的五角星，1976 年地震时北京展览馆顶的尖的五角星被震掉. 编者注

己的情况订，所以互不相同。考试的时间也由自己提出，认为自己差不多了，就可要求考试。看书主要是自学。杜布鲁申帮我订计划时，首先问我学过概率论没有。我毫不犹豫地说学过了。他问学什么书，我说是格涅坚科的《概率论教程》，他点头表示满意。其实我并没有听过概率论这门课，因为国内根本没有。如果我说没有学过，那就很可能要把我送回国内，或叫我在苏联当本科大学生。不过我也没有欺骗他，我说是自学那本书的。于是他让我念费勒的《概率论及其应用》（那时只有第一卷），哈尔莫斯（Halmos）的《测度论》、杜布（Doob）的《随机过程论》，还有泛函分析、偏微分方程、俄语、哲学等。我们约定每周见一次面，把看了什么书，做了哪些题都告诉他。起初他认真看了一两次，觉得大致可以，以后就不大看了。我碰到一些问题，向他请教，很有收获。后来做论文，也是每周见面一次。我从他那里得到许多具体的帮助，我非常感激他。可惜他不幸因肾癌于 1995 年早逝了。

这些书中最难念的是杜布那本 1953 年出版的大部头《随机过程论》（Stochastic Processes）。在该书之前，随机过程的书偏于直观，理论水平不太高。杜布第一次把随机过程论建立于测度论基础上。由于其开创性，难以把一切叙述清楚，是很自然的事。同时，又因作者本人水平很高，许多他认为是平凡的论断，一笔带过，其实并非平凡，故跳跃很多。因此，连苏联人也认为这是一本天书。我那时还没有拿到英文版，好在杜布鲁申已把它译成俄文，所以我读的是俄文版。为了攻读这本书，我起初的速度很慢，一天能看懂一页就不错了。因为其中许多跳跃都要补起来。等到读了几十页之后，我自己水平不断提高，而且也摸到了作者写书的脾气，便越读越快。最后还是把它攻下了。通过这本书，我总结了如何攻读名著（难著）的学习方法，写在《科学发现纵横谈》中（见该书"林黛玉的学习方法——一谈学：从精于一开始"）。高水平的书，读起来虽十分吃力，但读懂了则终身受益。

研究生虽以自学为主，但很想去听几次著名数学家的课。柯尔莫哥洛夫讲课时，许多教授都去听。他思维敏捷，有许多新的想法，使人很受启发。这对高水平的听众特别合适。但他讲话不太清楚。由于新思想多，自然就不大连贯，有时忽然讲不下去了，他就会说："谁一直在听？""救救我。"讲课最好的是希罗夫（Шилов），他是泛函分析专家，块头很大。但上课从不带书和稿，只是一支粉笔。讲得非常清楚，不紧不慢，好像在听故事。有时轻轻地抛起一支粉笔，又用手接住，很有风度。索伯列夫（Соболев）是偏微分方程大家。他非常热情，一上来就大声说："同志们，你们好！"更有趣的是听帕特里亚金（Потрятин）的课。他是拓扑学和控制论大家，不幸自幼双目失明。我想看他如何上课。他有一名助手。他口中讲，自然没有底稿，全凭记忆。助手就在黑板上写。有一次，他忽然停下来对助手说，你某地写错了。助手一看，果然如此。我非常奇怪他怎么能发现呢？后来我想，他一定是听到学生的私语，从学生的反应中发现了问题。我还听过门朔夫（Меньшов）讲实变函数论。他是一板一眼，没有书，没有手稿，黑板上写得整整齐齐，一句不多也不少，直泻而下，一气呵成。总之，每位都有自己的特色，使我大开眼界。

学习非常紧张。每天一早就到系图书室。每次只看一本要考的书。如杜布的《随机过程论》，以至图书管理员一看到我，不等开口，就把这本书交给我。我的位子基本也是固定的。每个位子有自己的灯。除了去听课或上讨论班，就坐在这位子上看书。午饭后也立刻回来，在位子上打一会儿瞌睡，算是午休，然后又开始，大约要到晚上八九点才回去（莫斯科时间比北京时间晚 5 h）。我不习惯吃面包，早上和中午没办法，只好吃食堂。晚上回去自己在煤气炉上做点米饭。那时莫斯科大学买东西很方便，一包一包的大米、排骨或其他，做一顿饭吃几天。

一星期中，中国同学约好打一次篮球。每周末看一次电影。有时星期日大使馆来莫斯科大学放中国电影。其他学校的中国留学生也来看。放中国电影成了我们的节日。影片《群英会》《借东风》《梁山伯与祝英台》启发了我对京剧和越剧的兴趣。

全莫斯科中国留学生的最大一次集会是毛泽东同志访苏。他在莫斯科大学小礼堂会见留学生。他逐个地介绍了陪同的彭德怀、李富春等。我一早就坐在前排，听他演讲。讲的就是后来大熟知的："世界是你们的，也是我们的。但归根结底是你们的。你们青年人，朝气蓬勃，好像早上八九点钟的太阳，希望寄托在你们身上。"周恩来也访问过莫斯科大学，1957 年上半年，莫斯科大学曾授予他荣誉法学博士学位。在大会上，周总理也讲了话。

1956 年，我有幸认识了在莫斯科大学语文系念苏联文学的谭得伶。她为人非常热心，诚恳助人。我们不久便坠入爱河。1957 年她本科毕业后分配到她父亲谭丕模教授工作的单位北京师范大学工作。

由于我出国前没有学过概率论，起点低，而苏联的研究生在大学三年级时就学了概率论，后两年又接着学，甚至还做了论文，所以我的基础就相对差，要最后赶上相当于三年内要做别人四年或更多时间内做的事。只有拼命努力，别无办法。我放弃了暑假沿伏尔加河旅行的机会，目的是为了早日学成回国服务。

经过一年多的努力，我终于完成了论文《生灭过程构造论》。在莫斯科数学会上报告了我的工作。随后通过了论文答辩，获得了副博士学位。做论文呕尽了心血，一个难点困扰了很长时间。后来是在梦中克服的。这没有什么奇怪，而是长时间思考的结果。

在苏联学习了三年，终于如期完成了任务。我于 1958 年 7 月回国，仍然回到南开大学数学系工作。

（七）1958 年，是我一生重要的一年，发生两件喜事，两件伤心事。一喜是通过了副博士论文答辩，于 7 月初自苏联乘火车回到北京。仍然是七天八夜，横贯西伯利亚。到北京时，谭得伶和原在莫斯科大学的同学刘宁来车站接，住在谭家。我见到了即将成为岳父的谭丕模先生。他慈祥，真诚。8 月 18 日我与得伶结婚，这是第二件喜事。当时正值大跃进，大家都非常忙。回京后，高教部组织回国留学生学习政治，我正在参加，结婚的当天都没有请假。在这种情况下，婚礼极为简单。只是请几位客人吃了几片西瓜。

学习快结束时，得伶给我一份电报，告知母亲病危。我大为惊讶，赶快去南开大学报到，直接由天津经丰台南下回吉安。这次旅费是岳父给了我 100 元。这是他刚收到的一笔稿费。母亲遍身浮肿，头发雪白，我心疼欲绝，立刻把她送入吉安的一家医院。是由哥哥和王瑞庆抬轿去的，30 km。我跟着走，恨不得分担哥哥的负担。住院后，我陪住。一次，母亲拿着白色的药片，可能是太难吃了，望着我，意欲不吞。我一着急，瞪了她一眼，她还是勉强吞了下去。我做了一件使她为难的事。这镜头永远无法从我心中抹去。她躺在床上，我拿出得伶的照片给她看，希望她高兴。可是她已筋疲力尽，而且疾病痛苦，她已没有多少反应了。医院里很脏，我在一水龙头上洗衣服。一妇女说，这里脏得很。我还是继续洗。当时全国正大跃进，没有假日，我不好多请假，住了几天，只得向妈妈告别。临行时，跪在她脚下来告别。我很不想回去，但我没有这样做。我不该这么早就回北京，也没有充分估计到这是永别。直到如今，每当我想起，就不能原谅自己。我怎么能丢下妈妈不管就走呢？我的心一直在疼。我本来想，学成后可以服侍母亲，没想到她两三个月后就辞世了。这是永远不能弥补，永远不能原谅的割心之痛啊！

10月间，岳父作为中国文化代表团的成员访问埃及等国，团长是郑振铎。我和得伶送他到宾馆。晚间他打回电话，问我们到家了吗？他一直在惦记着我们。谁知这是最后一次通话呢。两天后，国务院对外文化联络委员会来人通知，说飞机在苏联上空失事了，机上的人员全部遇难。这真是晴天霹雳，祸从天降。机上有中国文化代表团十人，外贸代表团六人，还有数十名外国人也一同遇难。送别时是亲人，回来时成为骨灰盒，这真是人间悲剧。

当时全国大炼钢铁。许许多多的小高炉。人们从家里把炉子、铁铲等全拿出去炼钢。食堂吃饭不要钱，地里的稻子无人收割。我回到南开大学后，中国科学院数学研究所请了一位波兰专家来讲排队论和数理统计。他用俄文讲，所以数学研究所请我去做翻译。波兰人叫鲁卡斯瑟维克茨。我先看他的讲稿，然后在课堂上翻译，配合很好。我这一点排队论，正是利用从莫斯科回北京的一周时间在火车上学的。没想到立刻用上。大约讲了半年。华罗庚也曾来听过课。中间华罗庚先生在前门全聚德请他吃饭，要我去作陪。这是我第一次出席宴会。记得吃了烹鸭舌等。饭后华先生说他用车送我回去，车经过北京师范大学去中关村。鲁卡斯瑟维克茨讲完课后，要去南方旅游，要我陪往。我说现在正大跃进，不去了。结果由王寿仁陪去。

1959年，我回南开大学工作。概率论教研室主任是杨宗盘，秘书朱成熹，还有阎光耀等人。上学期我开了概率论，是自己编的讲义，很草率。但这一班却出了一些人才，如刘文、施仁杰、李志闸、吴让泉等。边讲课，边搞反右倾，党委副书记楚云成了右倾机会主义分子。1960年，困难时期开始，人人都吃不饱饭，商店里空空如也，连水果糖都没有卖。1962年，吴荣、周性伟等人毕业。三年困难时期（1959～1961），全国饿死许多人，很多人浮肿。我算幸运，没有浮肿。1963年好了一点，又抓阶级斗争，再次极左。1965年，我下乡去搞社会主义教育运动。去的是河北省盐山县曾小营公社。盐山是最穷的地方。1966年春，开始"文化大革命"运动，从此天下大乱。

1959～1965上半年，这六年半的时间里，是我学术生涯最丰收的阶段，也是创作力最活跃、精力最旺盛、效率最高的年代。我从1960年开始带研究生。第一位研究生是施仁杰。当时我31岁。第二位是杨超群（后改名为杨向群），他后来任湘潭大学校长。他们都在"文化大革命"前毕业了。1964年又招了王纪韶、李素珍（两人皆女）。但"文化大革命"起来，她们便被分配。我从苏联回来，职称是讲师，1964年学校已通过我升为副教授。但接着批判修正主义，连军衔都取消。大学里的教授、副教授就更谈不上了。所以直到"文化大革命"完，我一直是带研究生的讲师。1960年，开始写第一部书《随机过程论》。这是偶然一次彭大鹏在闲谈中提醒我写的。我边讲课边写。我的文字功底较好，写完后无须修改，便由新来三同学刻蜡版印成讲义。用这讲义讲了三遍。同学们看得仔细。因此错误极少。我写时每章节的目标明确，最后要叙述什么定理，于是一切准备工作都围绕着最后目标而展开，走的直线，所以叙述得很清楚。加以写进了一些思想方法，自己的体会，还有自己的研究成果，所以这本书可以说是成功的。后来由科学出版社出版。1965 年下半年校样出来了。我正在乡下搞社会主义教育运动，一分钟空闲时间也没有。好在吴荣没有下乡。她替我校对。最后托人带到盐山，我再最后看一遍。那时看业务书是大错误。没办法，只好每晚别人睡后自己打着手电筒在被子里偷偷校对。1965 年 12 月出第一版，精装印 1 400 册，平装 1 200 册。1978 年第二次印刷，共印了 40 000 本。科技书出这么多，太不容易了。这本书被许多大学（如中山大学、北京师范大学等）和科研单位用作教本或参考书，口碑较好。这第一炮打响后，我接着又写了《概率论基础及其应用》《生灭过程与马尔可夫链》两本，但"文化大革命"前出版已来不及了。只好都交稿给科学出版社。直到 1976 年，1980 年才分别第一次印刷。前一本书 1985 年第三次印刷时竟共印了 98 150 本。后一本是专著（精装印 5 060 本，平装印 5 680 本），印得较少，但也超过一万册。除写书外，平日更多的业余时间还是花在写数学论文上，大约写了十余篇，主要的工作在这段时间中完成。一般说来，每学期教两门课，指导一个讨论班，还有开不完的会，搞不完的政治运动。因我参加系的领导工作，所以会比一般人多得多。

总之，这六年半时间里，除教课外，写书三部，译书一部，论文十余篇，指导研究生四名。工作的确很紧张。

每星期只有星期六晚是休息娱乐，或者南开大学放露天电影。这时全身心都放松了。乘着晚间凉风，真是人间天堂。如果那天电影不好，便晚间上街去劝业场。先买一张京剧票或越剧票，然后吃一顿饭，大都是爆三样一个菜，再去旧书店，最后去看戏。可谓乐在其中矣。越剧是小百花剧团，有两位女演员：裴爱花、筱少卿。裴与我同届当选为天津市劳动模范，但场下未见过面。

我所以能做些工作，妻子谭得伶帮了大忙。我们分居京津。1959年大儿子王维民出生，1965年小儿子王维真出生，我一点也没有管，全靠她和邱云仙阿姨（保姆）。这样，我便可集中全部精力于事业。从1942年小学毕业到1984年当大学校长，吃了42年食堂，而且现在还在继续吃，大概可进吉斯尼世界纪录，夫妻也分居了26年。

1960年，南开大学数学系的青年教师和同学们请我作了一次关于学习方法的报告。内容大概是说，学习要扶摇直上九万里，不要作平面徘徊。学过一门课后，就要接着学后继的高水平的课，方向明确，大步前进，直到科研前沿，不要老学同等水平的内容。然后又讲了如何攻读名著和难著的方法。这次报告听的人很多，是在阶梯教室讲的，连走道上都站或坐满了人，大概有300余人，影响很大。多年以后，许多人还记得。不久，天津师范学院也请我去讲了。陈乔琪那时还是学生，也听了。这次有人做了记录。20世纪80年代做记录的人又把内容整理一遍，寄了一份给我，他大概是想替我投稿登出来，给更多的人看。

此后，我在南开大学的名望越来越高。年轻人敬重，年长人和领导重视。原因是工作较有成绩，而且对人较宽厚。另外，又是贫苦出身。可以说，又红又专。

前面说过，中学时我本来有许多课外兴趣，后来为了数学都抛弃了。但爱听京剧、越剧、民族音乐，则还保留。20世纪60年代初，有一次去中山公园，在其中的剧场看北京实验京剧团李玉英演的《霸王别姬》，她演得很好，引起我的兴趣。而《群英会》《借东风》，则集中许多名演员。李盛兰（饰周瑜）、马连良（饰孔明）、谭富英（饰鲁肃）、袁世海（饰曹操），则更是京剧的绝唱。其后袁世海又主演《九江口》，也令人叫绝。杨秋玲等刚从剧校毕业，演《杨门女将》，全国轰动。正当旭日东升，谁想"文化大革命"不久开始，这一批才露头角的大有前途的演员，就此基本结束，令人长叹。

1958 年从苏联回到南开大学，学校给我一间 9 m² 靠北边连白天也得点灯的小房子，说以后再调吧！我说：没关系，随便什么房子都可以。可是，这一住就是十多年。正是这间小屋子，我在其中写了三部书和十几篇论文。如果加上"文化大革命"中写的《科学发现纵横谈》，那就是四本书。另还有一部翻译书。困难环境，真是锻炼人。后来我有了一点小名气，调了较好的房子，但找的人多，书也写不出来了。"文化大革命"以前，由于这间房的隔壁就是北村的锅炉房，所以暖气很好，不料 1966 年"文化大革命"起来，锅炉停烧，而我住的是北屋，所以非常冷。由于写作，手都冻烂了。我房子里有三景，这是无人经历过的（我想）：一是洗脸巾成硬块，二是茶杯结冰块，三是早起被头结霜。这都是因为房中温度在零度以下，又冷又暗又潮。奇怪的是我居然未患上关节炎。这一层住了五家，每家都是 9～12 m²。我的左边是一位大娘，带了一个儿子，一个外甥。这大娘嗓子好，大声斥责孩子，又打又骂，声音震屋。这种现象像现在流行的摇摆乐，我每天都要免费听好几次。我右斜对面是一位物理系老教授程京，说早年是念相对论的，残废了，头不能转动。起初还可拄着拐杖，出去打饭。后来不能出门了，就有人送点饭来。他单身一世，实在可怜。房里臭气熏人。他一打开门，那臭气就冲到我房里来，吓得我赶快关门。他早年有一两个朋友，不时来看他。一次，数学系崔士英副教授一进他门，就大声说："你还未死吗？"谁能料到，后来崔士英比程京还先死，死于心脏病。那是"文化大革命"中，白天崔士英还去农场劳动，走得很慢，第二天就说没了。程京死时，我已离开南开大学。从南开校报得知：他的工资基本没领过，存下一笔钱，全捐给学校设立奖学金。对门那间房换了几位主人：一位叫张树增，是单身，做行政工作，"文化大革命"后无事便来我室闲谈，告知外面消息。他搬后是老团委书记孙君结婚，不久便搬走。继来的是李凤鸣（女），一家老小及丈夫五六人，住两间都向阳。左对面那间住刘泽华（历史系）、阎铁铮夫妇及两个小女儿，后来刘与我成为好友。再过去是张家政（物理系）。李凤鸣初搬来时，我并不知道。一天，我回家忽然发现我房间的东西全不见了。原来是刘泽华和张家政见我住北屋那么多年，而李家一来便住两间南屋，打抱不平，便趁她尚未来时替我迁居了。我很过意不去，觉得对不起李凤鸣。但东西全搬了，也无法。张家政搬走后，继来的是历史系王文郁。本来大家相处很好，只王文郁和大家有些合不来（程京搬走后，南开大学元素有机化学研究所的左矩迁入）。我在这间房住了19年（1959～1978）。1977年，在打破多年停办的提职工作，我由讲师升为教授，学校房管科觉得不能再让我住 9 m² 了。1978年便动员我搬家。我说这里大家很和谐，不想搬。可他们怕舆论谴责，还是硬要我搬到另一面积较大的单间，在二层楼上。住了不久，南开大学建了一栋教授楼，又要我搬。我说拣一套最差的吧！于是迁往北村六楼四层只有两间带厨房的那一套。这房子因在四层，上面是平顶，风又不对流，所以非常热。

以上是在南开大学的住房情况。

天天吃食堂，困难时期每餐吃五分钱的大白菜。在南开大学这么多年（1958～1984）未喝过牛奶，可谓苦矣。但身体还是熬过来了，也不生病。只是1962年下半年患病毒性感冒，大病一场，住进医院。那时吴荣刚毕业，由她代我上随机过程论，正讲积分。她很好地完成了任务，那年她22岁。在医院看亨特（Hunt）写的三篇关于马氏过程与位势的文章，实在难看。

1966 年以后，因我得了一笔稿费，是出《随机过程论》的，两千多元，在当时真不少了。是吴荣去代领的。但我存进银行后再也不闻不问。20 世纪 80 年代以后物价飞涨，这笔钱几化为乌有。现在回想，那些年对生活确实考虑太少了。1963～1964 年，邓拓发表《燕山夜话》，一篇篇连载。我读后感到他渊博。但同时也想：这种文章我也可能写得出来。于是我开始收集资料，读《历史上的科学》等书，作了许多笔记，为"文化大革命"中写《科学发现纵横谈》做了准备，此为后话。

（八）1958～1959 年，由于大跃进，大炼钢铁和部分地区自然灾害，全国处于大饥荒之中，市面上一切商店，特别是食品店、粮油店，无东西可卖。每人油粮定量。我的粮食是每月 28.5 斤，油是半斤。每顿饭中午吃四两，晚三两，买饭时自饭卡上划去。一天能省下一两，就很高兴。到了 1961～1962 年，由于这些年人民浮肿，饿死不少，政治运动不搞了，人民得到生息，生产也慢慢好转。毛泽东把国家主席让给了刘少奇，形势有了新的生机。不意到 1963 年，毛泽东又提出以阶级斗争为纲，各种斗争又越来越多。在农村中搞社会主义教育运动，各处都动了起来。1965 年上学期，我上最后一堂《随机过程》课时，心中已暗自感到：这也许是我最后一次上课了（学生中有张润楚、王详、孙柄昆、王树筠、郑学侠、程锦芙等）不幸预言而中。

1965 下学期，果然学校动员下农村去搞社会主义教育运动。我和四年级中上述同学都去，地方是沧州市盐山县。那是最贫苦的县。我们去曾小营公社。工作组政委是一副县长，叫王宝坤，他妻子也同去。我们都与农民同吃同住同劳动。我被分配到一老夫妇家吃饭。只他们两人，还算比较干净，所以未染上病。每顿吃不上饭，大多是糠做的窝窝头，野菜薯片熬粥，没有菜。最多是一小碗生白菜，用盐拌一下。但工作量却很大。

初下去时是每天四出勤：早上、上午、下午、晚间，挑水抗旱，到下午骨头架都要散了。那年我36岁，在工作组里年龄算大的。心里想这怎么得了。不意那位王宝坤政委、张华山组长都是很有经验的人，成了运动"油子"，很有一套办法。他首先要镇住工作组中我们这些知识分子组员，用十分辛苦的劳动和生活艰苦来整得我们服服帖帖。其次是要镇住老百姓。他每天天不亮就吹口哨让我们集合跑步，绕着全村跑，边跑边喊一二一，震天地响。让老百姓知道，工作组不是好玩的。第三是镇住本地干部，一来就叫他们靠边站。工作组开始访贫问苦，查账，调子唱得高高的，说查出了多少钱，多少粮，没有下落，但这些到后来都不能落实。王宝坤自己也知道，等过了一些时慢慢降温。我记得只有一次干部私自吃马肉是真的。最后，干部便感谢工作组宽大。

每天出四勤，搞了几天，王政委觉得整得差不多了，便不叫多出勤了，回屋里学习文件，讨论。我们这才放下心来，但肚子仍是很饿，早已没了油水。我们盼望的，是每周包一次饺子，馅是大白菜，这一顿比什么山珍海味都鲜。平日怎么办呢。王政委和老婆自己起伙，吃得不错。我们就是有钱，也不准买东西吃，这是纪律。但我们还是偷偷买点饼干，躲着吃几片。这曾小营是公社所在地，有一小店做烧鸡卖。我们是馋出口水来，但又不敢买。我说，只要能买，我出钱。后来同学们发现，王宝坤也吃烧鸡，这下我们大胆了。我便出钱让同学去买，晚上大伙吃，那真是人间绝味。

我住的那家，老太爷每天下地劳动，老太婆在家管家务，做饭。他们有一儿子在外边念中学，没回来过。老太爷奋斗的一个目标是要补一颗牙。我也给了一点钱给他们。晚间，我们办夜校扫盲。这地方生活是真苦，在全国也是最底层，有的老妇人一生未吃过米饭。但看来大家过得很安乐，没有刑事犯罪，也未见打架斗殴。

这期间，我写的第一本书《随机过程论》已排印好，吴荣替我校对过，托人带到乡下来给我再看。但搞社会主义教育运动，不准看业务书，我只得夜间躲在被子里，打着手电筒校对。

高兴的时间是：抽回去县城集训。那里有米饭吃，有时可以吃到肉；过年的几天就是这样，各工作组都回来了，大家像大难后重逢，倍感亲切。

我是1965年7月去的，1966年2月回南开大学的，去了半年。

（九）1966年2月，我自盐山参加社会主义教育运动，后回南开大学。学校已到处是大字报，揭发党委副书记娄平。可怜娄平还在乡下搞社会主义教育运动未回校，他是总带队，主管学校下乡社会主义教育运动的师生，现在还蒙在鼓里。原来社会主义教育运动已深入到每个高校，学校党委书记必须抓出黑帮来，否则自己就成了黑帮。这真是一场生死斗争，必须心狠手毒，先下手为强。各校都是如此，也难怪党委书记臧伯平。他趁娄平不在校，便抛出娄平，并指示他的亲信，写娄平的大字报，洋洋几十张，贴满行政楼。娄平黑帮中，有吴大任、郑天挺等许多人。这时全国则大抓三家村：邓拓、吴晗、廖沫沙。随后又抓北京市委，彭真也在劫难逃。不久又发表"五一六"通知，"文化大革命"正式开始，毛泽东在天安门接见红卫兵，刘少奇靠边站，从第二位下降到第七位。真是雷声隆隆，黑云翻滚。

既是大势所逼，也是要保自己，臧伯平使出浑身解数，除了发动他的亲信，揪出娄平外，又从娄平辐射出去，还在各系搞了一大批娄平黑帮：郑天挺（历史系），吴大任（数学系），还有许多行政干部都在内。同时又成立了革命委员会，要数学系青年教师王潼去做副主任。还向各系派工作组，王萱任数学系组长。数学系也搞了一个三家村：邓汉英、胡国定和我。先给我贴大字报，无非是说我们搞修正主义教育路线，留下赵昭彦等修正主义苗子等做助教。到了8月7日，又搞了全面开花。各系各单位都揪出了一队黑帮分子，或资产阶级反动权威。数学系有杨宗盘、刘晋年、曾鼎钺、陈鹉、胡国定等。每人身上都挂一大牌子，头上戴白高帽，排着队去劳动，走在前面的还打着一面劳改队的小旗。出发前，排成横行，由红卫兵训话，每人自诉自己的"罪恶"。那天早上我路过物理系，正碰上训话，赶快溜走，几乎被截住。

起初有我的一些大字报，也给我、严志达、崔士英等人办学习班，但不久我发现对我们的管制慢慢放松。正不知何意，后来才知道，红卫兵转向揭发资产阶级反动路线，矛头直指臧伯平。主力是卫东红卫兵，他们的对头是保臧伯平的818红卫兵。两派对打起来，对我们已没兴趣了。

这时候，又凭空跳出来一个高仰云。他是前任党委书记，本来臧伯平想拉拢他，一齐斗娄平。但不料高仰云不认账，于是臧、高成了死对头，而卫东是保高的。后来高仰云被斗得半死，跑到天津大学投湖自杀，尸首摆了几天（正值冬天）。在此之前，天津大学也有人跑到南开大学教学楼的八层上跳楼自杀，那尸体眼还睁着，是女性，实是可怜。关于"文化大革命"，我有一厚本笔记，这里不再写，只记下一些人的下场。

臧伯平：被卫东劳改，殴打。筛石灰，最后一只眼弄瞎了。

高仰云：投湖自杀。

娄平：多次被装入麻包，拖走批斗，但未留下大病大残。

吴大任：多次被批斗。后又聋又瞎，1997年死于癌症。

杨宗盘：是知识分子中最惨者。早年留学日本，档案中有汉奸嫌疑的黑材料。做数学十分认真，平日只念书，不出门。

与夫人感情甚好。长女下乡，嫁一农民。大男下乡。插队落户。
"文化大革命"起，杨被劳改。长女揭发他在家有污毛的言论，
夫人也与他断绝关系。他白天挨批后，回来还受家庭妻女批斗。
其妻死于癌。"文化大革命"后期，杨也死于癌。

赵昭彦："文化大革命"初调离南开大学去塘沽某中学教
书。不意档案也转去，而档案中有他自己的交心材料。在塘沽
被揪斗，不堪受辱而卧轨自杀。

我在"文化大革命"中：

1967年冬，和海军部队合作，研究在计算机上模拟正态平
稳过程，部队联系人是丛汲泉。南开大学合作者，李万学及七
八名学生。

一年多后，招收第一批工农兵学员，我被召回任教。当时
上课堂是了不起的光荣，贴了红榜。学生中有涡云（蒙古族）
等。我教数学分析，辅导有周性伟等。

后来又与国家地震队合作，研究地震的统计预报，对方有
徐道一，南开大学有朱成熹、吴荣、李漳南、胡龙桥等。

不久又研究石油勘探中的数学方法。联系人邬宽廉，后住
周口店，周性伟同去。完成《科学发现纵横谈》。

1976年，"四人帮"垮台。那时我正在杭州大学、厦门大
学讲学。

1977年10月间，我回京后返天津。邻居阎铁铮、刘泽华
告诉我，说天津市要升我为教授（同升者还有天津大学的贺家
李）。从1963年起，在全国已废除学衔军衔。这一下要升教授，
在全国高校是第一次。11月间，在天津体育馆开了几万人的大
会，宣布我与贺为教授。全国震动。香港《文汇报》《大公报》
也发了消息。

（1997年写于汕头大学）

王梓坤自传

我于 1929 年出生在湖南省零陵县（现湖南省永州市零陵区），7 岁回到家乡江西省吉安县枫墅村。自幼家境极其困苦，过的是缺吃少穿的生活。

我 11 岁丧父，母亲是农村妇女，全家生活主要靠寡母和兄嫂租种地主的田地度日。我当时年纪虽小，也得劳动。常常天刚亮就光着脚下水田助耕，直到吃过晚饭才能洗脚穿上鞋子。

1940 年，我跟村上私塾先生念完初小。由于祠堂里教书的王少诚老师极力说服和帮助，我到离家 5 km 外的固江镇读高小。我深知求学不易，便拼命学习，成绩相当不错，数学得过几次 120 分，语文在全县会考中，据老师说，是第一。

1942 年，我考取了吉安中学。当时正是抗日战争时期，物价飞涨，民不聊生。无力交纳学费的我，随时有辍学的可能。在亲友和班主任高克正老师的帮助下，我勉强念完了初中，又考上了国立十三中的公费生，好不容易高中毕了业。

1948 年，我面临考大学的问题。可是我身无分文，连赴考的旅费也没有，多谢同班同学吕润林的慷慨帮助，我才登上了开往长沙的列车。

这一年暑假，我报考了四所高校，全被录取。在长沙招生的高校中，最好的是武汉大学，我选择了武汉大学数学系，而且获得了系里两个奖学金名额之一。这样，学费才有了着落。

1949 年，中华人民共和国成立。记得来校后不久，一些进步老同学主动接近我们，交换对形势的看法。我本来对旧社会的黑暗就痛恨万分，在革命大家庭的熏陶下，自然很快提高了觉悟，还写了《堆在下层的落叶》《奢侈品论》等文章。前者是短篇小说，发表在1948年《新世纪》杂志上；后者是关于经济学的论文，刊登在1949年武汉《大刚报》上。这些文章在当时是进步的。在大学的四年里，我还逐步培养了一点自学能力，这使我终生受益。

1952年，大学毕业了。我本来被分配去当研究生，到北京报到时，突然方案改变了。我被分配到南开大学数学系。从此，开始了我的教师生涯。我在南开大学工作了28年，直到1984年才调到北京师范大学任校长。

说心里话，我热爱教育事业，在我的心目中，没有什么比亲眼看见一批批新人成长，而其中也有自己的一份辛劳，尽管是那么微不足道，更有乐趣了。

1955年，我在南开大学任教期间，经推荐考取了留苏研究生，去莫斯科大学数学力学系攻读概率论。当时国内的数学系还没有给本科生开设这门课，而苏联的五年制本科生从三年级就开始学这门课了。所以，我的学习任务非常艰巨。留苏的同学一般都很勤奋，一周之内，只有星期六晚上看一场电影，星期日打一场球，其余时间都在学习，我也是如此。奋斗了三年，研究生毕业了，获得了苏联莫斯科大学的副博士学位。

回国以后，我继续进行概率论的研究工作。主要研究的是一类重要的随机过程，即马尔可夫过程。现实中许多客观对象的演变过程具有偶然性（数学上称为随机性），它的发展前途人们不能准确地预言，只能预测它的各种可能性，这种过程称为随机过程。例如，全世界人口总数是随时间而变化的，它是随机的。我们不能确切预言10年以后全球的人数，只能预测人数在某一范围内（比方说，在60亿至70亿之间）的可能性有多大，因此人口总数的演变过程是随机过程。类似地，某地区的年降雨量、癌症患者人数、炮弹运行的轨道、液体中微粒所作的布朗运动等，都是随机过程。由此可见，随机过程是非常普遍的。严格说来，几乎现实的运动过程都有随机性，只是偶然的程度大小不同而已。有一种随机过程，在已知它现在的情况下，它将来的发展，不依赖于过去的历史，我们称这种随机过程为马尔可夫过程。它是由俄国数学家马尔可夫首先研究的。例如，上面所说的布朗运动、进入到某百货商场的人数、森林中某种动物总数等，都可近似地看成为马尔可夫过程。

在随机过程的理论研究中，我发表了《生灭过程构造论》《生灭过程泛函的分布》《马尔可夫过程的 0-1 律》《生灭过程停留时间与首达时间的分布》等。在构造论的研究中，前人主要用分析的方法。这种方法比较简洁，但概率意义很不清楚。我首先系统地引进另一种方法即极限过渡的概率方法，彻底解决了全部生灭过程的构造问题。这种方法的概率意义相当明确。随后，我又首先用差分方程的方法，研究生灭过程泛函的分布以及停留时与首达时的分布，得到了较深入的结果。这两项工作后来被国内一些同行所发展，同时也受到英国、苏联等国的专家和一些国外大学、研究所所称道。这是我研究马尔可夫过程的第一阶段。

1976 年以后，我转来学习和研究马尔可夫过程和位势理论的联系，发表了《布朗运动的末遇分布与极大游程》《对称稳定过程与布朗运动的随机波》等论文。

1983 年，开始研究多参数马尔可夫过程，这是我研究工作的第三阶段。多参数过程与单参数过程的关系，正如多变量函数与单变量函数的关系。因此，多参数过程无论从理论或实用上来看都是非常重要的。但这方面的研究在国际上还开始不久，难度也较大。作为前导，我首先定义并且比较透彻地研究了两参数奥恩斯坦-乌伦贝克（Ornstein-Uhlenbeck）过程。随后，因我调任校长工作，分散了精力，研究的时间很少了。不过，我带的一些博士生正在继续这方面的工作，而且做出了较好的成绩。

除了研究随机过程以外，1962 年，我发表了《随机泛函分析引论》一文，这是国内第一篇关于随机泛函分析的论文。可惜我后来没有继续下去。不料到 20 世纪 70 年代后期，我国已有好些人做这方面的工作，而且成绩可观，回想当年，也得到一些欣慰。

在应用研究上，我主要做了两件事：一是在南开大学与部队同志合作，完成了在计算机上模拟随机过程的研究，提出了理论方案，并编出了计算程序。二是我参加了南开大学的地震预报小组，与国家地震局和天津地震局合作，做地震预报研究工作。我们小组运用概率的理论，首创了"随机转移"等预报方法，并成功地预报了几次地震，包括 1976 年的松潘 7 级大震，后者的时间、地点、震级都报对了。

我对教学工作同样有着浓厚的兴趣。1958 年留学回校后，每学期我都讲课和主持讨论班。讲授过数学分析、概率论、随机过程、布朗运动与位势、统计预报等课程。1960 年，我开始带研究生，此后除"文化大革命"期间外，这项工作没有间断。这些研究生，有的已升为教授、副教授，有的已成为大学校长，他们在教学和科研中，都做出了较好的成绩。与此同时，我们还招收了几届进修教师，从而扩大了概率论教学的队伍。这样，从南开大学数学系出来的概率方面的本科生、研究生、进修教师，有相当数量而且多少具有南开大学的严谨、朴实的学风。我只是其中的一员，在多年的工作中，我要感谢合作者吴荣、朱成熹、李占柄三位教授和其他许多同志，他们给了我许多的帮助。

在培养研究生的过程中，我有三点粗浅的体会：一是要严格掌握标准，认真选才。研究生必须对自己的专业有浓厚的兴趣，而且有永不满足的求知欲和强烈的钻研精神，这是成才的最重要的条件。二是要培养研究生的独立工作能力，特别是独立获取新知识和逐步开展科学研究的能力。导师的主要作用在于迅速把研究生引到学科的前沿，帮助他选定恰当的研究题目，并在重要的问题上给予指导和启示。三是要相信研究生的创造精神，鼓励他超过自己，决不要把他们局限在自己的知识范围内。这样才能青出于蓝，培养出高质量的人才。

我认为，教师不仅要传授知识，而且要培养能力。因此，我很注重学习方法和研究方法，特别是著名学者的经验和体会，更能引起我的兴趣。1960 年，我曾给数学系的高年级学生和青年教师做过一次关于学习方法的演讲，出乎意料地引起了广泛的兴趣。30 年后还有人提起那次演讲的内容。这次小小的成功激励了我，使我更加努力收集这方面的材料，加上我对中国文学和历史也有兴趣，于是便把一些人的治学经验、名言以及名诗句统统记了下来。

1966 年，开始了"文化大革命"，在随后的一些年里，南开大学和全国一样乱作一团，既不让教书，又不准搞理论性科研。闲来没事，我便把 1960 年那次演讲的内容重新翻出来，加上平日的笔记，归纳整理为一篇文章《科学发现纵横谈》。1977年发表在南开大学学报上。次年，上海人民出版社出了单行本。这本小册子再版了三次，并获"全国新长征优秀科普作品"奖，并被评为首届中学生"我所喜欢的十本书"之一。1985 年，我的又一本小册子《科海泛舟》问世了。这两本书算是我研究科学方法论的一点收获。

结合数学教学，我还先后写出《概率论基础及其应用》《随机过程论》《生灭过程与马尔可夫链》《概率与统计预报及在地震与气象中的应用》《布朗运动与位势》五本书。我讲课喜欢写讲稿，而且写得很认真，要求自己一次写成，并力求达到能出版的水平。我的写作能力帮了我的大忙，于是每讲完一门课，就基本上写成了一本书。所以，我常劝学理工的学生读点文史哲，并努力提高写作水平。

1977 年，我由讲师直接提升为教授，这是"文化大革命"以后全国高校第一次晋升，只提升了两个人，香港《文汇报》《大公报》（1978 年 1 月 11 日）还作了报道。

1978 年，我出席了全国科学大会，获得全国科学大会奖状。

1982 年，我获国家自然科学奖。此外，还获得国家教委颁发的 1985 年科学技术进步奖。

1984 年 5 月，我被国务院任命为北京师范大学校长。在繁忙的工作之余，我坚持抽暇从事教学和科研。目前，我在北京师范大学和南开大学还带有博士和硕士研究生。

我深感校长任务的艰巨。因为它不仅依赖个人的才智和辛勤，还需要社会的积极支持和领导班子的同心协力。社会像是汪洋大海，大学只是其中的海轮，船能否顺利前进，在很大程度上依赖于大海的波涛。我深信，要办好学校，需要有正确的办学思想，还要有足够的经济后盾，这两者是必不可少的重要条件。我深愧未能做出好成绩。有幸的是，近年来由于党和政府对教育事业的重视，教师地位有一定提高，从而师范教育也有所改善。特别是 1985 年，我国建立了教师节（9 月 10 日），更加体现了政府和人民对教师的尊重。我校作为倡议单位之一，而且率先提出"尊师重教"（见《师大周报》1984 年 12 月 20

日），更应在培养师资的事业中，为国家做出更大的贡献。

我曾于1981年、1984年、1987年应邀到美国、加拿大、苏联等国访问和讲学。1988年5月，我到澳大利亚悉尼麦考瑞（Macquarie）大学参加了授予我荣誉科学博士学位和名誉学者称号的颁授仪式。事后才知道，我是该大学30年来授予荣誉科学博士的第六位学者，也是中国第一位大学校长接受澳大利亚大学授予的荣誉学位。国内有几家报纸刊登了这一消息（如《光明日报》1988-05-10；《北京日报》1988-05-10）。

这些年来，我先后担任过天津市人大代表，南开大学数学系副主任，南开大学数学研究所副所长，概率信息教研室主任，国家科委数学组成员，中国数学会理事，中国概率统计学会常务理事，中国地震学会理事，中国高等师范教育研究会理事长，《中国科学》《科学通报》《世界科学》等杂志编委以及《纯粹与应用数学》《现代基础数学》等丛书编委。此外，还三次被评为天津市劳动模范（1961，1978，1982）。

我尊重这样的人，他心怀博大，待人宽厚；朝观剑舞，夕临秋水，观剑以励志奋进，读庄以淡化世纷；公而忘私，勤于职守；力求无负于前人、无罪于今人、无愧于后人。

（写于 1988 年）

后　记

　　王梓坤教授是我国著名的数学家、数学教育家、科普作家、中国科学院院士。他为我国的数学科学事业、教育事业、科学普及事业奋斗了几十年，做出了卓越贡献。出版北京师范大学前校长王梓坤院士的 8 卷本文集（散文、论文、教材、专著，等），对北京师范大学来讲，是一件很有意义和价值的事情。出版数学科学学院的院士文集，是学院学科建设的一项重要的和基础性的工作。

　　王梓坤文集目录整理始于 2003 年。

　　北京师范大学百年校庆前，我在主编数学系史时，王梓坤老师很关心系史资料的整理和出版。在《北京师范大学数学系史（1915～2002）》出版后，我接着主编 5 位老师（王世强、孙永生、严士健、王梓坤、刘绍学）的文集。王梓坤文集目录由我收集整理。我曾试图收集王老师迄今已发表的全部散文，虽然花了很多时间，但比较困难，定有遗漏。之后《王梓坤文集：随机过程与今日数学》于 2005 年在北京师范大学出版社出版，2006 年、2008 年再次印刷，除了修订原书中的错误外，主要对附录中除数学论文外的内容进行补充和修改，其文章的题目总数为 147 篇。该文集第 3 次印刷前，收集补充散文目录，注意到在读秀网（http：//www.duxiu.com），可以查到王老师的散文被中学和大学语文教科书与参考书收录的一些情况，但计算机显示的速度很慢。

出版《王梓坤文集》，原来预计出版10卷本，经过测算后改为8卷。整理8卷本有以下想法和具体做法。

《王梓坤文集》第1卷：科学发现纵横谈。在第4版内容的基础上，附录增加收录了《科学发现纵横谈》的19种版本目录和9种获奖名录，其散文被中学和大学语文教科书、参考书、杂志等收录的300多篇目录。苏步青院士曾说：在他们这一代数学家当中，王梓坤是文笔最好的一个。我们可以通过阅读本文集体会到苏老所说的王老师文笔最好。其重要体现之一，是王老师的散文被中学和大学语文教科书与参考书收录，我认为这是写散文被引用的最高等级。

《王梓坤文集》第2卷：教育百话。该书名由北京师范大学出版社高等教育与学术著作分社主编谭徐锋博士建议使用。收录的做法是，对收集的散文，通读并与第1卷进行比较，删去在第1卷中的散文后构成第2卷的部分内容。收录31篇散文，30篇讲话，34篇序言，11篇评论，113幅题词，20封信件，18篇科普文章，7篇纪念文章，以及王老师写的自传。1984年12月9日，王梓坤教授任校长期间倡议在全国开展尊师重教活动，设立教师节，促使全国人民代表大会常务委员会在1985年1月21日的第9次会议上作出决定，将每年的9月10日定为教师节。第2卷收录了关于在全国开展尊师重教月活动的建议一文。散文《增人知识，添人智慧》没有查到原文。在文集中专门将序言列为收集内容的做法少见。这是因为，多数书的目录不列序言，而将其列在目录之前．这需要遍翻相关书籍。题词定有遗漏，但数量不多。信件收集的很少，遗漏的是大部分。

《王梓坤文集》第3～4卷：论文（上、下卷）。除了非正式发表的会议论文：上海数学会论文，中国管理数学论文集论文，以及在《数理统计与应用概率》杂志增刊发表的共 3 篇论文外，其余数学论文全部选入。

《王梓坤文集》第 5 卷：概率论基础及其应用。删去原书第 3 版的 4 个附录。

《王梓坤文集》第 6 卷：随机过程通论及其应用（上卷）。第 10 章及附篇移至第 7 卷。《随机过程论》第 1 版是中国学者写的第一部随机过程专著（不含译著）。

《王梓坤文集》第 7 卷：随机过程通论及其应用（下卷）。删去原书第 13～17 章，附录 1～2：删去内容见第 8 卷相对应的章节。《概率与统计预报及在地震与气象中的应用》列入第 7 卷。

《王梓坤文集》第 8 卷：生灭过程与马尔可夫链。未做调整。

王梓坤的副博士学位论文，以及王老师写的《南华文革散记》没有收录。

《王梓坤文集》第 1～2 卷，第 3～4 卷，第 5～8 卷，分别统一格式。此项工作量很大。对文集正文的一些文字做了规范化处理，第 3～4 卷论文正文引文格式未统一。

将数学家、数学教育家的论文、散文、教材（即在国内同类教材中出版最早或较早的）、专著等，整理后分卷出版，在数学界还是一个新的课题。

本套王梓坤文集列入北京师范大学学科建设经费资助项目（项目编号 CB420）。本书的出版得到了北京师范大学出版社的大力支持，得到了北京师范大学出版社高等教育与学术著作分社主编谭徐锋博士的大力支持，南开大学王永进教授和南开大学数学科学学院党委书记田冲同志提供了王老师在《南开大学》（校报）上发表文章的复印件，同时得到了王老师的夫人谭得伶教授的大力帮助，使用了读秀网的一些资料，在此表示衷心的感谢。

李仲来

2016-01-18

图书在版编目（CIP）数据

教育百话/王梓坤著；李仲来主编 . —北京：北京师范
大学出版社，2018.8

（王梓坤文集；第 2 卷）
ISBN 978-7-303-23665-7

Ⅰ.①教… Ⅱ.①王… ②李… Ⅲ.①教育－随笔－
中国－文集 Ⅳ.①G52-53

中国版本图书馆 CIP 数据核字（2018）第 090384 号

营 销 中 心 电 话 010－58805072 58807651
北师大出版社高等教育与学术著作分社 http://xueda. bnup. com

Wang Zikun Wenji

出版发行：北京师范大学出版社 www. bnupg. com
　　　　　北京市海淀区新街口外大街 19 号
　　　　　邮政编码：100875
印　　刷：鸿博昊天科技有限公司
经　　销：全国新华书店
开　　本：890 mm×1240 mm 1/32
印　　张：16.875
字　　数：380 千字
版　　次：2018 年 8 月第 1 版
印　　次：2018 年 8 月第 1 次印刷
定　　价：88.00 元

策划编辑：谭徐锋 岳昌庆 责任编辑：岳昌庆
美术编辑：王齐云 装帧设计：王齐云
责任校对：段立超 陈 民 责任印制：马 洁